"十四五"职业教育国家规划教材

国家职业教育建筑工程技术专业
教学资源库配套教材

U0685545

钢结构
工程施工

（第五版）

▶主 编 杜绍堂

中国教育出版传媒集团
高等教育出版社·北京

内容提要

本书是"十四五"职业教育国家规划教材，也是国家职业教育建筑工程技术专业教学资源库配套教材，是在《钢结构工程施工》（第四版）的基础上，根据最新标准、规范修订而成，基本内容包括：绪论，材料与连接，钢结构施工详图设计，钢结构制作，钢结构安装，钢结构施工验收，钢结构施工安全，全书共 7 个单元。本书在相应知识点处配置了相应教学资源，设有二维码，教师和学生可扫码或访问智慧职教平台搜索课程"钢结构工程施工（杜绍堂）"使用教材的动画、课件、图片、视频、文本等教学资源，详见"智慧职教"服务指南。授课教师如需要教学课件资源，可发送邮件至 gztj@pub.hep.cn 联系获取。

本书可作为高等职业院校土建类相关专业钢结构课程的教材，也可供相关工程技术人员参考。

图书在版编目（CIP）数据

钢结构工程施工/杜绍堂主编.--5 版.--北京：
高等教育出版社,2023.9（2024.2重印）
ISBN 978-7-04-060040-7

I.①钢… II.①杜… III.①钢结构-工程施工-高
等职业教育-教材 IV.①TU758.11

中国国家版本馆 CIP 数据核字（2023）第 036969 号

GANGJIEGOU GONGCHENG SHIGONG

策划编辑	刘东良	责任编辑	刘东良	封面设计	马天驰	版式设计	徐艳妮
责任绘图	李沛蓉	责任校对	吕红颖	责任印制	刘思涵		

出版发行	高等教育出版社	网　　址	http://www.hep.edu.cn	
社　　址	北京市西城区德外大街 4 号		http://www.hep.com.cn	
邮政编码	100120	网上订购	http://www.hepmall.com.cn	
印　　刷	高教社（天津）印务有限公司		http://www.hepmall.com	
开　　本	850mm×1168mm　1/16		http://www.hepmall.cn	
印　　张	13.5			
字　　数	360 千字	版　　次	2005 年 11 月第 1 版	
插　　页	1		2023 年 9 月第 5 版	
购书热线	010-58581118	印　　次	2024 年 2 月第 2 次印刷	
咨询电话	400-810-0598	定　　价	39.80 元	

"智慧职教"（www.icve.com.cn）是由高等教育出版社建设和运营的职业教育数字教学资源共建共享平台和在线课程教学服务平台，与教材配套课程相关的部分包括资源库平台、职教云平台和 App 等。用户通过平台注册,登录即可使用该平台。

● 资源库平台:为学习者提供本教材配套课程及资源的浏览服务。

登录"智慧职教"平台,在首页搜索框中搜索"钢结构工程施工",找到对应作者主持的课程,加入课程参加学习,即可浏览课程资源。

● 职教云平台:帮助任课教师对本教材配套课程进行引用、修改,再发布为个性化课程(SPOC)。

1. 登录职教云平台,在首页单击"新增课程"按钮,根据提示设置要构建的个性化课程的基本信息。

2. 进入课程编辑页面设置教学班级后,在"教学管理"的"教学设计"中"导入"教材配套课程,可根据教学需要进行修改,再发布为个性化课程。

● App:帮助任课教师和学生基于新构建的个性化课程开展线上线下混合式、智能化教与学。

1. 在应用市场搜索"智慧职教 icve"App,下载安装。

2. 登录 App,任课教师指导学生加入个性化课程,并利用 App 提供的各类功能,开展课前、课中、课后的教学互动,构建智慧课堂。

"智慧职教"使用帮助及常见问题解答请访问 help.icve.com.cn。

第五版前言

本书适应中国式现代化建设要求，在结合钢结构工程实践的基础上，吸收已有的教学成果、新知识和新技能，以"项目+职业活动训练"的模式进行编写，体现了高职教育高素质技术技能人才的培养特点，做到以理论够用为度、突出实用性特点，力求在讲清基本概念、设计、操作思路的同时，进一步精简教学内容，结合钢结构工程施工加强实例训练，做到概念清晰，思路简捷，便于学生学习和掌握。

2010 年 8 月建筑工程技术专业教学资源库建设项目启动，2013 年 1 月通过了国家验收。2015 年 6 月该项目获得教育部升级奖励经费支持继续建设，2020 年本书被评为"十三五"职业教育国家规划教材。"钢结构工程施工"是该资源库的主干课程之一，经过建设形成了完备的课程教学资源，现成为智慧职教平台的教学资源，教师和学生可登录智慧职教平台，搜索"钢结构工程施工"（杜绍堂）课程，注册后进入调用该课程资源进行学习和使用。

2020 年 12 月本书被评为"十三五"职业教育国家规划教材，2022 年 8 月在智慧职教 MOOC 学院建成在线开放课程，2023 年 3 月本书被评为"十四五"职业教育国家规划教材，2023 年 3 月本书获云南省教学成果二等奖。

本书由杜绍堂任主编，负责全书内容的修订、编写与教学资源配置。限于编者水平有限，书中难免存在错误和不足之处，恳请读者给予批评指正。

编　者
2023 年 8 月

第二版前言

本书是普通高等教育"十一五"国家级规划教材。根据《钢结构设计规范》(GB 50017—2003)编写,基本内容是:绪论,材料与连接,钢结构的基本构件计算,钢结构施工详图设计,钢结构的制作,钢结构安装,钢结构施工验收,钢结构施工安全。

本书在结合钢结构工程实践的基础上,吸收已有的教学成果、新知识和新技能,以项目法教学的思路进行编写,体现了高职高专教育以就业为导向,以能力为本位的特点,做到理论够用为度、突出实用性特点,力求在讲清基本概念、设计、操作思路的同时,精简教学内容,结合钢结构施工加强实例的训练,做到概念清晰,思路简捷,便于学生学习和掌握。另外,本书修订后配备了以电子课件、工程图库和试卷库组成的教学包,便于教师教学使用。

本书由杜绍堂任主编,杨艳华任副主编。具体编写分工如下:昆明冶金高等专科学校杜绍堂编写单元三,昆明冶金高等专科学校杨艳华编写单元一和单元四,山西工程职业技术学院赵鑫编写单元二,湖北城市建设职业技术学院陈泉编写单元五,云南省第二安装工程公司罗保编写单元六,昆明理工大学建工学院王阳明编写单元七、单元八,全书由昆明冶金高等专科学校杜绍堂统稿。

昆明冶金高等专科学校王胜明副教授审阅了本书并提出了许多宝贵建议,在此表示衷心的感谢。

限于编者水平有限,书中难免存在不足之处,恳请读者给予批评指正。

编 者
2008 年 10 月

目 录

单元一　绪论 …………………………… 1
　一、应知部分 ………………………… 1
　　（一）钢结构的应用与发展 ………… 1
　　（二）钢结构的组成和特点 ………… 3
　　（三）钢结构的基本设计原理 ……… 6
　二、职业活动训练 …………………… 8
　　活动一　认知钢结构模型 …………… 8
　　活动二　现场教学 …………………… 8
　单元小结 ……………………………… 9
　复习思考题 …………………………… 9

单元二　材料与连接 ………………… 10
　项目一　材料 ………………………… 10
　一、应知部分 ………………………… 10
　　（一）钢材 …………………………… 10
　　（二）连接材料 ……………………… 18
　　（三）油漆、防腐/火涂料 ………… 20
　二、职业活动训练 …………………… 20
　　活动一　钢材的拉伸试验 ………… 20
　　活动二　冷弯试验 ………………… 22
　　活动三　认知钢材种类、规格 …… 22
　　活动四　认知焊材 ………………… 23
　项目二　焊接 ………………………… 23
　一、应知部分 ………………………… 23
　　（一）焊接的方法、形式、焊缝符号
　　　　　标注及焊缝质量等级 ……… 23
　　（二）对接焊缝的构造 ……………… 28
　　（三）对接焊缝的计算 ……………… 29
　　（四）角焊缝的形式与构造 ………… 32
　　（五）角焊缝的计算 ………………… 34
　二、职业活动训练 …………………… 40
　　活动一　手工电弧焊 ……………… 40
　　活动二　钢结构对接焊缝 ………… 42

　　活动三　钢结构角焊缝 …………… 42
　项目三　普通螺栓连接 ……………… 42
　一、应知部分 ………………………… 42
　　（一）普通螺栓连接的构造 ……… 42
　　（二）普通螺栓连接的计算 ……… 45
　二、职业活动训练 …………………… 52
　　活动一　普通受剪螺栓连接 ……… 52
　　活动二　普通受拉螺栓连接 ……… 52
　项目四　高强度螺栓连接 …………… 53
　一、应知部分 ………………………… 53
　　（一）概述 …………………………… 53
　　（二）摩擦型高强螺栓连接的
　　　　　计算 ………………………… 55
　　（三）承压型高强度螺栓的计算 …… 56
　二、职业活动训练 …………………… 58
　　活动一　摩擦连接副抗滑移试验 … 58
　　活动二　受剪摩擦型高强度螺栓 … 59
　　活动三　受拉摩擦型高强度螺栓 … 60
　单元小结 ……………………………… 60
　复习思考题 …………………………… 61
　训练题 ………………………………… 62

单元三　钢结构施工详图设计 ……… 64
　一、应知部分 ………………………… 64
　　（一）施工详图的内容 ……………… 64
　　（二）施工详图的绘制方法 ………… 67
　　（三）CAD 辅助设计 ……………… 71
　　（四）钢结构的典型节点形式 ……… 73
　二、职业活动训练 …………………… 81
　　活动一　钢屋架施工详图绘制 …… 81
　　活动二　网架结构施工详图绘制 … 81
　单元小结 ……………………………… 82
　复习思考题 …………………………… 82

单元四　钢结构制作 83
　一、应知部分 83
　　（一）钢结构制作前的准备 83
　　（二）制作工艺、流程及质量要求 94
　　（三）钢结构的涂装 105
　　（四）成品及半成品的管理 107
　　（五）钢结构的运输方式、装卸
　　　　要求 108
　　（六）钢结构制作案例 108
　　（七）钢管相贯线切割和球节点
　　　　制作 113
　二、职业活动训练 118
　　活动一　参观钢结构制作安装
　　　　企业 118
　　活动二　焊接H型钢梁 118
　　活动三　钢管相贯线切割 119
　单元小结 119
　复习思考题 120

单元五　钢结构安装 121
　项目一　钢结构安装的常用吊装
　　　　机具和设备 121
　　一、应知部分 121
　　　（一）起重机械 121
　　　（二）简易起重设备 125
　　　（三）吊装索具和卡具 127
　　二、职业活动训练 129
　　　活动一　认知起重机械实物 129
　　　活动二　认知简易起重设备、索具
　　　　　和其他 129
　项目二　钢结构施工组织设计 129
　　一、应知部分 130
　　　（一）钢结构施工组织设计编制的
　　　　　原则 130
　　　（二）钢结构施工组织设计的
　　　　　内容 130
　　　（三）钢结构季节性施工要点 133
　　二、职业活动训练 135
　　　活动　某钢结构施工组织设计
　　　　　编制实训 135

　项目三　主体钢结构安装 135
　　一、应知部分 135
　　　（一）钢结构安装前的准备 135
　　　（二）一般单层钢结构安装要点 137
　　　（三）高层及超高层钢结构安装
　　　　　要点 141
　　　（四）大跨度空间网架结构的
　　　　　安装要点 146
　　二、职业活动训练 149
　　　活动一　一般单层钢结构安装 149
　　　活动二　高层及超高层钢
　　　　　结构安装 149
　　　活动三　大跨度空间网架结构
　　　　　的安装 149
　项目四　钢结构围护结构的安装 150
　　一、应知部分 150
　　　（一）围护结构材料 150
　　　（二）围护结构构造 152
　　　（三）压型金属板围护结构的安装
　　　　　工艺流程 161
　　二、职业活动训练 163
　　　活动一　钢结构围护结构的构造
　　　　　和连接件 163
　　　活动二　钢结构泛水件的安装 163
　单元小结 163
　复习思考题 164

单元六　钢结构施工验收 165
　一、应知部分 165
　　（一）隐蔽工程验收 165
　　（二）分项工程验收 167
　　（三）分部（子分部）工程验收 176
　　（四）单位工程验收 177
　二、职业活动训练 179
　　活动一　隐蔽工程验收 179
　　活动二　分项工程验收 180
　　活动三　分部工程验收 180
　　活动四　单位工程验收 181
　单元小结 182
　复习思考题 183

单元七　钢结构施工安全 ················· 184
  一、应知部分 ················· 184
    （一）钢结构施工安全隐患 ·········· 184
    （二）钢结构施工安全要点 ·········· 185
    （三）钢结构安全作业要求 ·········· 186
    （四）钢结构安全管理 ·········· 189
    （五）施工现场消防要点 ·········· 191
  二、职业活动训练 ·········· 192

    活动一　钢结构安全作业要求 ······ 192
    活动二　施工现场消防实训 ········ 192
  单元小结 ················· 193
  复习思考题 ················· 193
附录　材料性能表 ················· 194
名词检索 ················· 200
参考文献 ················· 202

单元一

绪论

课程标准

钢结构工程
施工课程
标准

■ **单元概述** ···

钢结构的应用、组成、特点及基本设计原理。

■ **单元目标** ···

通过本单元的学习,了解钢结构的类型、组成、特点、应用范围及发展,掌握钢结构的设计原理及方法。

■ **能力标准及要求** ···

能认知钢结构的应用、组成、特点,能应用钢结构基本设计原理。

一、应知部分

(一) 钢结构的应用与发展

钢结构[1]是用钢材制成的结构。钢结构通常由型钢、钢板或冷加工成形的薄壁型钢等制成的拉杆、压杆、梁、柱、桁架等构件组成,各构件或部件间采用焊缝或螺栓连接。

1. 钢结构的应用范围

目前,钢结构常用于大跨、超高、过重、振动、密闭、高耸、空间和轻型的工程结构中,其应用范围大致为:

(1) 厂房结构

对于单层厂房一般用于重型、大型车间的承重骨架。例如,冶金工厂的平炉车间,重型机械厂的铸钢车间、锻压车间等。通常由檩条、天窗架、屋架、托架、柱、吊车梁、制动梁(桁架)、各种支撑及墙架等构件组成。

（2）大跨结构

体育馆、影剧院、大会堂等公共建筑及飞机装配车间或检修库等工业建筑要求有较大的内部自由空间，故屋盖结构的跨度很大，减轻屋盖结构自重成为结构设计的主要问题，因而采用材料强度高而重量轻的钢结构。其结构体系主要有框架结构、拱架结构、网架结构、悬索结构和预应力钢结构等。

图片库
钢结构的应用

（3）多层、高层结构

对于高层建筑来说，当层数多、高度大时，也采用钢结构，如旅馆、饭店公寓等多层及高层楼房。

（4）高耸构筑物

高耸结构包括塔架和桅杆结构，如高压输电线路塔架，广播和电视发射用的塔架和桅杆，多采用钢结构。这类结构的特点是高度大和主要承受风荷载，采用钢结构可以减轻自重，方便架设和安装，并因构件截面小而使风荷载大大减小，从而获得更大的经济效益。

（5）密闭压力容器

用于要求密闭的容器，如大型储液罐、煤气罐要求能承受很大的内力，另外，温度急剧变化的高炉结构、大直径高压输油管和煤气管等均采用钢结构。

（6）移动结构

钢结构不仅重量轻，还可以用螺栓或其他便于拆装的手段来连接，需要搬迁或移动的结构，如流动式展览馆和活动房屋，采用钢结构最适宜。另外，钢结构还用于水工闸门、桥式吊车和各种塔式起重机、缆绳起重机等。

（7）桥梁结构

钢结构广泛应用于中等跨度和大跨度的桥梁结构中，如上海卢浦大桥、重庆菜园坝长江大桥（世界第一座公路、轻轨两用城市大桥）、武汉天兴洲长江大桥、矮寨大桥等。

（8）轻钢结构

用于跨度较小、屋面较轻的工业和商业用房，常采用冷弯薄壁型钢、小角钢、圆钢等焊接而成。轻型钢结构因具有用钢量省、造价低、供货迅速、安装方便、外形美观、内部空旷等特点，近年来得到迅速的发展。

（9）住宅钢结构

钢结构住宅采用的材料是以钢结构为骨架配合多种复合材料的轻型墙体拼装而成，所用材料均为工厂标准化、系列化、批量化生产，改变了传统的住宅和沿用已久的钢筋混凝土、砖、瓦、灰、砂、石的传统现场作业模式。国务院 1999 第 72 号文件明确提出：发展钢结构住宅，扩大钢结构住宅的市场占有率。此后，在北京、上海、天津、新疆、湖南、安徽、山东等地，开始并建成一批钢结构住宅示范试点工程。

2. 钢结构的发展

钢结构是由生铁结构逐步发展起来的，中国是最早用铁制造承重结构的国家。远在秦始皇时代（公元前二百多年），就有了用铁建造的桥墩。

我国工程技术人员在金属结构方面创造了卓越的成就。例如，1927 年建成的沈阳皇姑屯机车厂钢结构厂房，1928—1931 年建成的广州中心纪念堂圆屋顶，1934—1937 年建成的杭州钱塘江大桥等。

20 世纪 50 年代后，钢结构的设计、制造、安装水平有了很大提高，建成了大量钢结构工程,有些在规模上和技术上已达到世界先进水平。例如,采用大跨度网架结构的首都体育馆、上海体育馆、深圳体育馆;大跨度三角拱形式的西安秦始皇陵兵马俑陈列馆;悬索结构的北京工人体育馆、浙江体育馆;高耸结构中的 200 m 高的广州广播电视塔,上海建成的东方明珠广播电视塔高 420 m;板壳结构中有效容积达 54 000 m³ 的湿式储气柜等。

高层建筑钢结构近年来如雨后春笋般地拔地而起,发展很迅速。我国 20 世纪 80 年代建成的高层建筑钢结构最高为 208 m,90 年代高层建筑钢结构最高的已达 400 多米,进入 21 世纪建造或设计的最高钢结构已达 600 多米。大跨度空间钢结构最先让人们了解的是网架工程,其发展的速度较快,计算也比较成熟,国内有许多专用网架计算和绘图程序,是其迅速发展的重要原因。悬索及斜拉结构、膜和索膜结构在国内应用也较多,主要用于体育馆、车站等大空间公共建筑中。其他大跨度空间钢结构还包括立体桁架、预应力拱结构、弓式结构、悬吊结构、网格结构、索杆杂交结构、索穹顶结构等在全国各地均有实例。

轻钢结构是近十年来发展最快的。这种结构工业化、商品化程度高,施工快,综合效益高,市场需求量很大,已引起结构设计人员的注意。轻钢结构住宅的研究开发已在各地试点,是轻型钢结构发展的一个重要方向,目前已经有多种的低层、多层和高层的设计方案和实例。因其可做到大跨度、大空间,分隔使用灵活,施工速度快、抗震有利的特点,必将对我国传统的住宅结构模式产生较大冲击。

钢结构的发展潜力巨大,前景广阔,我国 40 多年来的改革开放和经济发展,已经为钢结构体系的应用创造了极为有利的发展环境。

首先,从发展钢结构的主要物质基础来看,自 1996 年开始我国钢的总产量就已超过 1 亿吨;2022 年产量超过 13.4 亿吨,占全球总钢产量的一半以上,居世界首位,随着钢材产量和质量持续提高,其价格正逐步下降,钢结构的造价也相应有较大幅度的降低。与之相应的是,钢结构配套的新型建材也得到了迅速发展。其次,从发展钢结构的技术基础来看,在普通钢结构、薄壁轻钢结构、高层民用建筑钢结构、门式刚架轻型房屋钢结构、网架结构、压型钢板结构、钢结构焊接和高强度螺栓连接、钢与混凝土组合楼盖、钢管混凝土结构及钢骨(型钢)混凝土结构等方面的设计、施工、验收规范、规程及行业标准已发行 20 余本。有关钢结构的标准、规范、规程的不断完善为钢结构体系的应用奠定了必要的技术基础,为设计提供了依据。再次,从发展钢结构的人才素质来看,经过几年来的发展,专业钢结构设计人员已经形成一定的规模,而且他们的专业素质在实践中得到不断提高。而随着计算机在工程设计中的普遍应用,国内外钢结构设计软件发展迅猛,软件功能日臻完善,为协助设计人员完成结构分析设计、施工图绘制提供了极大的便利条件。

随着社会分工的不断细化,钢结构设计也已走向专业化发展的道路。专业钢结构设计也可弥补由于不熟悉钢结构形式而无法优化结构设计方案的问题。

（二）钢结构的组成和特点

1. 钢结构的组成

钢结构是由钢板和型钢经过加工、组合连接制成,如拉杆(有时还包括钢索)、压杆、梁、柱及桁架等,将这些基本构件按一定方式通过焊接和螺栓连接组成结构,以满足使用要求。

下面结合单层和多层房屋对如何按一定方式将基本构件组成能满足各种使用功能要求的钢结构作简要说明。

　　单层房屋钢结构的特点是主要承受重力荷载,水平荷载风力及吊车制动力等一般属于次要荷载,对于这类结构,一般的做法是形成一系列竖向的平面承重结构,并用纵向构件和支撑构件把它们连成空间整体。这些构件也同时起到承受和传递纵向水平荷载的作用。图1-1是一个单层房屋钢结构组成的示意图,图中屋盖桁架和柱组成一系列的平面承重结构(图1-1a)。这些平面承重结构又用纵向构件和各种支撑(如图中所示的上弦横向支撑、垂直支撑及柱间支撑等)连成一个空间整体(图1-1b),保证整个结构在空间各个方向都成为一个几何不变体系。除此之外还可以由实腹的梁和柱组成框架或拱,框架和拱可以做成三铰、二铰或无铰,跨度大的还可以用桁架拱。

　　上述结构均属于平面结构体系。其特点是结构由承重体系及附加构件两部分组成,其中承重体系是一系列相互平行的平面结构,结构平面内的垂直和横向水平荷载由它承担,并在该结构平面内传递到基础。附加构件(纵向构件及支撑)的作用是将各个平面结构连成整体,同时也承受结构平面外的纵向水平力。当建筑物的长度和宽度尺寸接近,或平面呈圆形时,如果将各个承重构件自身组成空间几何不变体系并省去附加构件,受力就更为合理。如图1-2所示平板网架屋盖结构,它由倒置的四角锥体组成,锥底的四边为网架的上弦杆,锥棱为腹杆,连接各锥顶的杆件为下弦杆。屋架的荷载沿两个方向传到四边的柱上,再传至基础,形成一种空间传力体系。因此,这种结构体系也称为空间结构体系。这个平板网架中,所有的构件都是主要承重体系的部件,没有附加构件,因此内力分布合理,能节省钢材。

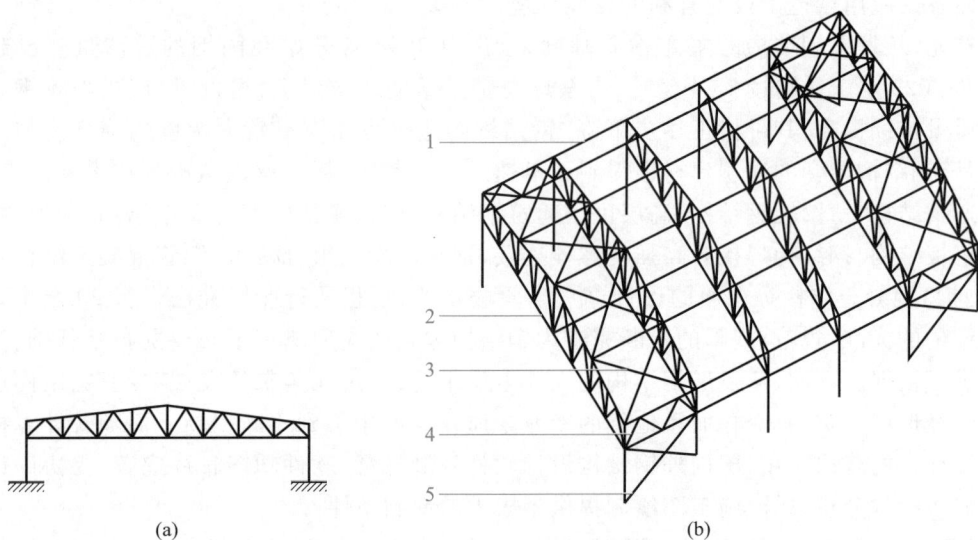

(a)　　　　　　　　　　　　　(b)

图1-1　单层房屋钢结构组成示意图

1—纵向构件;2—屋架;3—上弦横向支撑;4—垂直支撑;5—柱间支撑

　　多层房屋结构的特点是随着房屋高度增加,水平风荷载及地震荷载越来越起重要作用。提高结构抵抗水平荷载的能力,以及控制水平位移不要过大,是这类房屋组成的主要问题。一般多层钢结构房屋组成的体系主要有:框架体系,即由梁和柱组成的多层多跨框架,如图1-3a所示;带刚性加强层的结构,即在两列柱之间设置斜撑,形成竖向悬臂桁架,以便承受更大的水平荷载,如图1-3b所示;悬挂结构体系,即利用房屋中心的内筒承受全

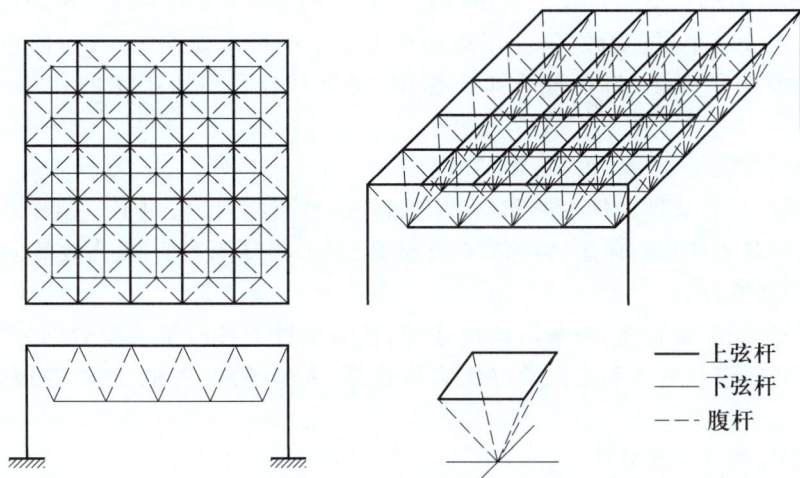

图 1-2 平板网架屋盖

部重力和水平荷载,筒顶有悬伸的桁架,楼板用高强钢材的拉杆挂在桁架上,如图 1-3c 所示。

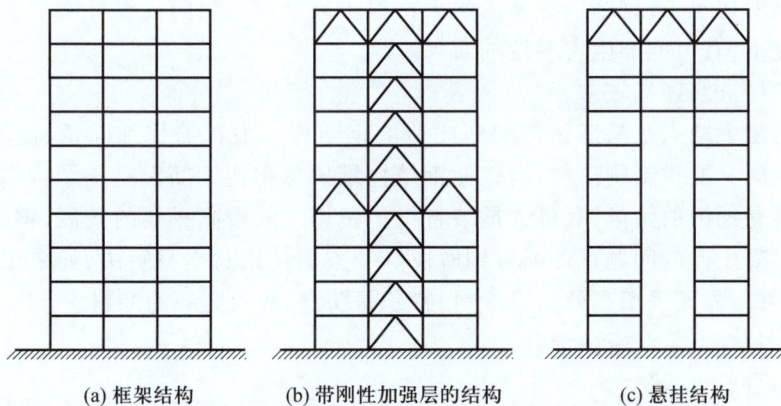

(a) 框架结构　　　(b) 带刚性加强层的结构　　　(c) 悬挂结构

图 1-3 多层房屋钢结构

　　通过以上对房屋钢结构组成的简要分析,在满足结构使用功能的要求时,结构必须形成空间整体(几何不变体系),才能有效而经济地承受荷载,具有较高的强度、稳定性和刚度;如果主要承重构件本身已经形成空间整体,不需要附加支撑,可以形成十分有效的组成方案。结构方案的适宜性和施工及材料供应条件也有很大关系,应加以考虑。

　　本节仅对单层及多层房屋的钢结构组成作了一些简单介绍,但是其他结构如桥梁、塔架等同样也应遵循这些原则。同时,还应看到,随着工程技术不断发展,以及对结构组成规律不断深入地研究,将会创造和开发出更多的新型结构体系。

　　2. 钢结构的特点

　　钢结构与其他结构相比有以下特点:

　　(1) 轻质高强、质地均匀

　　钢与混凝土、木材相比,虽然质量密度较大,但其屈服点较混凝土和木材要高得多,其质量密度与屈服点的比值相对较低。在承载力相同的条件下,钢结构与钢筋混凝土结构、木结构相比,构件较小,重量较轻,便于运输和安装。钢材质地均匀,各向同性,弹性模量大,有良好的塑性和韧性,为理想的弹塑性体,完全符合目前所采用的计算方法和基本理论。

（2）生产、安装工业化程度高,施工周期短

钢结构生产具备成批大件生产和高度准确性的特点,可以采用工厂制作、工地安装的施工方法,所以其生产作业面多,可缩短施工周期,进而为降低造价、提高效益创造条件。

（3）密闭性能好

钢材本身组织非常致密,当采用焊接连接,甚至螺栓连接时都可以做到完全密封不渗漏。因此,一些要求气密性和水密性好的高压容器、大型油库、气柜、管道等板壳结构都采用钢结构。

（4）抗震及抗动力荷载性能好

钢结构因自重轻、质地均匀,具有较好的延性,因而抗震及抗动力荷载性能好。

（5）钢结构的耐热性好,但防火性差

温度在 250 ℃ 以内,钢的性质变化很小,温度达到 300 ℃ 以上,强度逐渐下降,达到 450~650 ℃时,强度降为零。因此,钢结构可用于温度不高于 250 ℃ 的场合。在自身有特殊防火要求的建筑中,钢结构必须用耐火材料予以维护。当防火设计不当或当防火层处于破坏的状况下,有可能产生灾难性的后果。

（6）钢结构抗腐蚀性较差

钢结构的最大缺点是易于锈蚀。新建造的钢结构一般都需仔细除锈、镀锌或刷涂料。以后隔一定时间又要重新刷涂料,这就使钢结构维护费用比钢筋混凝土结构高。目前国内外正在发展不易锈蚀的耐候钢,可大量节省维护费用。随着高科技的发展,钢结构易锈蚀、防火性能比混凝土差的问题正逐渐得到解决。一方面从钢材本身解决,如采用耐候钢和耐火高强度钢;另一方面采用高效防腐涂料,特别是防腐、防火合一的涂料。

（三）钢结构的基本设计原理

1. 结构设计的目的

结构设计的目的是使所设计的结构做到技术先进、经济合理、安全适用和确保质量。也就是说,力求以最经济的方法,使所建造的结构以适当的可靠度满足下列各项基本功能:

（1）安全性[2]

安全性是指结构能承受正常施工和正常使用时可能出现的各种作用(包括荷载、温度变化、基础不均匀沉降及地震作用等),在偶然事件发生时及发生后仍能保持必需的整体稳定性,不致倒塌。

（2）适用性[3]

适用性是指结构在正常使用时,应具有良好的工作性能,满足预定的使用要求,如不发生影响正常使用的过大变形、振动等。

（3）耐久性[4]

耐久性是指结构在正常维护下,随时间变化仍能满足预定功能要求,如不发生严重锈蚀而影响结构的使用寿命等。

上述三方面的功能要求又可概括称为结构的可靠性。结构的可靠性与结构的经济性

是经常相互矛盾的,科学的设计方法是在结构的可靠性与经济性之间选择一种合理的平衡,力求以最经济的途径,建造适当的可靠度达到结构设计的目的。

2. 钢结构的设计思想

钢结构的设计应在以下设计思想的基础上进行:

① 钢结构在运输、安装和使用过程中应有足够的强度、刚度和稳定性、整个结构必须安全可靠。

② 应从实际工程出发,合理选用材料、结构方案和构造措施,应符合建筑物的使用要求。

③ 尽可能缩短制造、安装时间,节约劳动量。

④ 尽可能节约钢材。

⑤ 结构要便于运输、维护。

⑥ 在可能的条件下,注意美观。

3. 钢结构的设计方法——以概率论为基础的极限状态设计法

钢结构的设计过程如下:

根据建筑布局——确定结构方案——荷载计算——内力分析——选定材料及规格——构件及连接验算

目前,钢结构设计标准所采用的方法是以概率论为基础的极限状态设计方法。极限状态[5]是指整个结构或结构的某一部分超过某一特定的状态就不能满足设计规定的某一功能要求,则此特定的状态就称为该功能的极限状态。结构的极限状态可分为下列3类:

(1) 承载能力极限状态[6]

这种极限状态对应于结构或结构构件达到最大承载能力或不适于继续承载的变形的状态。这里有两个极限准则:一个是最大承载力,一个是不适于继续承载的变形。对于钢结构来说,两个极限准则都采用,且第二个准则主要应用于钢结构。

(2) 正常使用极限状态[7]

这种极限状态对应于结构或结构构件达到正常使用或耐久性能的某项规定限值的状态。对钢结构来说,主要是控制构件的刚度,避免出现影响正常使用的过大变形或在动力作用下的较大振动。

(3) 耐久性极限状态

对应于结构或结构构件在环境影响下出现的劣化达到耐久性能的某项规定限值或标志的状态。

在现行《钢结构设计标准》(GB 50017—2017)(以下简称《标准》)中用分项系数表达的极限状态设计表达式为

$$\gamma_0\left(\gamma_G S_{G_k} + \gamma_{Q_1} S_{Q1k} + \sum_{i=2}^{n} \psi_{ci}\gamma_{Q_i} S_{Qik}\right) \leqslant R \tag{1-1}$$

式中　γ_0——结构重要性系数,与结构的安全等级相对应,即一级为 1.1,二级为 1.0,三级为 0.9;

　　γ_G——永久荷载分项系数,一般采用 1.3,当永久荷载效应对结构构件的承载能力有利时宜采用 1.0;

　　S_{G_k}——永久荷载标准值的作用效应;

$S_{Q_{1k}}$——第一个可变荷载标准值的效应；

$S_{Q_{ik}}$——其他第 i 个可变荷载标准值的作用效应；

γ_{Q_1}、γ_{Q_i}——第一个和第 i 个可变荷载的分项系数，一般情况下可采用 1.5；

ψ_{ci}——其他第 i 个可变荷载的组合系数，当有两种或两种以上可变荷载且其中包括风荷载时，取 $\psi_{ci}=0.6$，其他情况取 $\psi_{ci}=1$；

$R=R_k/\gamma_R$，其中 R_k 为抗力的标准值，γ_R 为抗力分项系数。

对于一般的排架、框架结构，由于确定能产生最大荷载效应的第 i 个可变荷载较为复杂，为简便计算，可采用下列简化的设计表达式：

$$\gamma_0\left(\gamma_G S_{G_k}+\psi\sum_{i=1}^{n}\gamma_{Q_{ik}}S_{Q_{ik}}\right)\leqslant R \qquad (1-2)$$

式中 ψ——简化设计表达式采用的荷载组合系数，当参与组合的可变荷载有两种或两种以上并有风荷载时，取 $\psi=0.85$，其他情况取 $\psi=1.0$。

对于正常使用极限状态，应使结构或构件在荷载标准值及组合值作用下产生的变形和裂缝等不超过相应的容许值。根据不同的情况，分别考虑荷载的短期效应组合或长期效应组合。对钢结构，只需考虑短期效应组合，其组合为

$$S_S=S_{G_k}+S_{Q_{1k}}+\sum_{i=2}^{n}\psi_{ci}S_{Q_{ik}}\leqslant [S] \qquad (1-3)$$

式中 S_{G_k}——永久荷载标准值在结构或构件中产生的变形值；

$S_{Q_{1k}}$——第 1 个可变荷载的标准值在结构或构件中产生的变形值（该值大于其他第 i 个可变荷载标准值产生的变形值）；

$S_{Q_{ik}}$——第 i 个可变荷载标准值在结构或构件中产生的变形值；

$[S]$——结构或构件的容许变形值，按规范规定采用。

有时只需要保证结构和构件在可变荷载作用下产生的变形能够满足正常使用要求，式 (1-3) 中的 S_{G_k} 可不计入。

二、职业活动训练

活动一 认知钢结构模型

1. 目的 通过钢结构模型的实训学习，掌握钢结构房屋的各部分构件。

2. 能力标准及要求 分组认知钢结构房屋模型，能准确说出钢结构梁、板、柱、屋架、网架、焊缝、支撑等构件。

3. 活动条件 钢结构房屋模型或三维模型、图片等。

4. 步骤提示

(1) 准备典型的钢结构房屋模型，如单层厂房钢结构、多层房屋钢结构、网架结构等。

(2) 结合课堂的讲解及课本的图例，认知结构模型中各主要构件名称，初步了解各主要构件如梁、柱、屋架、支撑等在整个结构中的作用，能说出结构的传力途径。

活动二 现场教学

1. 目的 通过大型钢结构厂房的现场教学，掌握钢结构房屋的各部分构件。

2. 能力标准及要求 参观一大型钢结构厂房，认知钢结构梁、板、柱、屋架、网架、焊缝、

支撑等构件。

3. 活动条件　钢结构厂房。

4. 步骤提示

（1）到一家大型的钢结构厂房进行实地考察。

（2）在活动一的基础上，进一步认知钢结构厂房中各主要构件及其在整个结构中的作用。

（3）写出一份认识实习报告。

文档
钢结构工程
施工调研报告

■ 单 元 小 结 ■

1. 钢结构通常由型钢、钢板或冷加工成形的薄壁型钢等制成的拉杆、压杆、梁、柱、桁架等构件组成，各构件或部件间采用焊缝或螺栓连接。在满足结构使用功能的要求时，结构必须形成空间整体（几何不变体系），才能有效而经济地承受荷载，具有较高的强度、稳定性和刚度。根据组成方式不同，钢结构设计时有的可按平面结构计算，有的可按空间结构计算。

2. 钢结构的优点是：强度高，自重轻，塑性、韧性好，材质均匀，工作可靠，工业化生产程度高，环保性能好，可重复利用，可节约能源，能制成不渗漏的密闭结构，耐热性能好；最适合于跨度大、高耸、重型、受动力荷载的结构，轻钢结构用于住宅建筑更具有许多其他住宅不具备的优点。钢结构的缺点是：耐火性能差，易锈蚀。

3. 我国钢结构设计方法采用以概率理论为基础、用分项系数表达的极限状态设计法。

4. 钢结构已在建筑工程中发挥着独特且日益重要的作用，从钢结构发展的物质基础、技术基础及人才素质方面来看，钢结构的发展潜力巨大，前景广阔。

■ 复习思考题 ■

1. 目前我国钢结构主要应用在哪些方面？钢结构与其他结构相比有哪些优点？

2. 通过收集阅读有关钢结构发展方面的资料，谈谈你自己的看法。

单元二

材料与连接

■ **单元概述** ···

钢结构常用材料种类、特点、材料检验、力学性能及化学成分等对钢材性能的影响,钢结构连接的种类与基本计算方法。

■ **单元目标** ···

通过本单元的学习掌握钢结构常用钢材的力学性能及化学成分等对钢材性能的影响,掌握建筑钢材的种类、规格及选择,掌握焊接、普通螺栓连接、高强度螺栓连接的基本构造及计算方法。

项目一　材　　料

学习目标　钢结构常用材料的种类、性能及特点。

能力标准及要求　掌握钢结构钢材的基本要求和主要力学性能(强度、塑性、冷弯试验、韧性、焊接性能),掌握建筑钢材的种类规格及选择方法。

一、应知部分

(一)钢材

1. 钢材的力学性能

(1)强度和塑性

建筑钢材的强度和塑性一般由常温静载下单向拉伸试验曲线确定,如图 2-1 所示是低碳钢在常温静载下的单向拉伸 σ-ε 曲线。

从这条曲线中可以看出钢材在单向受拉过程中有下列五个受力阶段：

① 弹性阶段（曲线的 OA 段） 应力不超过 A 点，这时钢材处于弹性工作阶段，A 点的应力称为钢材的弹性极限 f_e。

② 弹塑性阶段（曲线的 AB 段） 在这一阶段应力与应变不再保持直线变化而呈曲线关系。B 点应力称为钢材的屈服点（或称屈服应力、屈服强度）f_y（或 σ_s）。在这一阶段，试件的变形既包括弹性变形（应变），也包括塑性变形（应变），塑性变形在卸荷后仍旧保留。

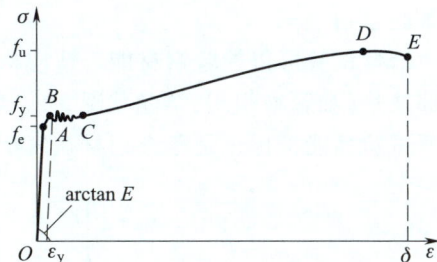

图 2-1 低碳钢在常温静载下的单向拉伸 $\sigma\text{-}\varepsilon$ 曲线

动画
低碳钢拉伸试验

③ 屈服阶段（曲线的 BC 段） 低碳钢在应力达到屈服点 f_y 后，拉力不再增加，应变却可以继续增加，这一阶段曲线保持水平，故又称为屈服台阶，在这一阶段钢材处于完全的塑性状态。

④ 应变硬化阶段（曲线的 CD 段） 钢材在屈服阶段经过很大的塑性变形，达到 C 点以后又恢复继续承载的能力，直到应力达到 D 点的最大值，即抗拉强度 f_u，这一阶段（CD 段）称为应变硬化阶段。

⑤ 颈缩阶段（曲线的 DE 段） 试件应力达到抗拉强度 f_u 时，试件中部截面变细，形成颈缩现象。随后 $\sigma\text{-}\varepsilon$ 曲线下降直到试件拉断（E 点），曲线的 DE 段称为颈缩阶段。试件拉断后的残余应变称为伸长率 δ，见下式：

$$\delta = (L_1 - L_0)/L_0 \times 100\% \tag{2-1}$$

式中 L_0——试件原标距长度；

L_1——试件拉断后的标距长度。

由钢材拉伸试验所得的屈服点 f_y、抗拉强度 f_u 和伸长率 δ，是钢结构设计对钢材力学性能要求的 3 项重要指标。f_y、f_u 反映钢材强度，其值愈大承载力愈高。钢结构设计中，常把钢材应力达到屈服点 f_y，作为评价钢结构承载能力（抗拉、抗压、抗弯强度）极限状态的标志，即取 f_y 作为钢材的标准强度。

钢材的伸长率 δ 是反映钢材塑性（或延性）的指标之一。其值愈大，钢材破坏吸收的应变能愈多，塑性愈好。建筑用的钢材不仅要求强度高，还要求塑性好，能够调整局部高应力，提高结构抗脆断的能力。

反映钢材塑性（或延性）的另一个指标是截面收缩率 ψ，其值为试件发生颈缩拉断后，断口处横截面面积（即颈缩处最小横截面面积）A_1 与原横截面面积 A_0 的缩减百分比，即

$$\psi = (A_0 - A_1)/A_0 \times 100\% \tag{2-2}$$

截面收缩率标志着钢材颈缩区在三向拉应力状态下的最大塑性变形能力，ψ 值愈大，钢材塑性愈好。

动画
冷弯试验

（2）冷弯试验性能

冷弯试验[8] 又称为弯曲试验，它是将钢材按原有厚度（直径）做成标准试件，放在如图 2-2 所示的冷弯试验机上，用具有一定弯心直径 d 的冲头，在常温下对标准试件中部施

加荷载,使之弯曲达 180°,然后检查试件表面,如果不出现裂纹和起层,则认为试件材料冷弯试验合格。

冷弯试验可以检验钢材能否适应构件加工制作过程中的冷作工艺,也可暴露出钢材的内部缺陷(如颗粒组织,结晶状况,夹杂物分布及夹层情况,内部微观裂纹、气泡等)。同时,冷弯试验性能指标也是考查钢材在复杂应力状态下发展塑性变形能力的一项指标。

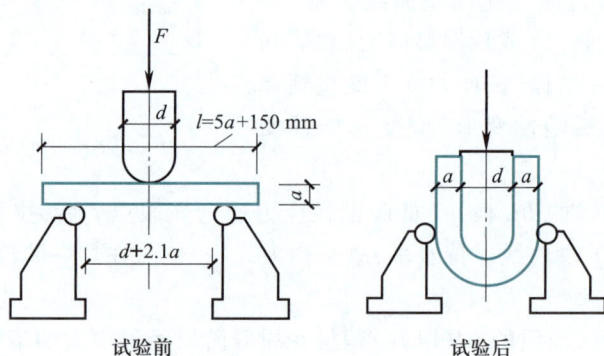

图 2-2　冷弯试验

（3）韧性

韧性[9]是指钢材抵抗冲击或振动荷载的能力,其衡量指标称为冲击韧性值。韧性值由冲击试验求得,即用带 V 形缺口的夏氏标准试件(截面 10 mm×10 mm、长 55 mm),在冲击试验机上通过动摆施加冲击荷载,使之断裂(图 2-3),由此测出试件受冲击荷载发生断裂所吸收的冲击功,即为材料的冲击韧性值,用 A_{KV} 表示,单位为 J。A_{KV} 值愈高,表明材料破坏时吸收的能量愈多,因而抵抗脆性破坏的能力愈强,韧性愈好。因此,冲击韧性值是衡量钢材强度、塑性及材质的一项综合指标。

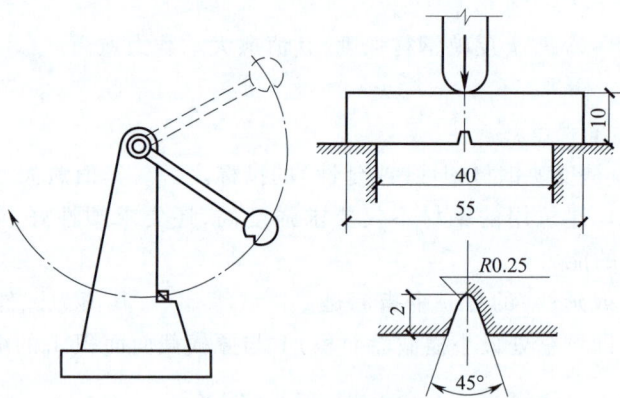

图 2-3　冲击韧性试验

（4）焊接性能

钢材的焊接性能是指在一定的焊接工艺条件下,获得性能良好的焊接接头。焊接过程中要求焊缝及焊缝附近金属不产生热裂纹或冷却收缩裂纹;在使用过程中焊缝处的冲击韧性和热影响区内塑性良好,不低于母材的力学性能。我国钢结构设计标准所规定的几种建筑钢材均有良好的焊接性能。

2. 影响钢材性能的因素

影响钢材性能的因素有化学成分、钢材制造过程、钢材硬化、复杂应力、应力集中、残余应力、温度变化及疲劳等。

（1）化学成分的影响

钢结构主要采用碳素结构钢和低合金结构钢。钢的主要成分是铁（Fe）。碳素结构钢中铁含量占99%以上，其余是碳（C）、硅（Si）、锰（Mn）及硫（S）、磷（P）、氧（O）、氮（N）等冶炼过程中留在钢中的杂质元素。低合金高强度结构钢中，冶炼时还特意加入少量合金元素，如钒（V）、铜（Cu）、铬（Cr）、钼（Mo）等。这些合金元素通过冶炼工艺以一定的结晶形态存在于钢中，可以改善钢材的性能。表2-1分别叙述了各种元素对钢材性能的影响。

表2-1　化学成分对钢材性能的影响

名称	在钢材中的作用	对钢材性能的影响
碳（C）	决定强度的主要因素。碳素钢含量应在0.04%~1.7%，合金钢含量大于0.5%~0.7%	含量增高，强度和硬度增高，塑性和冲击韧性下降，脆性增大，冷弯性能、焊接性能变差
硅（Si）	加入少量能提高钢的强度、硬度和弹性，能使钢脱氧，有较好的耐热性、耐酸性。在碳素钢中含量不超过0.5%，超过限值则成为合金钢的合金元素	含量超过1%时，则使钢的塑性和冲击韧性下降，冷脆性增大，焊接性能、耐腐蚀性变差
锰（Mn）	提高钢强度和硬度，可使钢脱氧去硫。含量在1%以下；合金钢含量大于1%时即成为合金元素	少量锰可降低脆性，改善塑性、韧性、热加工性和焊接性能；含量较高时，会使钢塑性和韧性下降，脆性增大，焊接性能变坏
磷（P）	是有害元素，降低钢的塑性和韧性，出现冷脆性，能使钢的强度显著提高，同时提高大气腐蚀稳定性，含量应限制在0.05%以下	含量提高，在低温下使钢变脆，在高温下使钢缺乏塑性和韧性，焊接及冷弯性能变坏，其危害与含碳量有关，在低碳钢中影响较小
硫（S）	是有害元素，使钢热脆性大，含量限制在0.05%以下	含量高时，焊接性能、韧性和耐蚀性将变坏；在高温热加工时，容易产生断裂，形成热脆性
钒、铌（V、Nb）	使钢脱氧除气，显著提高强度。合金钢含量应小于0.5%	少量可提高低温韧性，改善焊接性能；含量多时，会降低焊接性能
钛（Ti）	钢的强脱氧剂和除气剂，可显著提高强度，能与碳和氮作用生成碳化钛（TiC）和氮化钛（TiN）。低合金钢含量在0.06%~0.12%	少量可改善塑性、韧性和焊接性能，降低热敏感性
铜（Cu）	含少量铜对钢不起显著变化，可提高耐大气腐蚀性	含量增到0.25%~0.3%时，焊接性能变坏，增到0.4%时，发生热脆现象

（2）冶炼、浇注、轧制过程的影响

钢材在冶炼、轧制过程中常常出现的缺陷有偏析、夹层、裂纹等。偏析是指金属结晶后化学成分分布不均匀。钢材中的夹层是由于钢锭内留有气泡，有时气泡内还有非金属夹渣，当轧制温度及压力不够时，不能使气泡压合，气泡被压扁延伸，形成了夹层。此外，因冶炼过程中残留的气泡、非金属夹渣，或者因钢锭冷却收缩，或者因轧制工艺不当，还可能导致钢材内部形成细小的裂纹。偏析、夹层、裂纹等缺陷都会使钢材性能变差。

钢材根据脱氧程度不同，分为沸腾钢、镇静钢及特殊镇静钢。沸腾钢[10]是以脱氧能力较弱的锰作为脱氧剂，因而脱氧不够充分，在浇注过程中，有大量气体逸出，钢液表面剧烈沸腾（故称为沸腾钢）。沸腾钢注锭时冷却快，钢液中的气体（氧、氮、氢等）来不及逸出，在钢中形成气泡。同时沸腾钢结晶构造粗细不匀、偏析严重，常有夹层，塑性、韧性及焊接性能相对较差。镇静钢[11]所用脱氧剂除锰之外，还用脱氧能力较强的硅，因而脱氧充分，同时脱氧过程中产生很多热量，使钢液冷却缓慢，气体容易逸出，浇注时没有沸腾现象，钢锭模内钢液表面平静（故称为镇静钢）。镇静钢结晶构造细密，杂质气泡少，偏析程度低，因而塑性、冲击韧性及焊接性能比沸腾钢好。特殊镇静钢是在用锰和硅脱氧之后，再加铝或钛进行补充脱氧，其性能得到明显改善，尤其是焊接性能显著提高。

轧制钢材时，在轧机压力作用下，钢材的结晶晶粒会变得更加细密均匀，钢材内部的气泡、裂缝可以得到压合。因此，轧制钢材的性能比铸钢优越。

（3）钢材硬化的影响

① 时效硬化[12]　轧制钢材放置一段时间后，其力学性能会发生变化，强度提高，塑性降低，这种现象称为时效硬化。

② 冷作硬化[13]（应变硬化）　钢材受荷超过弹性范围以后，若重复地卸载、加载，将使钢材弹性极限提高，塑性降低，这种现象称为冷作硬化或应变硬化。

（4）复杂应力的影响

复杂应力[14]是指钢材受二向或三向应力作用时，其屈服应力以折算应力 σ_{eq} 来进行判别。实验表明，复杂应力对钢材性能的影响是：钢材受同号复杂应力作用时，强度提高，塑性降低，性能变脆；钢材受异号复杂应力作用时，强度降低，塑性增加。

（5）应力集中的影响

实际钢结构中的构件，常因构造而有孔洞、缺口、凹槽，或者采用变厚度、变宽度的截面。这类构件由于截面的突然改变，致使应力线曲折、密集，故在孔洞边缘或缺口尖端处，将局部出现应力高峰，其余部分则应力较低，这种现象称为应力集中[15]，如图 2-4 所示。

应力集中导致钢材塑性降低，脆性增加，使结构发生脆性破坏的危险性增大。

（6）残余应力的影响

残余应力[16]是钢材在热轧、焊接时的加热和冷却过程中产生的，先冷却的部分常形成压应力，而后冷却的部分则形成拉应力。钢材中的残余应力是自相

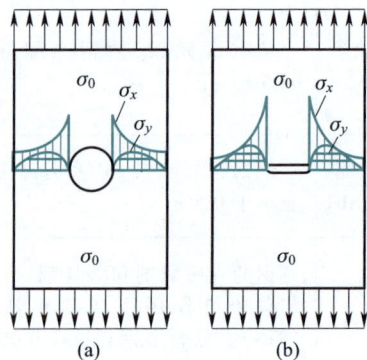

图 2-4　构件孔洞处的应力集中现象

σ_x—沿孔洞截面的纵向应力；

σ_y—沿孔洞截面的横向应力

平衡的,与外荷载无关,对构件的强度极限状态承载力没有影响,但能降低构件的刚度和稳定性。对钢材进行退火热处理,在一定程度上可以消除一些残余应力。

（7）温度的影响

从总的趋势来看,随温度升高,钢材强度(f_y、f_u)及弹性模量降低,但在200 ℃以内钢材性能变化不大,超过200 ℃,尤其是在430～540 ℃,f_y、f_u急剧下降,到600 ℃时,强度很低不能继续承载。所以,钢结构是一种不耐火的结构,故《标准》对于受高温作用的钢结构根据不同情况所采取相应的措施有具体的规定。

此外,钢材在250 ℃附近,f_u有局部提高,f_y也有回升现象,这时塑性相应降低,钢材性能转脆,由于在这个温度下,钢材表面氧化膜呈蓝色,故称蓝脆。在蓝脆温度区加工钢材,可能引起裂纹,故应尽力避免在这个温度区进行热加工。

在负温度范围,随温度下降,f_y、f_u增加,但塑性变形能力减小,冲击韧性降低,即钢材在低温下性能转脆。钢材低温转脆的情况一般用冲击韧性试验来评定。《标准》要求在低温下工作的结构,尤其是焊接结构,应保证钢材在低温下（如0 ℃、−20 ℃、−40 ℃）冲击韧性值合格。

（8）重复荷载作用的影响（疲劳）

钢材承受重复变化的荷载作用时,材料强度降低,破坏提早,这种现象称为疲劳破坏[17]。疲劳破坏的特点是强度降低,材料转为脆性,破坏突然。

3. 钢结构用钢材的种类、规格与选用

（1）建筑钢材的种类

建筑结构用钢的钢种主要是碳素结构钢和低合金钢两种。在碳素结构钢中,建筑钢材只使用低碳钢（含碳量不大于0.25%）。低合金钢是在冶炼碳素结构钢时增加一些合金元素炼成的钢,目的是提高钢材的强度、冲击韧性、耐腐蚀性等,但又不使其塑性降低过多。

国家标准《碳素结构钢》(GB/T 700)将碳素结构钢按屈服点数值分为4个牌号:Q195、Q215、Q235及Q275,《钢结构设计标准》(GB 50017—2017)中所推荐的碳素结构钢是Q235钢。《低合金高强度结构钢》(GB/T 1591—2018)将低合金高强度结构钢按屈服点数值分为8个牌号:Q345、Q390、Q420、Q460、Q500、Q550、Q620和Q690,所推荐的低合金高强度结构钢是Q345、Q390、Q420、Q460和Q345GJ钢。

《碳素结构钢》(GB/T 700—2006)标准中钢材牌号表示方法由字母Q、屈服点数值(单位:N/mm²)、质量等级代号(A、B、C、D)及脱氧方法代号(F、Z、TZ)四个部分组成。Q是"屈"字汉语拼音的首位字母,质量等级中以A级最差,D级最优,F、Z、TZ则分别是"沸""镇"及"特、镇"汉语拼音的首位字母,分别代表沸腾钢、镇静钢及特殊镇静钢。其中,代号Z、TZ可以省略。Q235中A、B级有沸腾钢、镇静钢,C级全部为镇静钢,D级全部为特殊镇静钢。《低合金高强度结构钢》(GB/T 1591—2018)标准中钢材全部为镇静钢或特殊镇静钢,所以它的牌号就只由Q、屈服点数值及质量等级三个部分组成,其中质量等级有A～E五个级别。

A级钢保证三项指标即屈服强度f_y、抗拉强度f_u和伸长率δ,不要求冲击韧性,冷弯试验也只在需方有要求时才进行,而B、C、D级钢均要求保证屈服强度f_y、抗拉强度f_u和伸长率δ、冷弯试验和冲击韧性(温度分别为:B级20 ℃、C级0 ℃、D级−20 ℃、E级−40 ℃)。

这样按照国家标准,钢号的代表意义如下:

Q235A：代表屈服点为 235 N/mm² 的 A 级镇静碳素结构钢；

Q235BF：代表屈服点为 235 N/mm² 的 B 级沸腾碳素结构钢；

Q235D：代表屈服点为 235 N/mm² 的 D 级特殊镇静碳素结构钢；

Q345E：代表屈服点为 345 N/mm² 的 E 级低合金高强度结构钢。

除上述 Q235、Q345、Q390 和 Q420 钢 4 个牌号外，其他专用结构钢如《桥梁用结构钢》（GB/T 714—2015）中的 Q235q、Q345q、Q370q、Q420q、Q500q、Q550q、Q620q 和 Q690q（字母 q 表示"桥"）等；《耐候结构钢》（GB/T 4171—2008）中的 Q235NH（原 16CuCr）、Q345NH（原 15MnCuCr）（字母 NH 表示"耐候"）等；《高层建筑结构用钢板》（YB 4104—2000）中的 Q235GJ、Q345GJ 和 Q235GJZ、Q345GJZ（字母 GJ 表示"高性能建筑结构用钢板"、字母 Z 表示"Z 向钢板"）等钢号，由于其力学性能优于一般钢种，故也适用于钢结构。钢材的性能见附录 1。

（2）钢材的选用

钢材的选用原则是：保证结构安全可靠，同时要经济合理，节约钢材。考虑的因素有：

① 结构的重要性　根据建筑结构的重要程度和安全等级选择相应的钢材等级。

② 荷载特征　根据荷载的性质不同选用适当的钢材，包括静力或动力，经常作用还是偶然作用，满载还是不满载等情况，同时提出必要的质量保证项目。

③ 连接方法　焊接连接时要求所用钢材的碳、硫、磷及其他有害化学元素的含量应较低，塑性和韧性指标要高，焊接性要好。对非焊接连接的结构可适当降低。

④ 结构的工作环境温度　对低温下工作的结构，尤其焊接结构，应选用有良好抗低温脆断性能的镇静钢。

⑤ 钢材厚度　厚度大的钢材性能较差，应采用质量好的钢材。

⑥ 结构形式、应力状态。

（3）钢材选用要求

① 承重结构钢材应具有抗拉强度、伸长率、屈服强度和硫、磷含量的合格证，对焊接结构尚应具有含碳量的合格保证。

② 主要焊接结构不能使用 Q235A 级钢，因为 Q235A 级钢的碳含量不作为交货条件，即不作为保证，即使生产厂提供碳含量，也只能视为参考，不能排除离散性大、质量不稳定等情况，因此如发生事故，生产厂在法律上不负任何责任。

③ 焊接承重结构以及重要的非焊接承重结构，还应具有冷弯试验的合格证。

④ 需要验算疲劳的结构，钢材应具有冲击韧性的合格证（表 2-2）。

表 2-2　冲击韧性合格保证

焊接结构	工作温度	$T>0\ ℃$	应有常温冲击韧性合格保证
		$-20\ ℃ \leqslant T \leqslant 0\ ℃$	Q235、Q345 应有 0 ℃ 冲击韧性合格保证 Q390、Q420 应有 -20 ℃ 冲击韧性合格保证
		$T<-20\ ℃$	Q235、Q345 应有 -20 ℃ 冲击韧性合格保证 Q390、Q420 应有 -40 ℃ 冲击韧性合格保证
非焊接结构		$T>20\ ℃$	应有常温冲击韧性合格保证
		$T \leqslant -20\ ℃$	Q235、Q345 应有 0 ℃ 冲击韧性合格保证 Q390、Q420 应有 -20 ℃ 冲击韧性合格保证

⑤ 吊车起重量≥50 t 的中级工作制吊车梁,对冲击韧性的要求与需验算疲劳构件相同。

⑥ 重要的受拉或受弯的焊接结构,厚度较大的钢材应有冲击韧性合格证。

⑦ 当焊接承重结构采用 Z 向钢时应符合《厚度方向性能钢板》(GB/T 5313—2010)的规定。

⑧ 有以下情况不应采用 Q235 沸腾钢:

焊接结构:a. 需要验算疲劳;b. 工作温度<-20 ℃的直接受动力荷载;c. 工作温度<-20 ℃的受拉及受弯;d. 工作温度<-30 ℃;

非焊接结构:工作温度<-20 ℃的需要验算疲劳。

(4) 钢材的规格

钢结构采用的钢材品种主要为热轧钢板和型钢及冷弯薄壁型钢和压型钢板。

① 钢板　钢板分厚钢板(厚度大于 4 mm,宽度 600~3 000 mm,长度 4~12 m)、薄钢板(厚度小于 4 mm,宽度 500~1 500 mm,长度 0.5~4 m)和扁钢(厚度 4~60 mm,宽度 12~200 mm,长度 3~9 m),其规格用符号"—"和宽度×厚度×长度的毫米数表示。例如,—300×10×3 000 表示宽度为 300 mm、厚度为 10 mm、长度为 3 000 mm 的钢板。

② 热轧型钢　常用的热轧型钢有 H 型钢、T 型钢、工字钢、槽钢、角钢和钢管(图 2-5)。

H 型钢和 T 型钢是我国推广应用的热轧型钢。其内、外表面平行,便于和其他构件连接,因此只需少量加工,便可直接用作柱、梁和屋架杆件。H 型钢和 T 型钢均分为宽、中、窄三种类别,其代号分别为 HW、HM、HN 和 TW、TM、TN。宽翼缘 H 型钢的翼缘宽度 B 与其截面高度 H 一般相等,中翼缘的 $B\approx(2/3~1/2)H$,窄翼缘的 $B\approx(1/2~1/3)H$。H 型钢和 T 型钢的规格标记均采用:高度 H×宽度 B×腹板厚度 t_1×翼缘厚度 t_2。

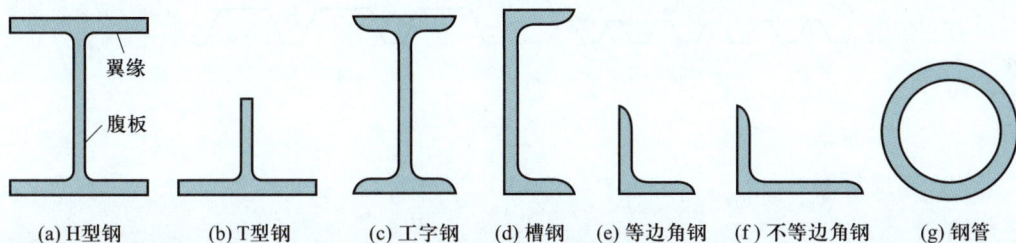

图 2-5　热轧型钢

(a) H 型钢　(b) T 型钢　(c) 工字钢　(d) 槽钢　(e) 等边角钢　(f) 不等边角钢　(g) 钢管

工字钢型号用符号"I"及号数表示,号数代表截面高度的厘米数。20 号和 30 号以上的普通工字钢,同一号数中又分 a、b 和 a、b、c 类型,同类的普通工字钢宜尽量选用腹板厚度最薄的 a 类,这是因其重量轻,而截面惯性矩相对却较大。工字钢由于宽度方向的惯性矩和惯性半径比高度方向的小得多,因而在应用上有一定的局限性,一般宜用于单向受弯构件。

槽钢型号用符号"["及号数表示,号数也代表截面高度的厘米数。14 号和 24 号以上的普通槽钢,同一号数中又分 a、b 和 a、b、c 类型。

角钢分等边角钢和不等边角钢两种,等边角钢的型号用符号"L"和肢宽×肢厚的毫米数表示,如 L100×10 为肢宽 100 mm、肢厚 10 mm 的等边角钢。不等边角钢的型号用符号"L"和长肢宽×短肢宽×肢厚的毫米数表示,如 L100×80×8 为长肢宽 100 mm、短肢宽 80 mm、肢厚 8 mm 的不等边角钢。角钢的长度一般为 3~19 m。

型钢的规格、尺寸、截面面积、理论质量及截面特性参见现行规范的型钢规格表。

钢管分无缝钢管和电焊钢管两种,型号用"ϕ"和外径×壁厚的毫米数表示,如 $\phi219×14$ 为外径 219 mm、壁厚 14 mm 的钢管。

③ 冷弯型钢和压型钢板　建筑中使用的冷弯型钢常用厚度为 1.5~5 mm 钢板或钢带经冷轧(弯)或模压而成,故也称冷弯薄壁型钢(图 2-6)。另外,还有用厚钢板(大于 6 mm)冷弯成的方管、矩形管、圆管等称为冷弯厚壁型钢。压型钢板是冷弯型钢的另一种形式,它是用厚度为 0.3~2 mm 的镀锌或镀铝锌钢板、彩色涂层钢板经冷轧(压)成的各种类型的波形板,图 2-7 所示为其中数种。冷弯型钢和压型钢板分别适用于轻钢结构的承重构件和屋面、墙面构件。冷弯型钢和压型钢板都属于高效经济截面,由于壁薄,截面几何形状开展,截面惯性矩大,刚度好,故能高效地发挥材料的作用,节约钢材。

(a) 方钢管　(b) 等肢角钢　(c) 槽钢　(d) 卷边槽钢　(e) 卷边Z形钢　(f) 卷边等肢角钢　(g) 焊接薄壁钢管

图 2-6　冷弯薄壁型钢

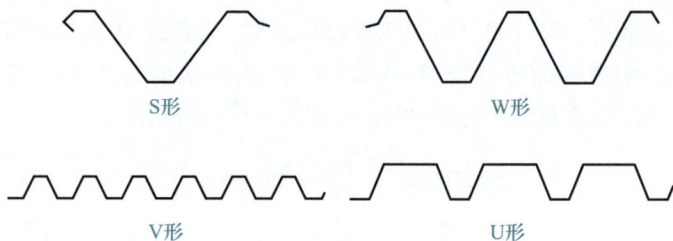

S形　　　　　　W形

V形　　　　　　U形

图 2-7　压型钢板

(二) 连接材料

1. 焊材

钢结构中焊接材料的选用,需适应焊接场地(工厂焊接或工地焊接)、焊接方法、焊接方式(连续焊缝、断续焊缝或局部焊缝),特别是要与焊件钢材的强度和材质要求相适应。

(1) 手工焊接用焊条

手工电弧焊采用的焊条应符合《非合金钢及细晶粒钢焊条》(GB/T 5117—2012),《热强钢焊条》(GB/T 5118—2012)的规定。标准中焊条型号的表示方法系按熔敷金属的抗拉强度、药皮类型、焊接位置和电源种类等确定。焊条由字母 E 表示。建筑钢结构中用手工焊时,碳钢焊条有 E43、E50 系列,低合金钢焊条有 E50、E55 等系列。

(2) 焊丝

自动或半自动埋弧焊采用的焊丝应与主体金属强度相适应,即应使熔敷金属的强度与主体金属的强度相等。焊丝应符合《熔化极气体保护电弧焊用非合金钢及细晶粒钢实心焊丝》(GB/T 8110—2020)的规定。

（3）焊剂

根据需要，碳素钢按《埋弧焊用非合金钢及细晶粒钢实心焊丝、药芯焊丝和焊丝-焊剂组合分类要求》（GB/T 5293—2018），低合金钢按《埋弧焊用热强钢实心焊丝、药芯焊丝和焊丝-焊剂组合分类要求》（GB/T 12470—2018）相应配合。

2. 螺栓

（1）普通螺栓

普通螺栓的材料用 Q235，分为 A、B 和 C 三级。A 级和 B 级螺栓采用钢材性能等级 5.6 级或 8.8 级制造，C 级螺栓则用 4.6 级或 4.8 级制造。其中，"."前数字表示公称抗拉强度 f_u 的 1/100，"."后数字表示公称屈服点 f_y 与公称抗拉强度 f_u 之比（屈强比）的 10 倍。如 4.6 级表示 f_u 不小于 400 N/mm²，而最低 $f_y = 0.6 \times 400$ N/mm² = 240 N/mm²。

A 级和 B 级螺栓表面须经车床加工，故其尺寸准确，精度较高，受剪性能良好。但其制造和安装过于费工，加之现在高强度螺栓已可替代用于受剪连接，所以目前已极少采用。

C 级螺栓一般用圆钢冷镦压制而成。表面不加工，尺寸不很准确，只需配用孔的精度和孔壁表面粗糙度不太高的 Ⅱ 类孔。C 级螺栓在沿其杆轴方向的受拉性能较好，可用于受拉螺栓连接。对于受剪连接，只宜用在承受静力荷载或间接承受动力荷载结构中的次要连接，或者临时固定构件用的安装连接，以及不承受动力荷载的可拆卸结构的连接等。

（2）高强度螺栓

高强度螺栓采用的钢材性能等级按其热处理后强度划分为 8.8S 和 10.9S 级（S 表示螺栓），8.8S 级用于大六角头高强度螺栓，10.9S 级可用于大六角头高强度螺栓及扭剪型高强度螺栓。

高强度螺栓采用的钢号和力学性能见表 2-3，与其配套的螺母、垫圈制作材料见表 2-4。

表 2-3　高强度螺栓采用的钢号和力学性能

螺栓种类	性能等级	采用钢号	屈服强度 f_y /（N/mm²），≥	抗拉强度 f_u /（N/mm²）
大六角头	8.8S 级	40B 钢、45 钢、35 钢	660	830～1 030
	10.9S 级	20MnTiB、35VB	940	1 040～1 240
扭剪型	10.9S 级	20MnTiB	940	1 040～1 240

注：Mn—锰；Ti—钛；V—钒；B—硼。

表 2-4　高强度螺栓的等级及其配套的螺母、垫圈制作材料

螺栓种类	性能等级	螺杆用钢材	螺母	垫圈	适用规格/mm
扭剪型	10.9S 级	20MnTiB	35 钢 10H	45 钢 35～45HRC	$d = 16$、20、（22）、24
大六角头型	10.9S 级	35VB	45 钢、35 钢 15MnVTi10H	45 钢、35 钢 35～45HRC	$d = 12$、16、20、（22）、24、（27）、30
		20MnTiB			$d \leq 24$
		40B			$d \leq 24$
	8.8S 级	45 钢	35 钢	45 钢、35 钢 35～45HRC	$d \leq 22$
		35 钢			$d \leq 16$

注：表中螺栓直径为目前生产的规格，其中带括号者为非标准型，尽量少用。

（三）油漆、防腐/火涂料

1. 油漆

钢结构的锈蚀不仅会造成自身的经济损失，还会直接影响生产和安全，损失的价值要比钢结构本身大得多。因此，做好钢结构的防锈工作具有重要的经济和社会意义。为了减轻或防止钢结构的锈蚀，目前国内外基本采用油漆涂装方法进行防护。

油漆防护是利用油漆涂层使被涂物与环境隔离，从而达到防锈蚀的目的，延长被涂物件的使用寿命。油漆的质量是影响防锈效果的关键因素，防锈效果还与涂装之前钢构件表面的除锈质量、漆膜厚度、涂装的施工工艺条件等因素有关。

2. 防腐涂料

防腐涂料都具有良好的绝缘性，能阻止铁离子的运动，故使腐蚀电流不易产生，起到保护钢材的作用。

3. 防火涂料

钢结构防火涂料分为薄涂型和厚涂型两类，选用时应遵照以下原则：

对室内裸露钢结构、轻型屋盖钢结构及有装饰要求的钢结构，当规定其耐火极限在1.5 h以下时，应选用薄涂型钢结构防火材料。室内隐蔽钢结构、高层钢结构及多层厂房钢结构，当其规定耐火极限在1.5 h以上时，应选用厚涂型钢结构防火涂料。当防火涂料分为底层和面层涂料时，两层涂料应相互匹配，且底层不得腐蚀钢结构，不得与防锈底漆产生化学反应；面层若为装饰涂料，选用涂料应通过试验验证。

二、职业活动训练

活动一　钢材的拉伸试验

1. 目的　通过钢材拉伸试验掌握钢材的受力过程及特点。

2. 实验室设备要求　了解试验机、钢材试件。

3. 能力标准及要求　掌握钢材试验过程，能应用钢材试验数据写出钢材实验报告。

4. 试验步骤

（1）了解主要试验设备

万能材料试验机、游标卡尺（精确度为0.1 mm）、试件。为保证机器安全和试验准确，其吨位选择最好是使试件达到最大荷载时，指针位于第三象限内（即180°~270°），试验机的测力示值误差不大于1%。抗拉试验用钢筋试件为Q235，不得进行车削加工，可以用两个或一系列等分小冲点或细划线标出原始标距（精确至0.1 mm），计算钢筋强度用横截面积采用表2-5所列公称横截面面积。

表 2-5　钢筋的公称横截面面积

公称直径/mm	公称横截面面积/mm²	公称直径/mm	公称横截面面积/mm²
8	50.27	16	201.1
10	78.54	18	254.5
12	113.1	20	314.2
14	153.9	22	380.1

公称直径/mm	公称横截面面积/mm²	公称直径/mm	公称横截面面积/mm²
25	490.9	36	1 080
28	615.8	40	1 257
32	804.2	50	1 964

（2）屈服强度和抗拉强度的测定

① 调整试验机测力度盘的指针,使其对准零点,并拨动副指针,使其与主指针重叠。

② 将试件固定在试验机夹头内,开动试验机进行拉伸。

③ 拉伸中,测力度盘的指针停止转动时的恒荷载,或者第一次回转时的最小荷载,即为所求的屈服点荷载 F_s,按下式计算试件的屈服点:

$$\sigma_s = F_s/A$$

式中　σ_s——屈服点,MPa;

F_s——屈服点荷载,N;

A——试件的公称横截面面积,mm²。

当 $\sigma_s > 1\,000$ MPa 时,应计算至 10 MPa;σ_s 为 200~1 000 MPa 时,计算至 5 MPa;$\sigma_s <$ 200 MPa 时,小数点数字按"四舍六入五单双法"处理。

④ 单向试件连续施荷直至拉断,由测力度盘读出最大荷载 F_b,按下式计算试件的抗拉强度:

$$\sigma_s = F_b/A$$

式中　σ_s——抗拉强度,MPa;

F_b——最大荷载,N;

A——试件的公称横截面面积,mm²。

（3）伸长率测定

① 将已拉断试件的两段在断裂处对齐,尽量使其轴线位于一条直线上。如拉断处由于各种原因形成缝隙,则此缝隙应计入试件拉断后的标距部分长度内。

② 如拉断处到邻近标距端点的距离大于 $\frac{1}{3}l_0$ 时,可用卡尺直接量出已被拉长的标距长度 l_1。

③ 如拉断处到邻近标距端点的距离小于或等于 $\frac{1}{3}l_0$ 时,按移位法确定 l_1;如果直接量测所求得的伸长率能达到技术条件的规定值,则可不采用移位法。

④ 伸长率按下式计算（精确至 1%）:

$$\delta_{10}(\text{或}\,\delta_5) = (l_1 - l_0)/l_0 \times 100\%$$

式中　δ_{10}、δ_5——表示 $l_0 = 10d$ 或 $l_0 = 5d$ 时的伸长率;

l_0——原标距长度 $10d(5d)$,mm;

l_1——试件拉断后直接量出或按移位法确定的标距部分长度,mm,测量精确至 0.1 mm。

⑤ 如试件在标距端点上或标距处断裂,则试验结果无效,应重做试验。

试验记录见表2-6。

表 2-6　试 验 记 录

编号	截面面积	屈服荷载	拉断荷载	屈服点	抗拉强度	l_0	l_1	伸长率

活动二　冷弯试验

1. 目的　通过钢筋冷弯试验掌握钢材承受弯曲作用的受力特点。

2. 实验室设备要求　钢材冷弯试验设备、试件。

3. 能力标准及要求　检定钢材承受弯曲作用的弯曲变形性能,并显示其缺陷。

4. 试验步骤

(1) 了解主要试验设备

压力机或万能试验机、具有不同直径的弯心;钢筋冷弯试件不得进行车削加工,试样长度 $l \approx 5a + 150$ mm(a 为试件原始直径,mm)。

(2) 导向弯曲

① 试件放置于两个支点上,将一定直径的弯心在试件两个支点中间施加压力,使试件弯曲到规定的角度或出现裂纹、裂缝、断裂为止。

② 试件在两个支点上按一定弯心直径弯曲至两臂平行时,可一次完成试验,亦可先弯曲部分,然后放置在试验机平板之间继续施加压力,压至试件两臂平行。此时,可以加与弯心直径相同尺寸的衬垫进行试验。

③ 试验应在平稳压力作用力下,缓慢施加试验压力。两支辊间距离为($d + 2.1a$)加或减 $0.5a$,并且在试验过程中不允许有变化。

④ 试验应在 10~35 ℃ 或控制条件下 23 ℃ 加或减 5 ℃ 进行。

(3) 结果评定

弯曲后,按有关标准规定检查试件弯曲外表面,进行结果评定。若无裂纹、裂缝或裂断,则评定试件合格。

活动三　认知钢材种类、规格

1. 目的　认知钢材的种类、规格。

2. 能力标准及要求　能认知实物钢材种类、规格,并结合表2-7统计其数量。

3. 实物　热轧钢板、型钢及冷弯薄壁型钢、压型钢板。

4. 工具　直尺、卡尺、证明文件、中文标志、检验报告。

5. 步骤提示

① 归类。

② 识读证明文件、中文标志、检验报告。

③ 测量。

④ 填统计表。

表 2-7　钢材统计表

项目	材质	规格	长度/m	数量	质量/kg	备注
1						
2						
3						

活动四　认知焊材

1. 目的　识别焊材,并能选择使用。
2. 能力标准及要求　能认知焊材,并正确选择焊材。
3. 实物或图片　焊条、焊剂、焊丝。

项目二　焊　　接

学习目标　焊接的形式、构造、计算,常用的焊接方法、焊接工艺评定与管理。

能力标准及要求　了解对接焊缝和角焊缝连接的形式、构造、质量检验、焊缝符号标注,掌握简单焊缝的计算。

教学课件
焊接

一、应知部分

(一) 焊接的方法、形式、焊缝符号标注及焊缝质量等级

钢结构的连接方法一般采用焊接、螺栓连接和铆钉连接(图 2-8)。

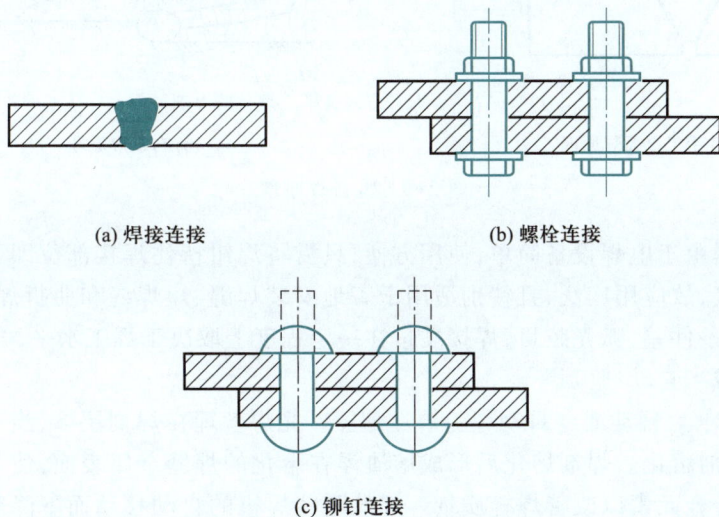

(a) 焊接连接　　　　(b) 螺栓连接

(c) 铆钉连接

图 2-8　钢结构的连接方法

焊接应用较为普遍。其操作方法一般是通过电弧产生热量使焊条和焊件局部熔化,然后经冷却凝结成焊缝,从而使焊件连接成一体。焊接的优点较多,如焊件一般不设连接板而直接连接,且不削弱焊件截面,构造简单,节省材料,操作简便省工,生产效率高,在一定条件下还可采用自动化作业。另外,焊接的刚度大,密闭性能好。但是,焊接也有一定缺

点,如焊缝附近热影响区的材质变脆;焊接产生的残余应力和残余变形对结构有不利影响;再者,焊接结构因刚度大,故对裂纹很敏感,一旦产生局部裂纹时便易于扩展,尤其在低温下更易产生脆断。

1. 焊接的方法

焊接方法较多,钢结构主要采用电弧焊,它设备简单,易于操作,且焊缝质量可靠,优点较多。根据操作的自动化程度和焊接时用以保护熔化金属的物质种类,电弧焊可分为手工电弧焊、自动或半自动埋弧焊和气体保护焊等。

（1）手工电弧焊

图 2-9a 所示为手工电弧焊原理图,它由焊件、焊条、焊钳、电焊机和导线组成电路。施焊时,首先使分别接在电焊机两极的焊条和焊件瞬间短路打火引弧,从而使焊条和焊件迅速熔化。熔化的焊条金属与焊件金属结合成为焊缝金属。

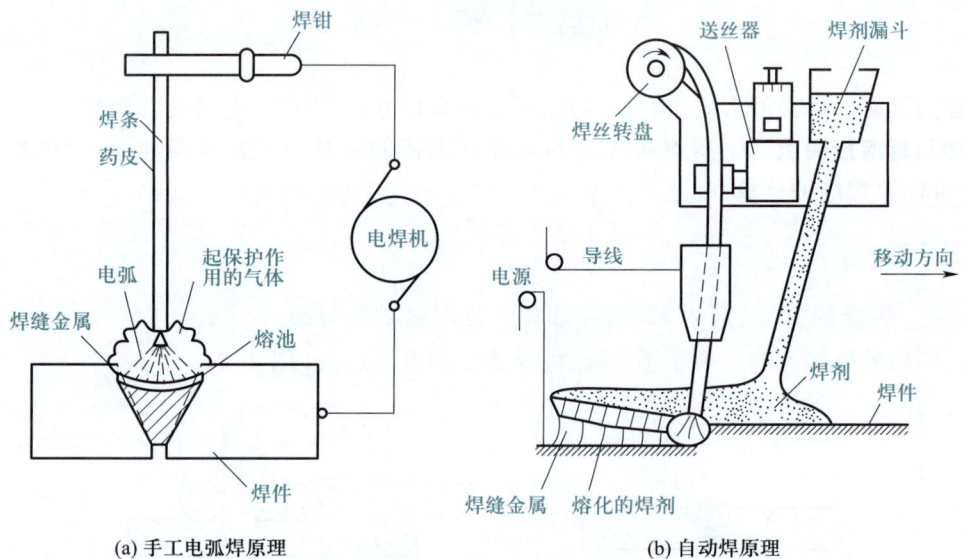

(a) 手工电弧焊原理　　　　　(b) 自动焊原理

图 2-9　电弧焊原理

手工电弧焊由于电焊设备简单,使用方便,只需将焊钳持住焊接部位即可施焊,适用于全方位空间焊接,故应用广泛,且特别适用于工地安装焊缝、短焊缝和曲折焊缝。但它生产效率低,且劳动条件差,弧光眩目,焊接质量在一定程度上取决于焊工水平,容易波动。

（2）自动或半自动埋弧焊

图 2-9b 所示为自动或半自动埋弧焊原理图。光焊丝埋在焊剂层下,当通电引弧后,使焊丝、焊件和焊剂熔化。焊剂熔化后形成熔渣浮在熔化的焊缝金属表面,使其与空气隔绝,并供给必要的合金元素以改善焊缝质量。焊丝随着焊机的自动移动而下降和熔化,颗粒状的焊剂亦不断由漏斗漏下埋住眩目电弧。当全部焊接过程自动进行时,称为自动埋弧焊。焊机移动由人工操纵时,称为半自动埋弧焊。

埋弧焊的焊接速度快,生产效率高,成本低,劳动条件好。然而,它们的应用也受到其自身条件的限制,由于焊机须沿着顺焊缝的导轨移动,故要有一定的操作条件,因此特别适用于梁、柱、板等的大批量拼装制造焊缝。

（3）CO_2 气体保护焊

用喷枪喷出 CO_2 气体作为电弧的保护介质,使熔化金属与空气隔绝,以保持焊接过程稳定。由于焊接时没有焊剂产生的熔渣,故便于观察焊缝的成型过程,但操作时须在室内避风处,在工地则须搭设防风棚。气体保护焊电弧加热集中,焊接速度快,熔深大,故焊缝强度比手工焊的高,且塑性和耐腐蚀性好,很适合于厚钢板或特厚钢板($t>100$ mm)的焊接。

2. 焊接接头与焊缝的形式

钢结构连接可分为对接、搭接、T 形和角接等接头形式。当采用焊接时,根据焊缝的截面形状,又可分为对接焊缝和角焊缝以及由这两种形式焊缝组合成的对接与角接组合焊缝,如图 2-10 所示。

对接焊缝[18]又称坡口焊缝,因为在施焊时,焊件间须具有适合于焊条运转的空间,故一般均将焊件边缘开成坡口,焊缝则焊在两焊件的坡口面间或一焊件的坡口与另一焊件的表面间,如图 2-10a 所示。对接焊缝按是否焊透还分为焊透的和部分焊透的两种。

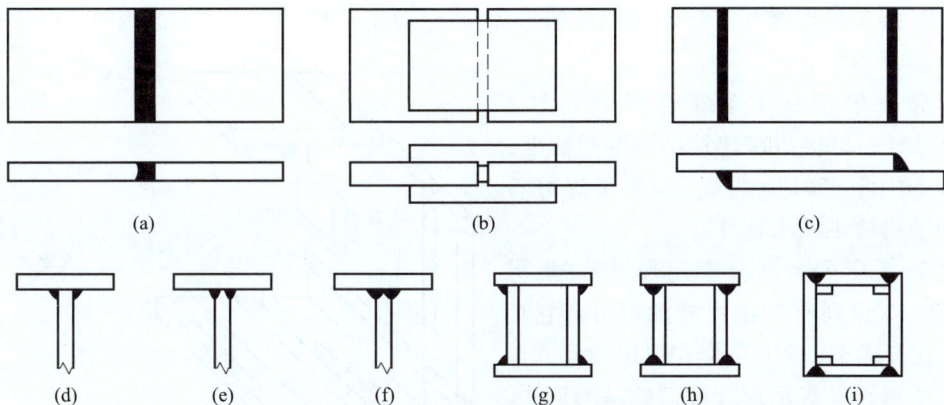

动画
对接焊缝

动画
盖板对接角焊缝

动画
盖板焊接侧焊缝受力

动画
盖板焊接端焊缝受力

图 2-10　焊接接头及焊缝的形式
（a）、（b）对接接头；（c）搭接接头；（d）、（e）、（f）T 形接头；（g）、（h）、（i）角接接头
（a）对接焊缝；（b）、（c）、（d）、（g）角焊缝
（e）、（h）部分焊透对接与角接组合焊缝；（f）、（i）全焊透对接与角接组合焊缝

角焊缝[19]为沿两直交或斜交焊件的交线边缘焊接的焊缝,如图 2-10b、c、d、g 所示。直交的称为直角角焊缝,斜交的则称为斜角角焊缝。后者除因构造需要有所采用外,一般不宜用作受力焊缝(钢管结构除外)。前者受力性能较好,应用广泛,角焊缝一词通常即指这种焊缝。

对接与角接组合焊缝的形式是在部分焊透或全焊透的对接焊缝外再增焊一定焊脚尺寸的角焊缝,如图 2-10e、h、f、i 所示。相对于(无焊脚的)对接焊缝,增加的角焊缝可减少应力集中,改善焊缝受力性能,尤其是疲劳性能。

对接焊缝由于和焊件处在同一平面,截面也一样,故其受力性能好于角焊缝,且用料省,但制造较费工,角焊缝则反之,对接与角接组合焊缝的受力性能更优于对接焊缝。

角焊缝按沿长度方向的布置,还可分为连续角焊缝和断续角焊缝两种形式,如图 2-11所示。前者为基本形式,其受力性能好,应用广泛。后者因在焊缝分段的两端应力集中严重,故一般只用在次要构件或次要焊缝连接中。断续角焊缝之间的净距不宜过大,以免连接不紧密,导致潮气侵入引起锈蚀,故一般应不大于 $15t$(对受压构件)或 $30t$(对受拉构件),t 为较薄

焊件厚度。断续角焊缝焊段的长度不得小于 $10h_f$ 或 50 mm，h_f 为角焊缝的焊脚尺寸。

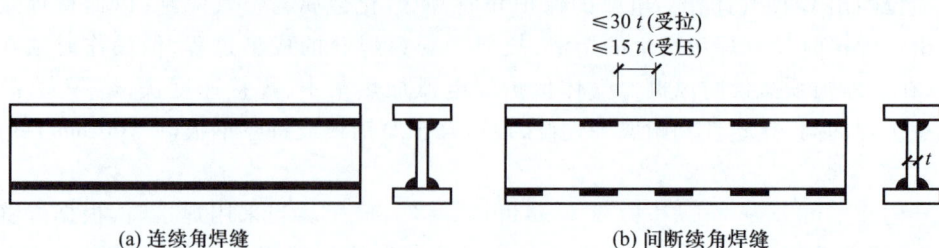

(a) 连续角焊缝　　　　　　(b) 间断续角焊缝

图 2-11　焊缝

焊缝按施焊位置可分为平焊、立焊、横焊和仰焊四种形式，如图 2-12a 所示。平焊，其施焊方便，质量易于保证，故应尽量采用。立焊、横焊施焊较难，焊缝质量和效率均较平焊低。仰焊的施焊条件最差，焊缝质量不易保证，故应从设计构造上尽量避免。图 2-12b 所示为 T 形接头角焊缝在工厂常采用的船形焊，它也属于平焊。

3. 焊缝符号及标注

焊缝一般应按《焊缝符号表示法》（GB/T 324—2008）和《建筑结构制图标准》（GB/T 50105—2017）的规定，采用焊缝符号在钢结构施工图中标注。

表 2-8 所列为部分常用焊缝符号，另外，图 2-13 也列有对接焊缝的符号。它们主要由图形符号、辅助符号和引出线等部分组成。图形符号表示焊缝截面的基本形式，如 ⌐ 表示角焊缝（竖线在左、斜线向右），V 表示 V 形坡口的对接焊缝等。辅助符号表示焊缝的辅助要求，如涂黑的三角形旗表示安装焊缝、3/4 圆弧表示相同焊缝等，均绘

图 2-12　焊缝的施焊位置

在引出线的转折处。引出线由横线、斜线及箭头组成，横线的上方和下方用来标注各种符号和尺寸等，斜线和箭头用来将整个焊缝符号指到图形上的有关焊缝处。对单面焊缝，当箭头指在焊缝所在的一面时，应将图形符号和尺寸标注在横线的上方；当箭头指在焊缝所在的另一面时，则应将图形符号和尺寸标注在横线的下方。必要时，还可在横线的末端加一尾部，以作其他辅助说明之用，如标注焊条型号等。

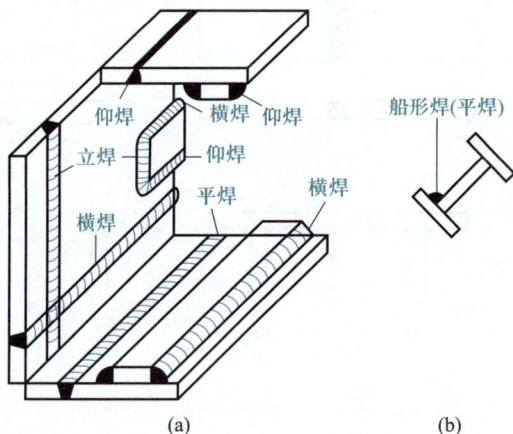

表 2-8　焊缝符号

	角焊缝				对接焊缝	塞焊缝	三面围焊
	单面焊缝	双面焊缝	安装焊缝	相同焊缝			
形式							

续表

	角焊缝				对接焊缝	塞焊缝	三面围焊
	单面焊缝	双面焊缝	安装焊缝	相同焊缝			
标注方法							E50为对焊条的辅助说明

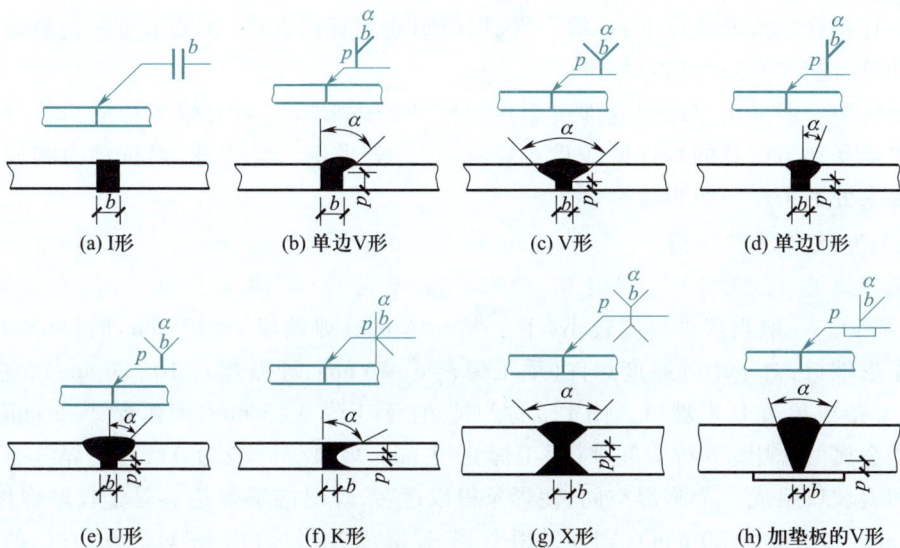

(a) I形　　(b) 单边V形　　(c) V形　　(d) 单边U形

(e) U形　　(f) K形　　(g) X形　　(h) 加垫板的V形

图 2-13　对接焊缝的坡口形式、符号及尺寸标注

α—坡口角度；b—间隙宽度；p—纯边厚度

当焊缝分布不规则时,在标注焊缝符号的同时,宜在焊缝处加粗线以表示可见焊缝,加栅线以表示不可见焊缝,加×符号以表示工地安装焊缝,如图 2-14 所示的焊缝标注图形。

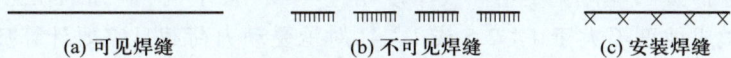

(a) 可见焊缝　　　　(b) 不可见焊缝　　　　(c) 安装焊缝

图 2-14　焊缝标注图形

4. 焊缝质量等级

当焊缝中存在气孔、夹渣、咬边等缺陷时,它们不但使焊缝的受力面积削弱,而且还在缺陷处引起应力集中,易于形成裂纹。在受拉连接中,裂纹更易扩展延伸,从而使焊缝在低于母材强度的情况下破坏。同样,缺陷也降低连接的疲劳强度。因此,应对焊缝质量严格检验。

焊缝缺陷一般位于焊缝或其附近热影响区钢材的表面及内部,通常表现为裂纹、未熔合、夹渣、焊瘤、咬边、烧穿、弧坑、气孔、电弧擦伤、未焊满、根部收缩等,如图 2-15 所示。

焊缝表面缺陷可通过外观检查,内部缺陷则用无损探伤(超声波或 X 射线、γ 射线)确定。

学习拓展
焊缝变形

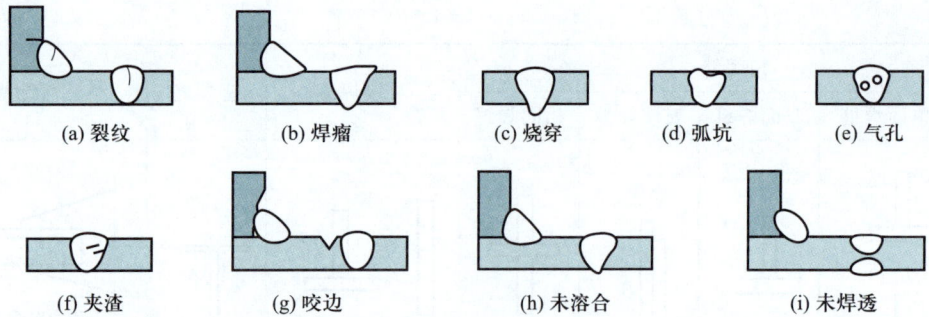

图 2-15   焊缝缺陷

焊缝按其检验方法和质量要求分为一级、二级和三级。三级焊缝只要求对全部焊缝作外观检查且符合三级质量标准;一级、二级焊缝则除外观检查外,还要求有一定数量的超声波检验并符合相应级别的质量标准。

钢结构中一般采用三级焊缝即可满足通常的强度要求。对有较大拉应力的对接焊缝以及直接承受动力荷载的构件的较重要焊缝,可部分采用二级焊缝,对抗动力和疲劳性能有较高要求处可采用一级焊缝。

(二) 对接焊缝的构造

对接焊缝坡口的形状可分为 I 形、单边 V 形、V 形、X 形、单边 U 形、U 形和 K 形等,如图 2-13 所示。一般当焊件厚度较小(手工焊 $t \leqslant 6$ mm,埋弧焊 $t \leqslant 12$ mm)时,可不开坡口,即采用 I 形坡口;对于中等厚度焊件(手工焊 $t = 6 \sim 16$ mm,埋弧焊 $t = 10 \sim 20$ mm),宜采用单边 V 形、V 形或单边 U 形坡口。图中 p 称为钝边(手工焊 $0 \sim 3$ mm,埋弧焊 $2 \sim 6$ mm),可起托住熔化金属的作用。b 称为间隙(手工焊 $0 \sim 3$ mm、埋弧焊一般为 0),可使焊缝有收缩余地且可和斜坡口组成一个施焊空间,使焊条得以运转,焊缝能够焊透。对于较厚焊件(手工焊 $t > 16$ mm,埋弧焊 $t > 20$ mm),则宜采用 U 形、K 形或 X 形坡口。相对而言,它们的截面面积均较 V 形坡口的小,但其坡口加工较费工。V 形和 U 形坡口焊缝主要为正面焊,但对反面焊根应清根补焊,以达到焊透的目的。若不具备这种条件,或者因装配条件限制间隙过大时,则应在坡口下面预设垫板,如图 2-13h 所示,以阻止熔化金属流淌和使根部焊透。K 形和 X 形坡口焊缝均应清根并双面施焊。

当对接焊缝拼接的焊件宽度不同或厚度相差 4 mm 以上时,应分别在宽度或厚度方向从一侧或两侧做成坡度不大于 1∶2.5 或 1∶4(对承受动力荷载且需要计算疲劳的结构)的斜角,如图 2-16 所示,以使截面平缓过渡,减少应力集中。当厚度相差不大(当较薄钢板的厚度 $\geqslant 5 \sim 9$ mm 时为 2 mm,等于 $10 \sim 12$ mm 时为 3 mm,> 12 mm 时为 4 mm)时,可不加工斜坡,因焊缝表面形成的斜度即可满足平缓过渡的要求。

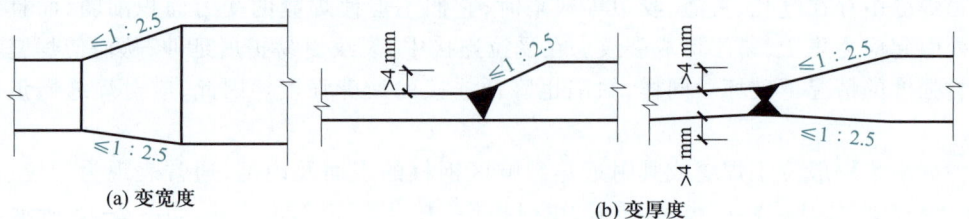

(a) 变宽度   (b) 变厚度

图 2-16   变截面钢板拼接

在对接焊缝的起弧落弧处,常出现弧坑等缺陷,以致引起应力集中并易产生裂纹,这对承受动力荷载的结构尤为不利。因此,各种接头的对接焊缝均应在焊缝的两端设置引弧板和引出板,如图 2-17 所示,其材质和坡口形式应与焊件相同,焊缝引出的长度为:埋弧焊应大于 80 mm,手工电弧焊及气体保护焊应大于 25 mm,并应在焊接完毕用气割切除、修磨平整。对某些承受静力荷载结构的焊缝无法采用引弧板和引出板时,则应在计算中将每条焊缝的长度各减去 2t。

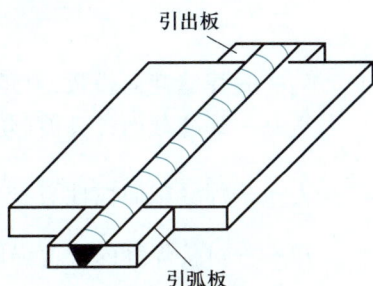

图 2-17　焊缝施焊用的引出板和引弧板

动画
对接焊缝
引弧板和
引出板

（三）对接焊缝的计算

对接焊缝可视为焊件截面的延续组成部分,焊缝中的应力分布情况基本与焊件原有的相同,故计算时可利用材料力学中各种受力状态下构件强度的计算公式。

1. 轴心力(拉力或压力)作用时的对接焊缝计算

对接焊缝受垂直于焊缝的轴心拉力或轴心压力作用时(图 2-18),其强度应按下式计算:

$$\sigma = \frac{N}{l_w t} \leqslant f_t^w \text{或} f_c^w \tag{2-3}$$

式中　N——轴心拉力或轴心压力;

　　　l_w——焊缝的计算长度,当未采用引弧板和引出板时,取实际长度减去 $2t$;

　　　t——在对接接头中为连接件的较小厚度,在 T 形接头中为腹板厚度;

　　　f_t^w、f_c^w——对接焊缝的抗拉、抗压强度设计值,按附表 5 选用。

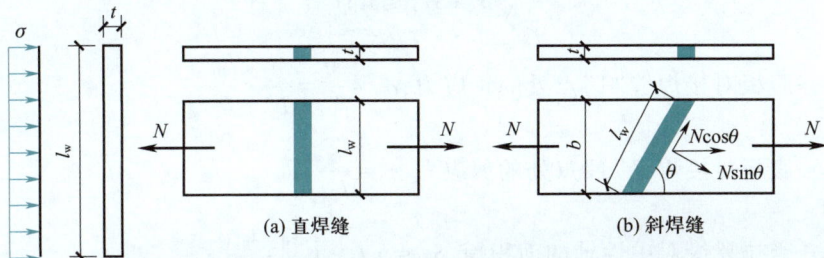

图 2-18　轴心力(拉力或压力)作用下的对接焊缝

由于一、二级检验的焊缝与母材强度相等,只有三级检验的焊缝才需按式(2-3)进行抗拉强度验算。如果直缝不能满足强度要求,可采用如图 2-18 所示的斜对接焊缝。焊缝与作用力间的夹角 θ 满足 $\tan\theta \leqslant 1.5$ 时,斜焊缝的强度不低于母材强度,不再进行验算。

2. 弯矩和剪力共同作用时的对接焊缝计算

（1）矩形截面

如图 2-19a 所示,焊缝中的最大正应力和剪(切)应力应分别符合下列公式的要求:

$$\sigma_{max} = \frac{M}{W_w} \leqslant f_t^w \tag{2-4}$$

$$\tau_{max} = \frac{VS_w}{I_w t} \leqslant f_v^w \tag{2-5}$$

动画
焊缝受弯
剪作用

式中 W_w——焊缝截面模数,对矩形截面 $W_w = l_w^2 t/6$;

S_w——焊缝截面计算剪(切)应力处以上部分对中性轴的面积矩;

I_w——焊缝截面惯性矩,$I_w = \frac{l_w^3 t}{12} = \frac{l_w^2 t}{6} \cdot \frac{l_w}{2} = W_w \cdot \frac{l_w}{2}$;

f_v^w——对接焊缝的抗剪强度设计值,按附表 1-5 选用。

(a) 矩形截面   (b) 工字形截面

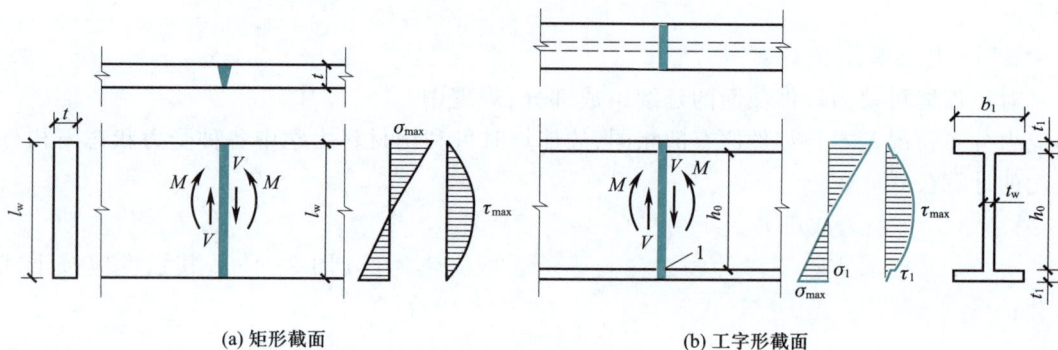

图 2-19   弯矩和剪力共同作用时的对接焊缝

（2）工字形截面

动画
焊缝受拉弯
剪联合作用

如图 2-19b 所示,焊缝中的最大正应力和剪应力除应分别符合式(2-4)和式(2-5)的要求以外,在同时受有较大 σ_1 和剪(切)应力 τ_1 的梁腹板横向对接焊缝受拉区的端部"1"点,还应按下式计算折算应力:

$$\sqrt{\sigma_1^2 + 3\tau_1^2} \leqslant 1.1 f_t^w \tag{2-6}$$

式中 σ_1——腹板对接焊缝"1"点处的正应力,$\sigma_1 = \frac{M}{W_1} = \frac{M}{I_w} \cdot \frac{h_0}{2}$;

τ_1——腹板对接焊缝"1"点处的剪应力,$\tau_1 = \frac{VS_{w1}}{I_w t_w}$;

S_{w1}——受拉翼缘对中性轴的面积矩,$S_{w1} = b_1 t_1 \cdot \left(\frac{h_0}{2} + \frac{t_1}{2} \right)$;

t_w——腹板焊缝厚度;

1.1——考虑最大折算应力只在焊缝的局部产生,因而将焊缝强度设计值提高的系数。

【例 2-1】   试验算图 2-18a 所示钢板的对接焊缝。图中 $l_w = 540$ mm,$t = 22$ mm,轴心力的设计值 $N = 2\ 150$ kN。钢材为 Q235B,手工焊,焊条为 E43 型,三级检验标准的焊缝,施焊时加引出板和引弧板。

【解】   直缝连接计算长度 $l_w = 540$ mm,厚度 $t = 22$ mm。焊缝正应力为

$$\sigma = \frac{N}{l_w t} = \frac{2\ 150 \times 10^3 \text{N}}{540 \text{ mm} \times 22 \text{ mm}} = 181 \text{ N/mm}^2 > f_t^w = 175 \text{ N/mm}^2$$

不满足要求,改为斜对接焊缝(图 2-18b),取 $\tan\theta = 1.5$($\theta = 56°$),焊缝计算长度 $l_w = \dfrac{540\ mm}{\sin 56°} = 650\ mm$。

故此时的焊缝正应力为

$$\sigma = \frac{N\sin\theta}{l_w t} = \frac{2\ 150\times10^3\,N\times\sin 56°}{650\ mm\times22\ mm} = 125\ N/mm^2 < f_t^w = 175\ N/mm^2$$

$$\tau = \frac{N\cos\theta}{l_w t} = \frac{2\ 150\times10^3\,N\times\cos 56°}{650\ mm\times22\ mm} = 84\ N/mm^2 < f_v^w = 120\ N/mm^2$$

这就说明当 $\theta \leqslant 56°$ 时,焊缝强度能够得到保证,不必验算。

【例 2-2】 计算图 2-20 所示牛腿与柱子连接的对接焊缝。已知 $F = 260$ kN(设计值),钢材 Q235,焊条 E43 型,手工焊,施焊时无引出板和引弧板,三级检验标准的焊缝。

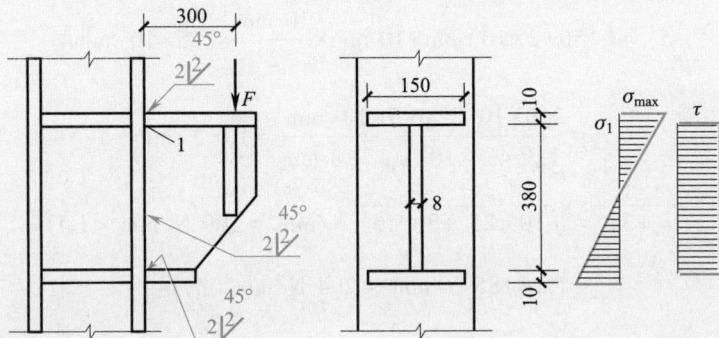

图 2-20 例 2-2 图

【解】 工字形(或 T 形)截面牛腿与柱子连接的对接焊缝,有着不同于一般工字形截面梁的特点。当其在相邻近的竖向剪力作用下,由于翼缘在此方向的抗剪刚度很低,故一般不宜考虑其承受剪力,即在计算时假定剪力全部由腹板上的焊缝平均承受,弯矩由整个焊缝承受。

焊缝计算截面的几何特性:焊缝的截面与牛腿相等,但因无引弧板和引出板,故须将每条焊缝长度在计算时减去 $2t$。

$$I_w = \frac{1}{12}\times8\times380^3\ mm^4 + 2\times10\times(150-2\times10)\times195^2\ mm^4 = 1.354\ 5\times10^8\ mm^4$$

(由于翼缘焊缝厚度较小,故算式中忽略了对其自身轴的惯性矩一项。凡类似情况,包括对构件截面,本书以后皆同。)

$$W_w = \frac{1.354\ 5\times10^8\ mm^4}{200\ mm} = 6.77\times10^8\ mm^3$$

$$A_w^w = 8\times380\ mm^2 = 3.04\times10^3\ mm^2$$

焊缝强度计算:

按式(2-4)~式(2-6)：

最大正应力 $\sigma_{max}=\dfrac{M}{W_w}=\dfrac{260\times10^3\,N\times300\,mm}{677\times10^3\,mm^3}=115\,N/mm^2<f_t^w=185\,N/mm^2$（满足）

$$S_w=(150-2\times10)\,mm\times10\,mm\times\dfrac{400\,mm}{2}+8\,mm\times190\,mm\times\dfrac{190\,mm}{2}=4.044\times10^5\,mm^3$$

$$\tau_{max}=\dfrac{VS_w}{I_wt_w}=\dfrac{260\times10^3\,N\times4.044\times10^5\,mm^3}{1.354\,5\times10^8\,mm^4\times8\,mm}=97\,N/mm^2<f_v^w=125\,N/mm^2$$

"1"点的折算应力

$$\sigma_1=115\times\dfrac{380}{400}\,N/mm^2=109.25\,N/mm^2$$

$$S_{w1}=(150-2\times10)\,mm\times10\,mm\times\dfrac{10\,mm}{2}=6.5\times10^3\,mm^3$$

$$\tau_1=\dfrac{260\times10^3\,N\times6.5\times10^3\,mm^3}{1.354\,5\times10^8\,mm^4\times8\,mm}=1.6\,N/mm^2$$

$$\sqrt{\sigma_1^2+3\tau^2}=\sqrt{109.25^2+3\times1.6^2}\,N/mm^2=109\,N/mm^2<1.1f_t^w$$

$$=1.1\times185\,N/mm^2=204\,N/mm^2（满足）$$

（四）角焊缝的形式与构造

1.角焊缝的形式

角焊缝按其长度方向和外力作用方向的不同可分为平行于力作用方向的侧面角焊缝、垂直于力作用方向的正面角焊缝和与力作用方向成斜角的斜向角焊缝，如图2-21所示。

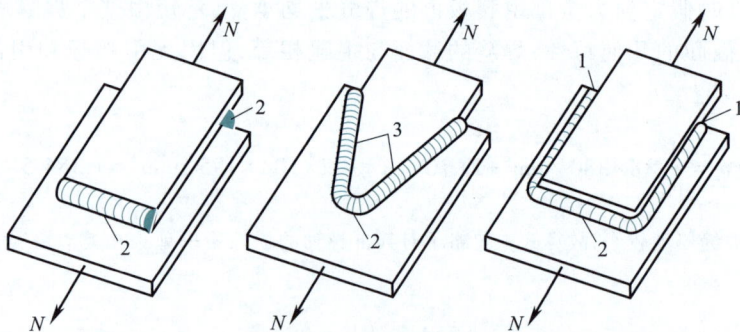

动画
正面角焊缝

动画
侧面角焊缝

动画
正面、斜向
角焊缝

图2-21 角焊缝的受力形式

1—侧面角焊缝；2—正面角焊缝；3—斜向角焊缝

角焊缝的截面形式可分为普通型、凹面型和平坦型三种，如图2-22所示。图中 h_f 称为角焊缝的焊脚尺寸，焊缝有效厚度 $h_e=0.7h_f$。钢结构一般采用表面微凸的普通型截面，其两焊脚尺寸比例为 1:1，近似于等腰直角三角形，故力线弯折较多，应力集中严重。对直接

承受动力荷载的结构,为使传力平缓,正面角焊缝宜采用两焊脚尺寸比例为 1∶1.5 的平坦型(长边顺内力方向),侧面角焊缝则宜采用比例为 1∶1 的凹面型。

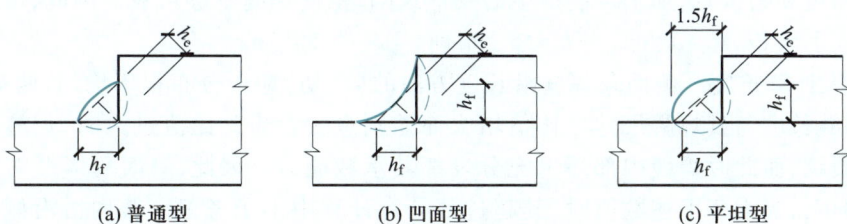

图 2-22 角焊缝的截面形式

2. 角焊缝的构造

① 最小焊脚尺寸 h_{fmin} 角焊缝的焊脚尺寸与焊件的厚度有关,当焊件较厚而焊脚又过小时,焊缝内部将因冷却过快而产生淬硬组织,容易形成裂纹。因此,角焊缝的最小焊脚尺寸 h_{fmin} 应符合下式要求(图 2-23a):

$$h_{\text{fmin}} \geqslant 1.5\sqrt{t_{\max}} \tag{2-7}$$

式中 $t_{\max}$——较厚焊件的厚度,mm,当采用低氢型碱性焊条施焊时,可采用较薄焊件的厚度。

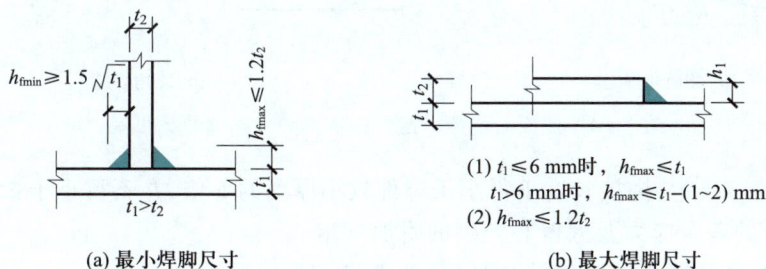

图 2-23 角焊缝的最小、最大焊脚尺寸

② 最大焊脚尺寸 h_{fmax} 角焊缝的焊脚过大,易使焊件形成烧伤、烧穿等"过烧"现象,且使焊件产生较大的焊接残余应力和焊接变形。因此,角焊缝的最大焊脚尺寸 h_{fmax} 应符合下式要求(图 2-23b):

$$h_{\text{fmax}} \leqslant 1.2t_{\min} \tag{2-8}$$

式中 $t_{\min}$——较薄焊件的厚度。

对位于焊件边缘的角焊缝(图 2-23b),施焊时一般难以焊满整个厚度,且容易产生"咬边",故应比焊件厚度稍小。但薄焊件一般用较细焊条施焊,焊接电流小,操作较易掌握,故 h_{fmax} 可与焊件等厚。因此,

当 $t_1 > 6$ mm 时,$h_{\text{fmax}} \leqslant t_1 - (1{\sim}2)$ mm;

当 $t_1 \leqslant 6$ mm 时,$h_{\text{fmax}} \leqslant t_1$。

③ 不等焊脚尺寸 当两焊件的厚度相差较大,且采用等焊脚尺寸无法满足最大和最小焊脚尺寸的要求时,可采用不等焊脚尺寸,即与较薄焊件接触的焊脚边应符合式(2-8)的要

求,与较厚焊件接触的焊脚边则应符合式(2-7)的要求。

④ **最小计算长度**　角焊缝焊脚尺寸大而长度过小时,将使焊件局部受热严重,且焊缝起落弧的弧坑相距太近,加上可能产生的其他缺陷,也使焊缝不够可靠。因此,角焊缝的计算长度不宜小于 $8h_f$ 和 40 mm;当 $h_f \leqslant 5$ mm 时,则应为 50 mm。

⑤ **最大计算长度**　侧面角焊缝沿长度方向的剪(切)应力分布很不均匀,两端大,中间小,且随焊缝长度与其焊脚尺寸之比值增大而差别愈大。当此比值过大时,焊缝两端将会首先出现裂纹,而此时焊缝中部还未充分发挥其承载能力。因此,侧面角焊缝的计算长度不宜大于 $60h_f$,当大于上述数值时,其超过部分在计算中不予考虑。若内力沿侧面角焊缝全长分布时,其计算长度不受此限,如工字形截面柱或梁的翼缘与腹板的连接焊缝等。

⑥ 当板件的端部仅由两侧面角焊缝连接时(图 2-24a),为了避免应力传递过分弯折而使构件中应力分布不均匀,应使每条侧面角焊缝长度大于它们之间的距离,即 $l_w \geqslant b$;为了避免焊缝收缩时引起板件的拱曲过大,还宜使 $b \leqslant 16t$(当 $t > 12$ mm)或 190 mm(当 $t \leqslant 12$ mm),t 为较薄焊件厚度。当不满足此规定时,则应加正面角焊缝。

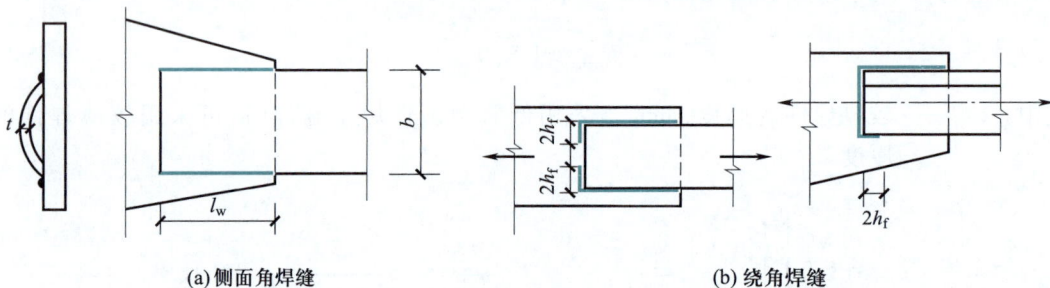

(a)侧面角焊缝　　(b)绕角焊缝

图 2-24　侧面角焊缝引起焊件拱曲和角焊缝的绕角焊

⑦ 在搭接连接中,搭接长度不得小于焊件较小厚度的 5 倍,并不得小于 25 mm,减小因焊缝收缩产生的残余应力及因偏心产生的附加弯矩。

⑧ 当角焊缝的端部在构件转角处时,为避免起落弧的缺陷发生在此应力集中较大部位,宜做长度为 $2h_f$ 的绕角焊(图 2-24b),且转角处必须连续施焊,不能断弧。

（五）角焊缝的计算

1. 角焊缝的应力状态和强度

（1）侧面角焊缝

如图 2-25 所示,在轴心力 N 作用下,侧面角焊缝主要承受平行于焊缝长度方向的剪应力 $\tau_{/\!/}$。$\tau_{/\!/}$ 沿焊缝长度方向分布不均匀,两端大,中间小,侧面角焊缝的破坏常由两端开始,在出现裂纹后,通常即沿 45°喉部截面迅速断裂。

（2）正面角焊缝

在轴心力 N 作用下,正面角焊缝中应力沿焊缝长

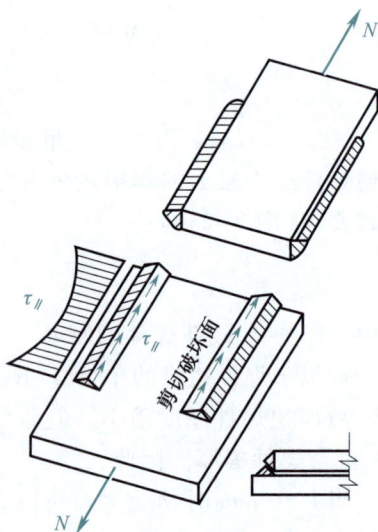

图 2-25　侧面角焊缝的应力状态

度方向分布比较均匀,其破坏面不太规则,除沿 45°喉部截面外,亦可能沿焊缝的两熔合边破坏,如图 2-26 所示。正面角焊缝刚度大、塑性较差,破坏时变形小,但强度较高,其平均破坏强度约为侧面角焊缝的 $1.35 \sim 1.55$ 倍。

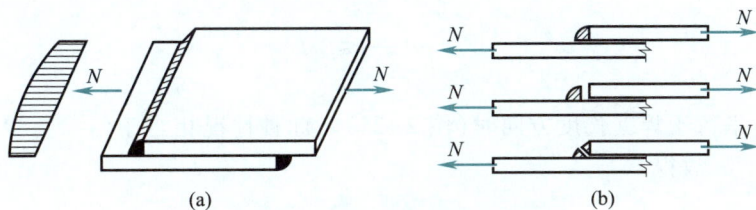

图 2-26　正面角焊缝的应力状态

工程中假定角焊缝的破坏面均位于 45°喉部截面,但不计熔深和凸度,称为有效截面,如图 2-27 所示。其宽度 $h_e = h_f \cos 45° \approx 0.7 h_f$,称为计算厚度,$h_f$ 为较小焊脚尺寸。另外,还假定截面上的应力均匀分布。

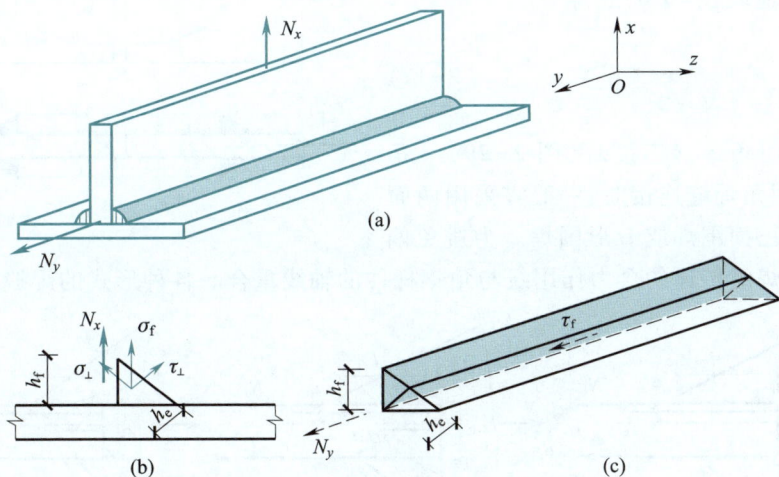

图 2-27　角焊缝的有效截面

每条焊缝的有效长度取其实际长度减去 $2h_f$(每端 $1h_f$,以考虑起落弧缺陷)。

2. 角焊缝强度条件的一般表达式

角焊缝强度条件的一般表达式为

$$\sqrt{\left(\frac{\sigma_f}{\beta_f}\right)^2 + \tau_f^2} \leqslant f_f^w \qquad (2-9)$$

式中　σ_f——垂直于焊缝长度方向按有效截面计算的应力;

　　　τ_f——平行于焊缝长度方向按有效截面计算的应力,$\tau_f = \tau_{//}$;

　　　β_f——正面角焊缝的强度设计值提高系数。对承受静力或间接承受动力荷载的结构取 $\beta_f = 1.22$,对直接承受动力荷载的结构取 $\beta_f = 1.0$;

　　　f_f^w——角焊缝的强度设计值,查附表 1-5。

(1) 轴心力作用时的角焊缝计算

当作用力(拉力、压力、剪力)通过角焊缝群的形心时,可认为焊缝的应力为均匀分布。

但由于作用力与焊缝长度方向间关系的不同,在应用式(2-9)计算时应分别为:

① 作用力垂直于焊缝长度方向时(图2-26a)　此种情况相当于正面角焊缝受力,此时式(2-9)中 $\tau_f = 0$,故得

$$\sigma_f = \frac{N}{h_e \sum l_w} \leqslant \beta_f f_f^w \qquad (2-10)$$

② 作用力平行于焊缝长度方向时(图2-25)　此种情况相当于侧面角焊缝受力,此时式(2-9)中 $\sigma_f = 0$,故得

$$\tau_f = \frac{N}{h_e \sum l_w} \leqslant f_f^w \qquad (2-11)$$

③ 焊缝方向较复杂时(图2-28所示菱形盖板连接)　为使计算简化,均按侧面角焊缝对待,偏安全地取 $\beta_f = 1.0$,故得

$$\frac{N}{h_e \sum l_w} \leqslant f_f^w \qquad (2-12)$$

图2-28　菱形盖板连接

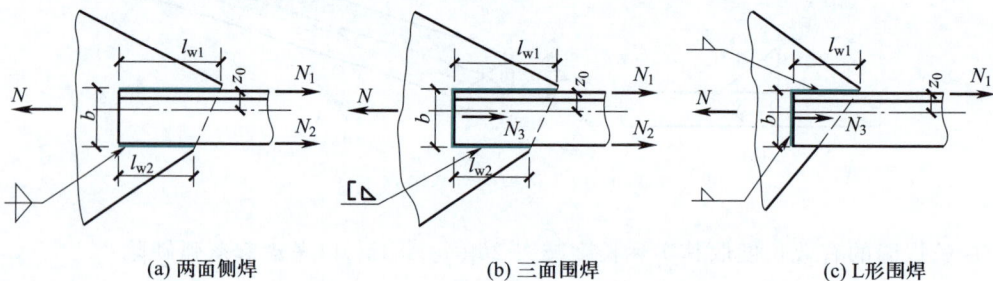

④ 角钢用角焊缝连接时(图2-29)　角钢与连接板用角焊缝连接时,一般宜采用两面侧焊,也可用三面围焊或L形围焊。为避免偏心受力,应使焊缝传递的合力作用线与角钢杆件的轴线重合。各种形式的焊缝内力为:

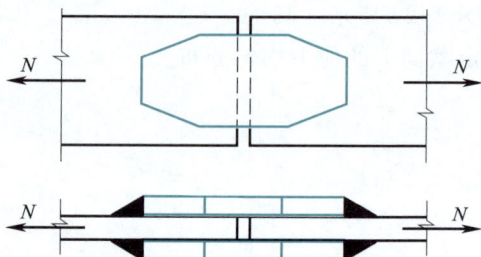

(a) 两面侧焊　　　(b) 三面围焊　　　(c) L形围焊

图2-29　角钢与连接板的角焊缝连接

a. 当采用两面侧焊时(图2-29a)　设 N_1、N_2 分别为角钢肢背和肢尖焊缝分担的内力,由 $\sum M = 0$ 平衡条件,可得 $\sum M_2 = 0$,$N_1 b - N(b - z_0) = 0$

$$N_1 = \frac{b - z_0}{b} N = \eta_1 N \qquad (2-13)$$

$\sum M_1 = 0$,$N_2 b = N z_0$

$$N_2 = \frac{z_0}{b} N = \eta_2 N \qquad (2-14)$$

式中　b——角钢肢宽;

z_0——角钢形心距;

η_1、η_2——角钢肢背和肢尖焊缝的内力分配系数,可按表 2-9 的近似值取用。

表 2-9 角钢两侧角焊缝的内力分配系数

角钢类型		等边	不等边	不等边
连接情况				
分配系数	角钢肢背 η_1	0.70	0.75	0.65
	角钢肢尖 η_2	0.30	0.25	0.35

b. 当采用三面围焊时(图 2-29b) 可先选取正面角焊缝的焊脚尺寸 h_{f3},并计算其所能承受的内力(设截面为双角钢组成的 T 形截面):

$$N_3 = 2\times0.7h_{f3}b\beta_f f_f^w \tag{2-15}$$

再由 $\sum M = 0$ 平衡条件,可得 $\sum M_2 = 0$,$N_1 b = N(b-z_0) - N_3\dfrac{b}{2}$

$$N_1 = \frac{b-z_0}{b}N - \frac{N_3}{2} = \eta_1 N - \frac{N_3}{2} \tag{2-16}$$

$$\sum M_1 = 0, N_2 b = Nz_0 - N_3\frac{b}{2}$$

$$N_2 = \frac{z_0}{b}N - \frac{N_3}{2} = \eta_2 N - \frac{N_3}{2} \tag{2-17}$$

c. 当采用 L 形围焊时(图 2-29c) 可令式(2-17)中 $N_2 = 0$,即得

$$N_3 = 2\eta_2 N \tag{2-18}$$

$$N_1 = N - N_3 \tag{2-19}$$

按上述方法求出各条焊缝分担的内力后,假定角钢肢背和肢尖焊缝尺寸 h_{f1} 和 h_{f2}(对三面围焊宜假定 h_{f1}、h_{f2}、h_{f3} 相等),即可分别求出所需的焊缝长度:

$$l_{w1} = \frac{N_1}{2\times0.7h_{f1}f_f^w} \tag{2-20}$$

$$l_{w2} = \frac{N_2}{2\times0.7h_{f2}f_f^w} \tag{2-21}$$

对 L 形围焊可按下式先求其正面角焊缝的焊脚尺寸 h_{f3}，然后使 $h_{f1} = h_{f3}$，再由式（2-20）即可求出 l_{w1}，即

$$h_{f3} = \frac{N_3}{2 \times 0.7 b \beta_f f_f^w} \tag{2-22}$$

采用的每条焊缝实际长度应取其计算长度加 $2h_f$，并取 5 mm 的倍数。

（2）弯矩、剪力和轴力共同作用时角焊缝计算

如图 2-30a 所示，将力 F 分解并向角焊缝有效截面的形心简化后，可与图 2-30b 所示的 $M = Ve$、V 和 N 共同作用等效。图中焊缝端点 A 为危险点，其所受由 M 和 N 产生的垂直于焊缝长度方向的应力分别为

$$\sigma_f^M = \frac{M}{W_f^w} = \frac{6M}{2 \times 0.7 h_f l_w^2} \tag{2-23}$$

$$\sigma_f^N = \frac{N}{A_f^w} = \frac{N}{2 \times 0.7 h_f l_w} \tag{2-24}$$

式中　W_f^w、A_f^w——角焊缝有效截面的截面模数和截面面积。

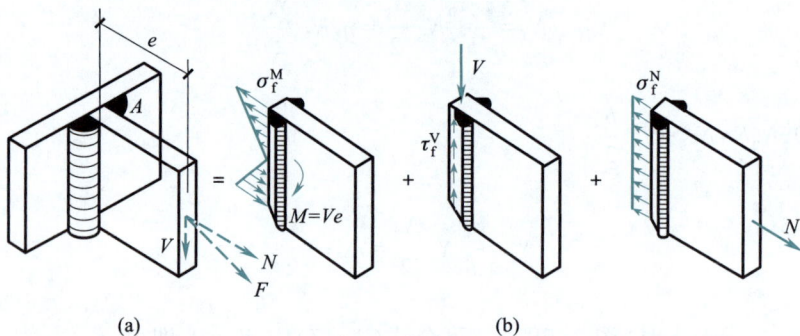

(a)　　　　　　　　(b)

图 2-30　弯矩、剪力和轴力共同作用时 T 形接头的角焊缝

由 V 产生的平行于焊缝长度方向的应力为

$$\tau_f^V = \frac{V}{A_f^w} = \frac{V}{2 \times 0.7 h_f l_w} \tag{2-25}$$

根据式（2-9），A 点焊缝应满足

$$\sqrt{\left(\frac{\sigma_f^M + \sigma_f^N}{\beta_f} \right)^2 + (\tau_f^V)^2} \leqslant f_f^w \tag{2-26}$$

当仅有弯矩和剪力共同作用时，即上式中 $\sigma_f^N = 0$ 时，可得

$$\sqrt{\left(\frac{\sigma_f^M}{\beta_f} \right)^2 + (\tau_f^V)^2} \leqslant f_f^w \tag{2-27}$$

【例2-3】　试设计一双盖板的角焊缝对接接头(图2-31)，已知钢板截面为 $300\ mm\times14\ mm$，承受轴心力设计值 $N=800\ kN$(静力荷载)。钢材 Q235，手工焊，焊条 E43 型。

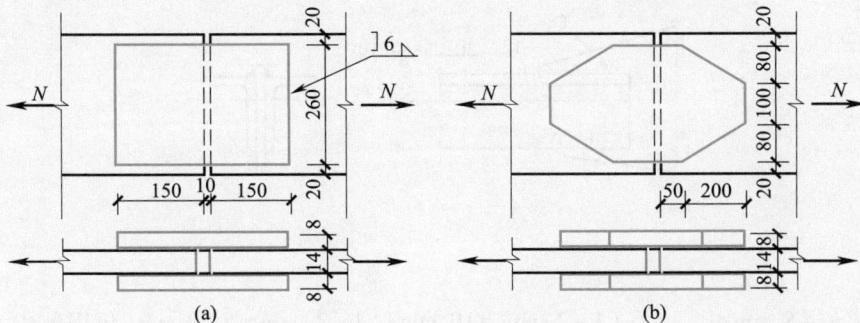

图 2-31　例 2-3 图

【解】　根据焊件与母材等强的原则，取 2-260×8 盖板，钢材 Q235，其截面面积为

$$A=2\times26\ cm\times0.8\ cm=41.6\ cm^2\approx30\ cm\times1.4\ cm=42\ cm^2$$

取

$$h_f=6\ mm<h_{fmax}=t-(1\sim2)\ mm=8\ mm-(1\sim2)\ mm=6\sim7\ mm$$

$$<h_{fmax}=1.2t_{min}=1.2\times8\ mm=9.6\ mm$$

$$>h_{fmin}=1.5\sqrt{t_{max}}=1.5\sqrt{14}\ mm=5.6\ mm$$

因 $t=8\ mm<12\ mm$，且 $b=260\ mm>190\ mm$，为防止因仅用侧面角焊缝引起板件拱曲过大，故采用三面围焊(图 2-31a)。正面角焊缝能承受的内力为

$$N'=2\times0.7h_fl'_w\beta_f f_f^w=2\times0.7\times6\times260\times1.22\times160\ N$$

$$\approx426\ 000\ N=426\ kN$$

接头一面的长度为

$$l''_w=\frac{N-N'}{4\times0.7h_f f_f^w}=\frac{(800-426)\times10^3}{4\times0.7\times6\times160}mm=139\ mm$$

盖板总长：$l=2\times(139+6)\ mm+10\ mm=300\ mm$，取 310 mm(式中 6 mm 系考虑三面围焊连续施焊，故可按一条焊缝仅在侧面焊缝一端减去起落弧缺陷 $1h_f$)。接头布置如图 2-31a 所示。

为了减少矩形盖板四角处焊缝的应力集中，现改用如图 2-31b 所示的菱形盖板。接头一侧需要焊缝的总计长度，按式(2-12)为

$$\sum l_w=\frac{N}{h_e f_f^w}=\frac{800\times10^3}{2\times0.7\times6\times160}mm=595\ mm$$

实际焊缝的总长度为

$$\sum l_w=2\times\left(50+\sqrt{200^2+80^2}\right)\ mm+100\ mm-2\times6\ mm=619\ mm>595\ mm(满足)$$

改用菱形盖板后长度有所增加，但焊缝受力情况有较大改善。

【例 2-4】 试设计角钢与连接板的角焊缝(图 2-32)。轴心力设计值 $N = 800$ kN(静力荷载),角钢为 $2 \llcorner 125 \times 80 \times 10$,长肢相连,连接板厚度 $t = 12$ mm,钢材 Q235,手工焊,焊条 E43 型。

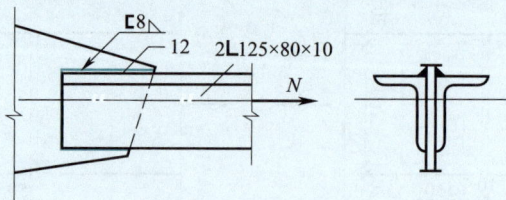

图 2-32 例 2-4 图

【解】 取 $h_f = 8$ mm $< h_{fmax} = t - (1 \sim 2)$ mm $= 10$ mm $- (1 \sim 2)$ mm $= 8 \sim 9$ mm(角钢肢尖)

$$< h_{fmax} = 1.2t_{min} = 1.2 \times 10 \text{ mm} = 12 \text{ mm}(\text{角钢肢背})$$

$$> h_{fmin} = 1.5\sqrt{t_{max}} = 1.5\sqrt{12} \text{ mm} = 5.2 \text{ mm}$$

采用三面围焊。正面角焊缝能承受的内力按式(2-15)为

$$N_3 = 2 \times 0.7 h_f b \beta_f f_f^w = 2 \times 0.7 \times 8 \times 125 \times 1.22 \times 160 \text{ N}$$

$$\approx 273\ 000 \text{ N} = 273 \text{ kN}$$

肢背和肢尖焊缝分担的内力,按式(2-16)、式(2-17)为

$$N_1 = \eta_1 N - \frac{N_3}{2} = 0.65 \times 800 \text{ kN} - \frac{273 \text{ kN}}{2} = 383.5 \text{ kN}$$

$$N_2 = \eta_2 N - \frac{N_3}{2} = 0.35 \times 800 \text{ kN} - \frac{273 \text{ kN}}{2} = 143.5 \text{ kN}$$

肢背和肢尖需要的焊缝实际长度,按式(2-20)、式(2-21)为

$$l_{w1} = \frac{N_1}{2 \times 0.7 h_f f_f^w} + h_f = \frac{383.5 \times 10^3}{2 \times 0.7 \times 8 \times 160} \text{ mm} + 8 \text{ mm} = 222 \text{ mm},取 225 \text{ mm}$$

$$l_{w2} = \frac{N_2}{2 \times 0.7 h_f f_f^w} + h_f = \frac{143.5 \times 10^3}{2 \times 0.7 \times 8 \times 160} \text{ mm} + 8 \text{ mm} = 88 \text{ mm},取 90 \text{ mm}$$

二、职业活动训练

活动一 手工电弧焊

1. 目的 熟悉手工电弧焊的应用、工艺、设备。

2. 设备要求 电源设备、手工电弧焊机、焊钳、软电缆、焊条、焊件、地线、弧光眩目罩等。

3. 能力标准和要求 掌握手工电弧焊的要点。

4. 步骤提示

（1）熟悉手工电弧焊的设备 图 2-33 所示为 BX-500 型交流弧焊机。

（2）联路 见图 2-34 所示联路示意图。

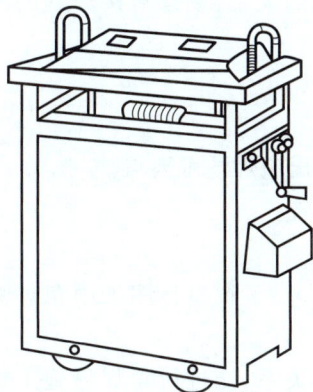

图 2-33 BX-500 型交流弧焊机

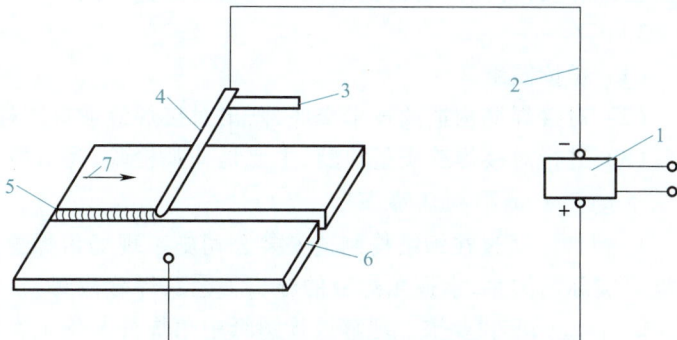

图 2-34 联路示意图

1—弧焊机；2—软电缆；3—焊钳；4—焊条；5—焊缝；6—焊件；7—焊接方向

（3）施焊 首先使分接电焊机两极的焊条和焊件瞬间短路打火，然后迅速将焊条提起少许，此时强大电流即通过焊条端部与焊件间的空隙，使空气离子化引发出电弧，使焊条和焊件迅速熔化。随着熔池中金属的冷却、结晶，即形成焊缝，并将焊件连成整体。

（4）注意事项

① 焊接电流 焊接电流必须选用得当。电流过大，会使焊条芯过热，致使药皮过早脱落，增加飞溅和烧损，降低了燃弧的稳定性，使焊缝成形困难；同时，易造成焊缝两边咬边，根部过薄和烧穿；平焊、立焊和横焊位置的根部出现焊瘤，仰焊位置根部出现凹陷。对于合金钢来说，金属组织过热，焊缝及近缝区金属容易变质，机械强度降低。若电流过小，则熔深不够，又易造成焊不透和熔化不良。同时，由于电弧热能小，熔金属冷凝快，而形成焊缝中的夹渣和气孔。

② 施工现场电流大小的判定 根据电弧吹力、熔池深浅、焊条熔化速度、飞溅大小来判断。电流过大时，电弧吹力就大，熔深就深，焊条熔化速度就快，飞溅就大。由于飞溅大，而造成焊缝两边的表面很不干净。电流太小时，电弧吹力就小，熔池很浅，焊条熔化速度极慢，飞溅特别小，而且熔渣和铁水不易分离和辨别。电流适合时，不仅电弧吹力、熔池深浅、焊条熔化速度、飞溅等都适当，而且熔渣与铁水也容易分离和辨别。据焊缝形状判断：电流过大时，焊缝波纹较低，外形不规则，沿焊缝有咬边现象，如图 2-35 中 a 处所示；电流太小时，焊波窄而高，焊缝两侧与基本金属熔合得很不平整，甚至缺乏充分熔合，如图 2-35 中 b 处所示；电流适合时，焊缝两侧与基本金属结合得很好，是缓坡形，如图 2-35 中 c 处所示。连接焊把的电缆易发热，焊条后半截发红等都是电流过大的表现。电流过小时，焊条容易粘在焊件上。

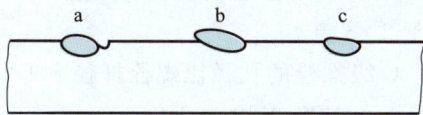

图 2-35 不同电流时的焊缝形状

a—电流过大；b—电流太小；c—电流适合

活动二   钢结构对接焊缝

1. 目的   通过在钢结构制造安装公司施工现场对接焊缝的学习,了解设计图纸中对接焊缝与施工实际的关系,掌握对接焊缝的施工工艺及焊缝检测。

2. 能力标准和要求   了解设计图纸中对接焊缝与施工实际的关系,掌握对接焊缝的施工工艺,能进行对接焊缝构造的技术交底及焊缝检测。

3. 内容

(1)识读图纸。

(2)对接焊缝构造的技术交底,画出对接焊缝坡口大样,写出施焊技术要点。

(3)进行对接焊缝质量检验,主要是外观检验,写出检验报告。

活动三   钢结构角焊缝

1. 目的   通过在钢结构制造安装公司施工现场角焊缝的学习,了解设计图纸中角焊缝与施工实际的关系,掌握角焊缝的施工工艺及焊缝检测。

2. 能力标准和要求   理解设计图纸中角焊缝与施工实际的关系,能进行角焊缝施工构造的技术指导及焊缝检测。

3. 内容

(1)识读图纸。

(2)角焊缝构造的技术交底,写出施焊技术要点。

(3)进行角焊缝质量检验,主要是外观检验,写出检验报告。

项目三   普通螺栓连接

教学课件
普通螺栓连接

学习目标   普通螺栓连接的构造及计算。

能力标准及要求   掌握普通螺栓连接的构造,掌握普通螺栓在轴力、弯矩、剪力作用下的计算公式和应用。

一、应知部分

(一)普通螺栓连接的构造

1. 普通螺栓的形式和规格

钢结构采用的普通螺栓形式为六角头形,粗牙普通螺纹,其代号用字母 M 与公称直径表示,工程中常用的为 M16、M20、M22 和 M24。螺栓的最大连接长度随螺栓直径而异,选用时宜控制其不超过螺栓标准中规定的夹紧长度,一般为 4~6 倍螺栓直径,高强度螺栓为 5~7 倍。另外,螺栓长度还应考虑螺栓头部及螺母下各设一个垫圈和螺栓拧紧后外露螺纹不少于 2~3 道。

C 级螺栓的孔径比螺栓杆径大 1.5~3 mm。具体是 M12、M16 为 1.5 mm,M18、M22、M24 为 2 mm,M27、M30 为 3 mm。

2. 螺栓的排列

螺栓的排列应遵循简单紧凑、整齐划一和便于安装紧固的原则,通常采用并列和错列两种形式,如图 2-36a 所示。并列简单,但栓孔削弱截面较大;错列可减少截面削弱,但排列较繁。

(a)

(b)

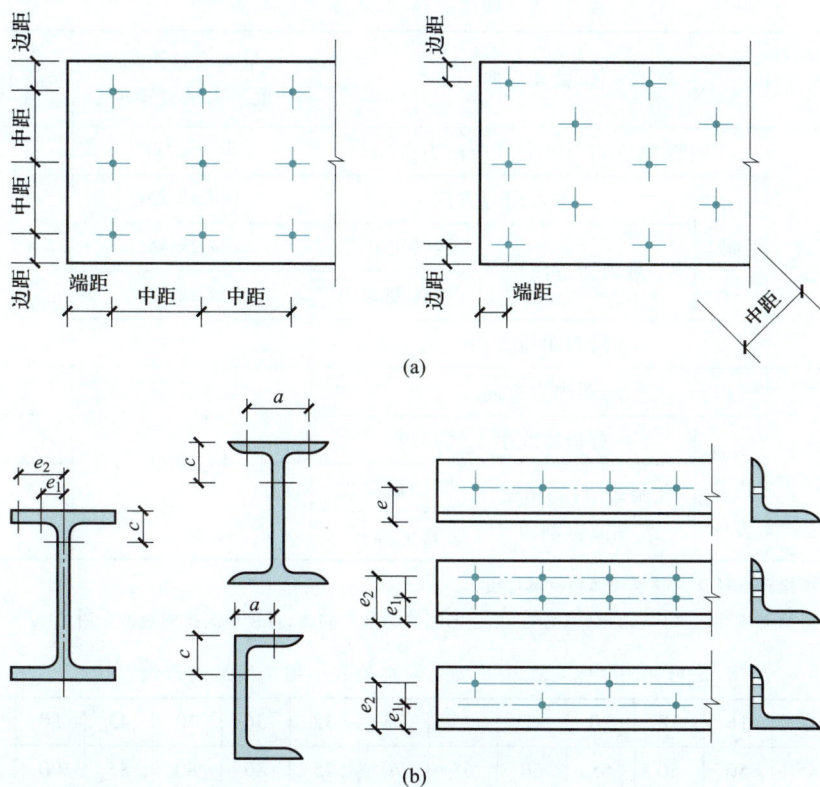

图 2-36　螺栓的排列

不论采用哪种排列,螺栓的中距(螺栓中心间距)、端距(顺内力方向螺栓中心至构件边缘的距离)和边距(垂直内力方向螺栓中心至构件边缘的距离)应满足下列要求:

① 受力要求　螺栓任意方向的中距以及边距和端距均不应过小,以免构件在承受拉力作用时,加剧孔壁周围的应力集中和防止钢板过度削弱而承载力过低,造成沿孔与孔或孔与边间拉断或剪断。当构件承受压力作用时,顺压力方向的中距不应过大,否则螺栓间钢板可能失稳形成鼓曲。

② 构造要求　螺栓的中距不应过大,否则钢板不能紧密贴合。外排螺栓的中距以及边距和端距更不应过大,以防止潮气侵入引起锈蚀。

③ 施工要求　螺栓间应有足够距离以便于转动扳手,拧紧螺母。

《标准》根据上述要求制定的螺栓最大、最小容许距离见表 2-10。排列螺栓时,宜按最小容许距离取用,且应取 5 mm 的倍数,并按等距离布置,以缩小连接的尺寸。最大容许距离一般只在起联系作用的构造连接中采用。

工字钢、槽钢、角钢上螺栓的排列如图 2-36b 所示,除应满足表 2-10 规定的最大、最小容许距离外,还应符合各自的线距和最大孔径 $d_{0\max}$ 的要求(表 2-11~表 2-13),以使螺栓大小和位置适当并便于拧固。H 型钢腹板上和翼缘上螺栓的线距和最大孔径,可分别参照工字钢腹板和角钢选用。

表 2-10　螺栓的最大、最小容许距离

名称	位置和方向			最大容许距离（取二者的较小值）	最小容许距离
中心间距	外排（垂直内力方向或顺内力方向）			$8d_0$ 或 $12t$	$3d_0$
	中间排	垂直内力方向		$16d_0$ 或 $24t$	
		顺内力方向	构件受压力	$12d_0$ 或 $18t$	
			构件受拉力	$16d_0$ 或 $24t$	
	沿对角线方向			—	
中心至构件边缘距离	垂直内力方向	顺内力方向		$4d_0$ 或 $8t$	$2d_0$
		剪切边或手工气割边			$1.5d_0$
		轧制边、自动精密气割或锯割边	高强度螺栓		$1.2d_0$
			其他螺栓		

注：1. d_0 为螺栓孔直径，t 为外层较薄板件的厚度。
　　2. 钢板边缘与刚性构件（如角钢、槽钢等）相连的螺栓的最大间距，可按中间排的数值采用。

表 2-11　工字钢翼缘和腹板上螺栓的最小容许线距和最大孔径　　　　mm

型号	12.6	14	16	18	20	22	25	28	32	36	40	45	50	56	63
a	40	45	50	50	55	60	65	70	75	80	80	85	90	90	95
c	40	45	45	45	50	50	55	60	60	65	70	75	75	75	75
$d_{0\max}$	11.5	13.5	15.5	17.5	17.5	20	20	20	22	24	24	26	26	26	26

表 2-12　槽钢翼缘和腹板上螺栓的最小容许线距和最大孔径　　　　mm

型号	12.6	14	16	18	20	22	25	28	32	36	40
a	30	35	35	40	40	45	45	45	50	55	60
c	40	45	50	50	55	55	55	60	65	70	75
$d_{0\max}$	17.5	17.5	20	22	22	22	22	24	24	26	26

表 2-13　角钢上螺栓的最小容许线距和最大孔径　　　　mm

肢宽		40	45	50	56	63	70	75	80	90	100	110	125	140	160	180	200
单行	e	25	25	30	30	35	40	40	45	50	55	60	70				
	$d_{0\max}$	11.5	13.5	13.5	15.5	17.5	20	22	22	24	24	26	26				
双行错列	e_1												55	60	70	70	80
	e_2												90	100	120	140	160
	$d_{0\max}$												24	24	26	26	26
双行并列	e_1														60	70	80
	e_2														130	140	160
	$d_{0\max}$														24	24	26

（二）普通螺栓连接的计算

1. 受剪普通螺栓连接

（1）破坏形式

受剪螺栓连接在达到极限承载力时可能出现五种破坏形式：

① 栓杆剪断（图 2-37a）——当螺栓直径较小而钢板相对较厚时可能发生。

② 孔壁挤压坏（图 2-37b）——当螺栓直径较大而钢板相对较薄时可能发生。

③ 钢板拉断（图 2-37c）——当钢板因螺孔削弱过多时可能发生。

④ 端部钢板剪断（图 2-37d）——当顺受力方向的端距过小时可能发生。

⑤ 栓杆受弯破坏（图 2-37e）——当螺栓过长时可能发生。

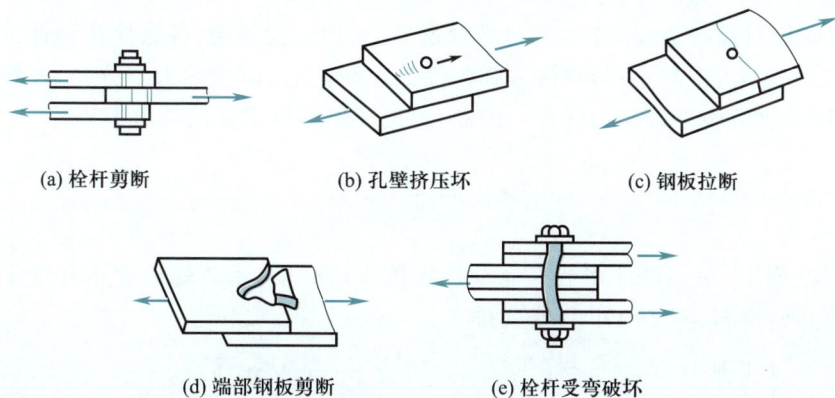

（a）栓杆剪断　　　　　（b）孔壁挤压坏　　　　　（c）钢板拉断

（d）端部钢板剪断　　　　　（e）栓杆受弯破坏

图 2-37　受剪螺栓连接的破坏形式

动画　栓杆剪断

动画　钢板拉断

动画　端部钢板剪断

上述破坏形式中的后两种在选用最小容许端距 $2d$ 和使螺栓的夹紧长度不超过 $4 \sim 6$ 倍螺栓直径的条件下，均不会产生。但对其他三种形式的破坏，则须通过计算来防止。

（2）计算方法

① 单个普通螺栓受剪的抗剪承载力设计值［假定螺栓受剪面上的剪（切）应力为均匀分布］：

$$N_v^b = n_v \frac{\pi d^2}{4} f_v^b \qquad (2-28)$$

式中　n_v——受剪面数目，单剪 $n_v = 1$、双剪 $n_v = 2$、四剪 $n_v = 4$（图 2-38）；

　　　d——螺栓杆直径；

　　　f_v^b——螺栓的抗剪强度设计值，根据试验值确定，见附表 6。

动画　螺栓两个剪切面

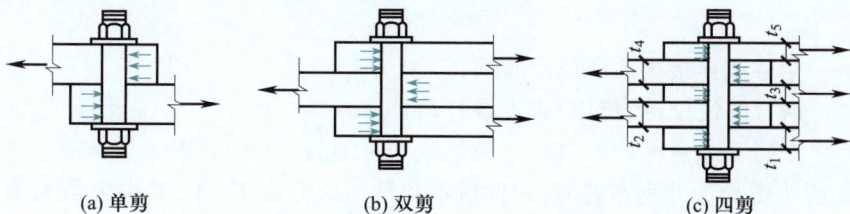

（a）单剪　　　　　（b）双剪　　　　　（c）四剪

图 2-38　受剪螺栓的计算

② 单个普通螺栓受剪的承压承载力设计值（假定承压应力沿螺栓直径的投影面均匀分布）：

$$N_c^b = d \sum t f_c^b \qquad (2-29)$$

式中　$\sum t$——在同一受力方向的承压构件的较小总厚度（如图 2-38c 中的四剪，$\sum t$ 取 $t_1 + t_3 + t_5$ 或 $t_2 + t_4$ 中的较小值）；

　　　f_c^b——螺栓的（孔壁）承压强度设计值，与构件的钢号有关，根据试验值确定，见附表 6；

　　　d——螺栓杆直径。

③ 普通螺栓群受轴心剪力作用时的数目计算　图 2-39 所示为一受轴心力 N 作用的螺栓连接双盖板对接接头，尽管 N 通过螺栓群形心，但试验证明，各螺栓在弹性工作阶段受力并不相等，两端大，中间小；但在进入弹塑性工作阶段后，由于内力重分布，各螺栓受力将逐渐趋于相等，故可按平均受力计算。因此，连接一侧螺栓需要的数目为

$$n = \frac{N}{N_{min}^b} \qquad (2-30)$$

按《规范》规定，每一杆件在节点上及拼接接头的一端，永久螺栓数不宜少于两个。如图 2-39a 为并列排布，图 2-39b 为错列排布。

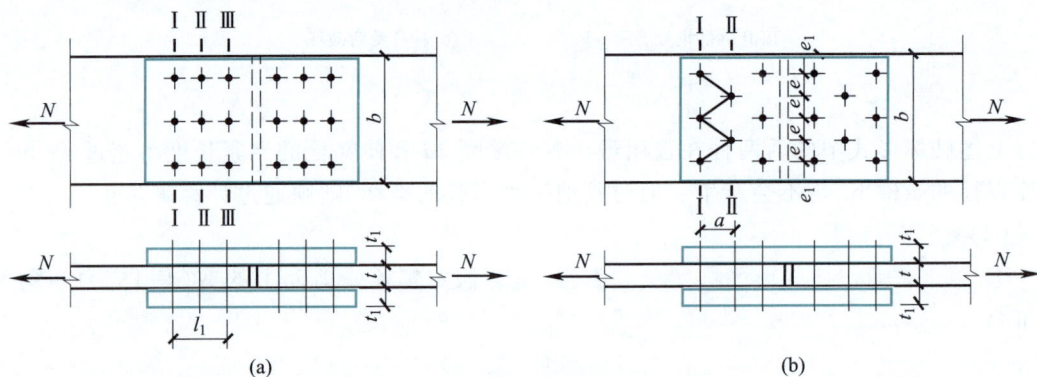

图 2-39　螺栓的排列

④ 验算净截面强度　为防止构件或连接板因螺孔削弱而拉（或压）断，还须按下式验算连接开孔截面的净截面强度：

$$\sigma = \frac{N}{A_n} \leqslant f \qquad (2-31)$$

式中　A_n——构件或连接板的净截面面积；

　　　f——钢材的抗拉（或抗压）强度设计值。

净截面强度验算应选择构件或连接板的最不利截面，即内力最大或螺孔较多的截面。如图 2-39a 所示螺栓为并列布置时，构件最不利截面为截面Ⅰ-Ⅰ，其内力最大为 N。而截面Ⅱ-Ⅱ和Ⅲ-Ⅲ因前面螺栓已传递部分力，故内力分别递减。但对连接板各截面，因受力相反，截面Ⅲ-Ⅲ受力最大，也为 N，故还须按下面公式将其与构件截面比较，以确定最不利

截面(A_n最小)：

$$\text{构件净截面：} A_n = (b - n_1 d_0)t \tag{2-32}$$

$$\text{连接板净截面：} A_n = 2(b - n_3 d_0)t_1 \tag{2-33}$$

式中　n_1、n_3——截面 I - I 和 III - III 上的螺孔数；

　　　t、t_1、b——构件和连接板的厚度及宽度。

当螺栓为错列布置时(图 2-39b)，构件或连接板除可能沿直线截面 I - I 破坏外，还可能沿折线截面 II - II 破坏，因其长度虽较大，但螺孔较多，故须按下式计算净截面面积，以确定最不利截面：

$$A_n = \left[2e_1 + (n_2 - 1)\sqrt{a^2 + e^2} - n_2 d_0 \right] t \tag{2-34}$$

式中　n_2——折线截面 II - II 上的螺孔数。

【例 2-5】　两截面为 - 400×14 的钢板，采用双盖板和 C 级普通螺栓拼接，螺栓 M20，钢材 Q235，承受轴心拉力设计值 $N = 960$ kN。试设计此连接。

【解】　(1) 确定连接盖板截面

采用双盖板拼接，截面尺寸选 400 mm×7 mm，与被连接钢板截面面积相等，钢材亦采用 Q235。

(2) 确定所需螺栓数目和螺栓排列布置

由附表 6 查得 $f_v^b = 140$ N/mm²，$f_c^b = 305$ N/mm²。

单个螺栓受剪承载力设计值：

$$N_v^b = n_v \frac{\pi d^2}{4} f_v^b = 2 \times \frac{\pi \times 20^2}{4} \times 140 \text{ N} = 87\ 964 \text{ N}$$

单个螺栓承压承载力设计值：

$$N_c^b = d \sum t f_c^b = 20 \times 14 \times 305 \text{ N} = 85\ 400 \text{ N}$$

则连接一侧所需螺栓数目为

$$n = \frac{N}{N_{\min}^b} = \frac{960 \times 10^3}{85\ 400} = 11，\text{取 } n = 12$$

采用图 2-40 所示的并列布置。连接盖板尺寸采用 2 - 400 mm×7 mm×490 mm，其螺栓的中距、边距和端距均满足要求。

(3) 验算连接板件的净截面强度

连接钢板在截面 I - I 受力最大为 N，连接盖板则是截面 III - III 受力最大为 N，但因二者钢材、截面均相同，故只验算连接钢板。取螺栓孔径 $d_0 = 22$ mm，连接钢板的 $f = 215$ N/mm²。

$$A_n = (b - n_1 d_0)t = (400 - 4 \times 22) \text{mm} \times 14 \text{ mm} = 4\ 368 \text{ mm}^2$$

$$\sigma = \frac{N}{A_n} = \frac{960 \times 10^3 \text{ N}}{4\ 368 \text{ mm}^2} = 215.2 \text{ N/mm}^2 \approx f = 215 \text{ N/mm}^2 (\text{满足})$$

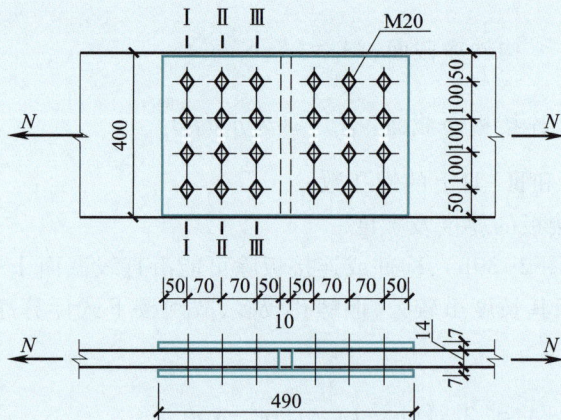

图 2-40   例 2-5 图

2. 受拉普通螺栓连接

动画
受拉螺栓

（1）受力性能和破坏形式

图 2-41 所示为一螺栓连接的 T 形接头。在外力 N 作用下,构件相互间有分离趋势,从而使螺栓沿杆轴方向受拉。受拉螺栓的破坏形式是栓杆被拉断,其部位多在被螺纹削弱的截面处。

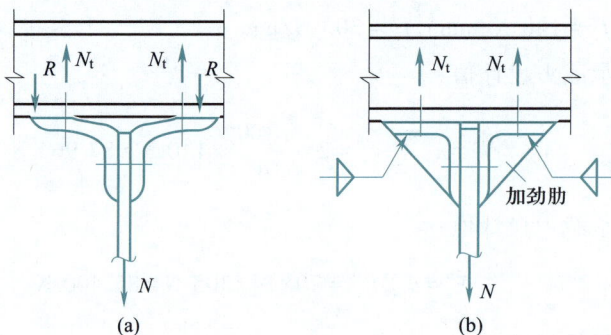

图 2-41   受拉螺栓连接

（2）计算方法

① 单个受拉螺栓的承载力设计值   假定拉应力在螺栓螺纹处截面上均匀分布,因此单个螺栓的抗拉承载力设计值为

$$N_t^b = A_e f_t^b = \frac{\pi d_e^2}{4} f_t^b \qquad (2-35)$$

式中 A_e、d_e——螺栓螺纹处的有效截面面积和有效直径,按表 2-14 选用;

　　　　f_t^b——螺栓的抗拉强度设计值。

在螺栓连接的 T 形接头中,构造上一般须采用连接件,如图 2-41b 中角钢或钢板,以加强连接件的刚度,减少螺栓中的附加力 R（图 2-41a）。

表 2-14　螺栓的有效截面面积

螺栓直径 d/mm	16	18	20	22	24	27	30
螺距 P/mm	2	2.5	2.5	2.5	3	3	3.5
螺栓有效直径 d_e/mm	14.123 6	15.654 5	17.654 5	19.654 5	21.185 4	24.185 4	26.716 3
螺栓有效截面面积 A_e/mm²	156.7	192.5	244.8	303.4	352.5	459.4	560.6

注:表中的螺栓有效截面面积 A_e 值系按下式算得

$$A_e = \frac{\pi}{A}\left(d - \frac{13}{24}\sqrt{3}\ P\right)^2$$

② 普通螺栓群受轴心拉力作用时的计算　当外力 N 通过螺栓群形心时,假定每个螺栓所受的拉力相等,因此连接所需螺栓数目为

$$n = \frac{N}{N_t^b} \tag{2-36}$$

③ 普通螺栓群受偏心拉力作用时的计算　图 2-42 所示为钢结构中常见的一种普通螺栓连接形式(如屋架下弦端部与柱的连接)。螺栓群受偏心拉力 F(与图中所示的 $M = Fe$ 和 $N = F$ 共同作用等效)和剪力 V 作用。由于有焊在柱上的支托承受剪力 V,故螺栓群只承受偏心拉力 N 的作用。但在计算时还须根据偏心距的大小将其区分为小偏心和大偏心两种情况。

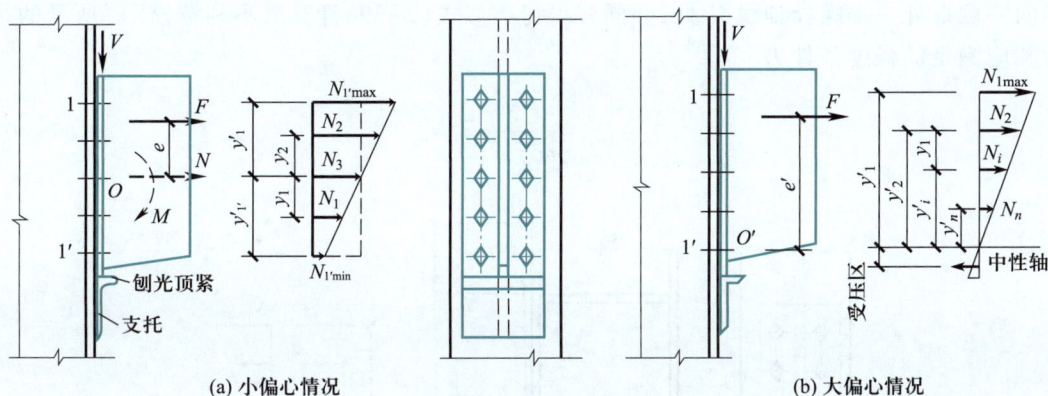

(a) 小偏心情况　　　　　　　　　　　　　　　(b) 大偏心情况

图 2-42　螺栓群受偏心拉力作用

a. 小偏心情况——即偏心距 e 不大,弯矩 M 不大,连接以承受轴心拉力 N 为主时。在此种情况,螺栓群将全部受拉,下部端板不出现受压区,故在计算 M 产生的螺栓内力时,中性轴应取在螺栓群的形心轴 O 处,螺栓内力按三角形分布(上部螺栓受拉,下部螺栓受压),即每个螺栓 i 所受拉力或压力的大小与该螺栓至中性轴 O 的距离 y_i 成正比;在轴心拉力 N 作用下,每个螺栓均匀受力,由此可得顶端和底端螺栓"1"和"1'"由弯矩 M 和 N 产生的拉力和压力为

$$N_{1max} = \frac{N}{n} + \frac{Ney_1'}{m\sum y_i^2} \leqslant N_t^b \tag{2-37}$$

$$N_{1'\text{min}} = \frac{N}{n} - \frac{Ney_{1'}'}{m \sum y_i^2} \geqslant 0 \qquad (2-38)$$

式中　y_1' 和 $y_{1'}'$——螺栓"1"和"1'"至中性轴 O 的距离；

　　　　m——螺栓列数（图 2-42 中 $m=2$）。

若 $N_{1'\text{min}} < 0$ 或 $e > m \sum y_i^2 / n y_{1'}$，则表示最下一排螺栓"1'"为受压（实际是端板底部受压），此时须改用下述大偏心情况计算。

b. 大偏心情况——即偏心距 e 较大，弯矩 M 较大时。在此种情况，端板底部会出现受压区（图 2-42b），中性轴位置将下移。为简化计算，可近似地将中性轴假定在（弯矩指向一侧）最外一排螺栓轴线 O' 处。因此，按与小偏心情况相似的方法，由力的平衡条件（端板底部压力的力矩因力臂很小可忽略），可得最不利螺栓"1"所受的拉力和应满足的强度条件为

$$N_{1\text{max}} = \frac{Fe'y_1'}{m \sum y_i'^2} \leqslant N_t^b \qquad (2-39)$$

式中　e'、y_1'、y_i'——自轴线 O' 计算的偏心距及至螺栓"1"和螺栓 i 的距离。

④ 螺栓群受弯矩作用时的计算　图 2-43 所示亦为钢结构常见的另一种普通螺栓连接形式，如牛腿或梁端部与柱的连接。螺栓群受偏心力 F 或弯矩 $M(=Fe)$ 和剪力 $V(=F)$ 的共同作用。由于有焊在柱上的支托板承受剪力 V，故螺栓群只承受弯矩的作用。此种情况类似于前述螺栓群受偏心力作用时的大偏心（弯矩较大）状态，即中性轴可近似地取在弯矩指向一侧最外一排螺栓轴线 O' 处，并同样可得类似式（2-39）计算最不利螺栓"1"所受的拉力和应满足的强度条件为

$$N_{1\text{max}} = \frac{My_1'}{m \sum y_i'^2} \leqslant N_t^b \qquad (2-40)$$

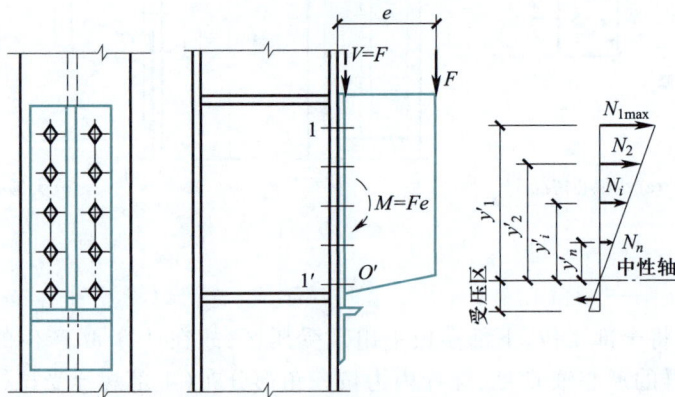

动画
螺栓群受弯
剪联合作用
（加托）

动画
螺栓群受拉
弯剪联合
作用（加托）

图 2-43　螺栓群受弯矩作用

【例 2-6】　试设计一梁端部和柱翼缘的 C 级螺栓连接，柱上设有支托板（图 2-44）。承受的竖向剪力 $V=350$ kN，弯矩 $M=60$ kN·m（均为设计值）。梁和柱钢材均为 Q235 钢。

【解】　初选 10 个 M20 螺栓，$d_0=22$ mm，并按图中尺寸排列。中距布置较大，以增加抵抗弯矩能力。

单个螺栓的抗拉承载力设计值按式(2-35)计算,即

$$N_t^b = A_e f_t^b = 244.8 \times 170 \text{ N} = 41\ 600 \text{ N} = 41.6 \text{ kN}$$

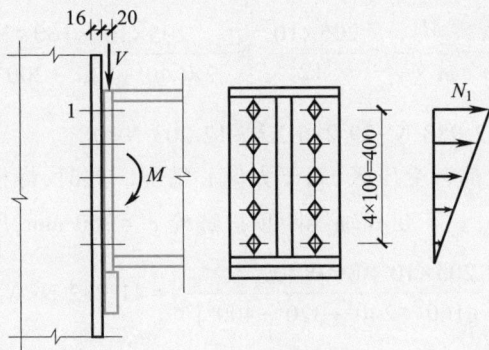

图 2-44　例 2-6 图

由式(2-40)得

$$N_{1\max} = \frac{My_1'}{m \sum y_i'^2} = \frac{60 \times 10^2 \times 40}{2 \times (10^2 + 20^2 + 30^2 + 40^2)} \text{kN} = 40 \text{ kN} < N_t^b = 41.6 \text{ kN(满足)}$$

【例 2-7】　图 2-45a 所示屋架下弦端节点 A 的连接如图 2-45b 所示。图中下弦、腹杆与节点板等在工厂焊成整体,在工地吊装就位于柱的支托处,然后用螺栓与柱连成整体,钢材 Q235,C 级普通螺栓 M22。试验算该连接的螺栓是否安全。

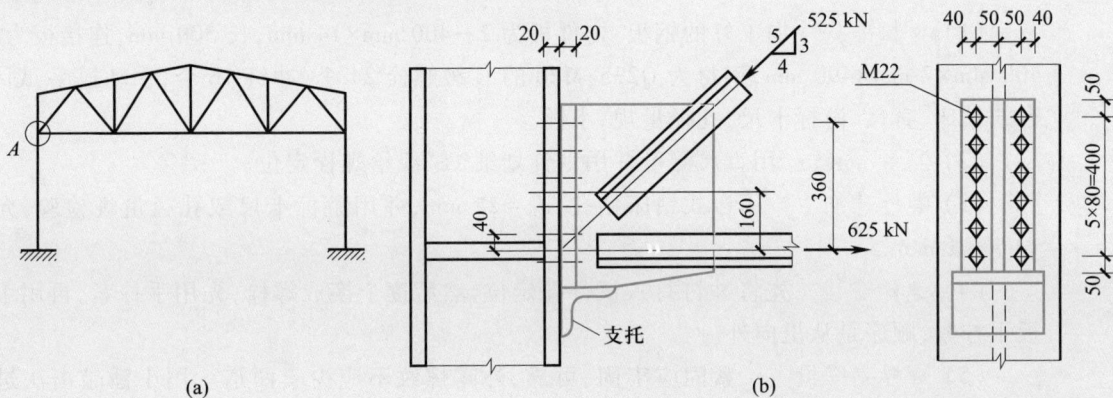

图 2-45　例 2-7 图

【解】　竖向剪力 $V = 525 \text{ kN} \times \dfrac{3}{5} = 315 \text{ kN}$,全部由支托承担;水平偏心力 $N = 625 \text{ kN} - 525 \text{ kN} \times \dfrac{4}{5} = 205 \text{ kN}$,由螺栓群连接承受。

(1) 单个螺栓的抗拉承载力设计值

由附表 6 查得 $f_t^b = 170 \text{ N/mm}^2$,由表 2-14 查得螺栓 $A_e = 303.4 \text{ mm}^2$。则

$$N_t^b = A_e f_t^b = 303.4 \times 170 \text{ N} = 51\ 578 \text{ N}$$

（2）螺栓强度验算

下弦杆轴线距螺栓群中心 $e = 160$ mm，则

$$N_{min} = \frac{N}{n} - \frac{My_1}{m \sum y_i^2} = \frac{205 \times 10^3}{12} \text{N} - \frac{205 \times 10^3 \times 160 \times 200}{2 \times (40^2 + 120^2 + 200^2) \times 2} \text{N}$$

$$= 17\ 083 \text{ N} - 29\ 286 \text{ N} = -12\ 203 \text{ N} < 0$$

由于 $N_{min} < 0$，表示端板上都有受压区，属于大偏心情况。此时，螺栓群转动轴在最顶排螺栓处，最底排螺栓受力最大值为 N_{max}。下弦杆轴线距顶排螺栓 $e' = 360$ mm，所以

$$N_{max} = \frac{Ne'y_1'}{m \sum y_i'^2} = \frac{205 \times 10^3 \times 360 \times 400}{2(80^2 + 160^2 + 240^2 + 320^2 + 400^2)} \text{N} = 41\ 932 \text{ N} < N_t^b = 51\ 578 \text{ N（满足）}$$

二、职业活动训练

活动一　普通受剪螺栓连接

1. **目的**　通过钢结构普通受剪螺栓连接施工现场的学习，了解设计图纸与施工实际的关系，掌握普通受剪螺栓连接的施工工艺。

2. **能力标准及要求**　能进行普通受剪螺栓连接的设计和施工技术指导。

3. **活动条件**　普通受剪螺栓连接施工现场及相应的施工图纸。

4. **内容**　制作例 2-5 的连接。

5. **步骤提示**

（1）**材料准备**　加工好的钢板：构件板为 2-400 mm×14 mm，长 500 mm，连接板为 2-400 mm×7 mm×490 mm，钢材为 Q235；M20 的 C 级螺栓 24 个，冲钉 16 个；手动扳手，划针，台式钻床，直尺，游标卡尺，孔径量规，小锤。

（2）**测量、划线**　用直尺测量并用划针划细"+"线给螺栓定位。

（3）**螺栓孔加工**　用台式钻床钻孔，$d_0 = 22$ mm，并用游标卡尺或孔径量规检验，允许误差 ≤1 mm。

（4）**螺栓安装**　先将冲钉打入试件孔定位，然后逐个换成螺栓，先用手拧紧，再用手动扳手拧紧，顺序是从里向外。

（5）**螺栓紧固检查**　紧固应牢固、可靠，外露螺纹不应少于两道。用小锤敲击法进行普查，防止漏拧。"小锤敲击法"是用手指紧按住螺母的一个边，按的位置尽量靠近螺母垫圈处，然后宜采用 0.3~0.5 kg 重的小锤敲击螺母相对应的另一个边（手按边的对边），如手指感到轻微颤动即为合格，颤动较大即为欠拧或漏拧，完全不颤动即为超拧。

活动二　普通受拉螺栓连接

1. **目的**　通过钢结构普通受拉螺栓连接施工现场的学习，了解设计图纸与施工实际的关系，掌握普通受拉螺栓连接的施工工艺。

2. **能力标准及要求**　能进行普通受拉螺栓连接的设计和施工技术指导。

3. **活动条件**　普通受拉螺栓连接施工现场及相应的施工图纸。

4. **要求**　写出学习报告书并对施工现场提出的一些问题加以思考。

项目四　高强度螺栓连接

学习目标　高强度螺栓的工作性能,高强度螺栓的预拉力,摩擦型高强度螺栓的计算,摩擦连接副抗滑移试验,承压型高强度螺栓的计算。

能力标准及要求　了解高强度螺栓连接构造和计算要点,掌握摩擦型高强度螺栓连接的方法。

一、应知部分

(一)概述

1. 高强度螺栓连接的工作性能及构造

高强度螺栓连接分为摩擦型连接和承压型连接。

(1)摩擦型连接

只依靠摩擦阻力传力,并以剪力不超过接触面摩擦力作为设计准则。其特点是连接紧密,变形小,不松动,耐疲劳,安装简单。

(2)承压型连接

高强度螺栓连接摩擦阻力被克服后允许接触面滑移,依靠栓杆和螺孔之间的承压来传力。承压型连接在摩擦力被克服后剪切变形较大。

高强度螺栓可广泛应用于厂房、高层建筑和桥梁等钢结构重要部位的安装连接,但根据摩擦型连接和承压型连接的不同特点,其应用还应有所区别。摩擦型连接以用于直接承受动力荷载的结构最佳,如吊车梁的工地拼接、重级工作制吊车梁与柱的连接等。承压型连接则仅用于承受静力荷载或间接承受动力荷载的结构,以能发挥其高承载力的优点为宜。

高强度螺栓孔应用钻孔。摩擦型高强度螺栓因受力时不产生滑移,故其孔径比螺栓公称直径可稍大,一般采用大 1.5 mm(M16)或 2.0 mm(≥M20);承压型高强度螺栓则应比上列数值分别减小 0.5 mm,一般采用大 1.0 mm(M16)或 1.5 mm(≥M20)。

高强度螺栓的排列与普通螺栓的排列相同。

2. 高强度螺栓的预拉力和紧固方法

摩擦型高强度螺栓不论是用于受剪螺栓连接、受拉螺栓连接还是拉剪螺栓连接,其受力都是依靠螺栓对板叠强大的法向压力,即紧固预拉力。承压型高强度螺栓,也要部分地利用这一特性。因此,控制预拉力,即控制螺栓的紧固程度,是保证高强度螺栓连接质量的一个关键性因素。紧固预拉力 P 见表 2-15。

表 2-15　每个高强度螺栓的预拉力 P　　　　　　　　　　kN

螺栓的性能等级	螺栓公称直径/mm					
	M16	M20	M22	M24	M27	M30
8.8 级	80	125	150	175	230	280
10.9 级	100	155	190	225	290	355

　　高强度螺栓的预拉力通过紧固螺母建立。为保证其数值准确,施工时应严格控制螺母的紧固程度,不得漏拧、欠拧或超拧。一般采用的紧固方法有下列几种:

　　(1) 扭矩法

　　为了减少先拧与后拧的高强度螺栓预拉力的区别,一般要先用普通扳手对其初拧(不小于终拧扭矩值的 50%),使板叠靠拢,然后用一种可显示扭矩值的扭矩扳手终拧。终拧扭矩值根据预先测定的扭矩和预拉力(增加 5%~10% 以补偿紧固后的松弛影响)之间的关系确定,施拧时偏差不得大于±10%。此法在我国应用广泛。

　　(2) 转角法

　　此法是用控制螺栓应变即控制螺母的转角来获得规定的预拉力,因不需专用扳手,故简单有效。转角是从初拧作出的标记线开始,再用长扳手(或电动、风动扳手)终拧 1/3～2/3 圈(120°～240°)。终拧角度与板叠厚度和螺栓直径等有关,可预先测定。

　　(3) 扭掉螺栓尾部梅花卡头

　　此法适用于扭剪型高强度螺栓。先对螺栓初拧,然后用特制电动扳手的两个套筒分别套住螺母和螺栓尾部梅花卡头(图 2-46)。操作时,大套筒正转施加紧固扭矩,小套筒则施加紧固反扭矩,将螺栓紧固后,再进而沿尾部槽口将梅花卡头拧掉。由于螺栓尾部槽口深度是按终拧扭矩和预拉力之间的关系确定,故当梅花卡头拧掉时,螺栓即达到规定的预拉力值。扭剪型高强度螺栓由于具有上述施工简便且便于检查漏拧的优点,故近年来在我国也得到广泛应用。

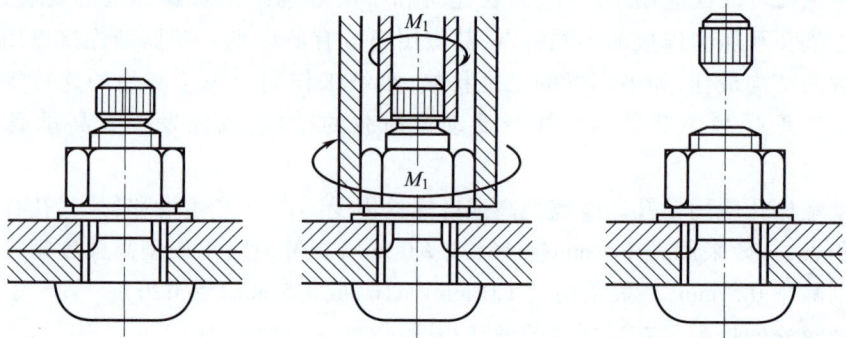

图 2-46　扭剪型高强度螺栓连接副的安装

3. 高强度螺栓连接摩擦面处理及其抗滑移系数 μ

　　高强度螺栓连接中,摩擦面的状态对连接接头的抗滑移承载力有很大的影响,因此摩擦面必须进行处理,常见的处理方法如下:

　　(1) 喷砂或喷丸处理

　　砂粒粒径为 1.2~1.4 mm,喷射时间为 1~2 min,喷射风压为 0.5 MPa,处理后,其表面粗糙度可达 45~50 μm。

　　(2) 喷砂后生赤锈处理

　　喷砂后露天生锈 60~90 d,表面粗糙度可达到 55 μm,安装前应对表面清除浮锈。

　　(3) 喷砂后涂无机富锌漆处理

　　该处理是为了防锈,一般要求涂层厚度为 0.6~0.8 μm。

（4）手工钢丝刷清理浮锈

使用钢丝刷将钢材表面的氧化铁皮等污物清理干净,该处理比较简便,但抗滑移系数较低,适用于次要结构和构件。

摩擦面的抗滑移系数 μ 见表 2-16。

表 2-16　摩擦面的抗滑移系数 μ

在连接处构件接触面的处理方法	构件的钢号		
	Q235 钢	Q345、Q390 钢	Q420 钢
喷砂（丸）	0.45	0.50	0.50
喷砂（丸）后涂无机富锌漆	0.35	0.40	0.40
喷砂（丸）后生赤锈	0.45	0.50	0.50
钢丝刷清除浮锈或未经处理的干净轧制表面	0.30	0.35	0.40

摩擦面应注意以下几个问题:

① 涂红丹防锈漆后,抗滑移系数很低,应严格避免涂红丹防锈漆。

② 在潮湿或淋雨状态下拼接抗滑移系数也将降低,应采取防潮措施并避免雨天施工;

③ 构件接触面的处理方法应在施工图中说明。

（二）摩擦型高强螺栓连接的计算

1. 受剪摩擦型高强螺栓连接

（1）单个摩擦型高强度螺栓的抗剪承载力设计值

$$N_v^b = 0.9 n_f \mu P \tag{2-41}$$

式中　n_f——传力摩擦面数目;

　　　P——每个高强度螺栓的预拉力,kN,见表 2-15;

　　　μ——摩擦面的抗滑移系数,见表 2-16。

（2）摩擦型高强度螺栓群受轴心剪力作用如图 2-47 所示,螺栓数目

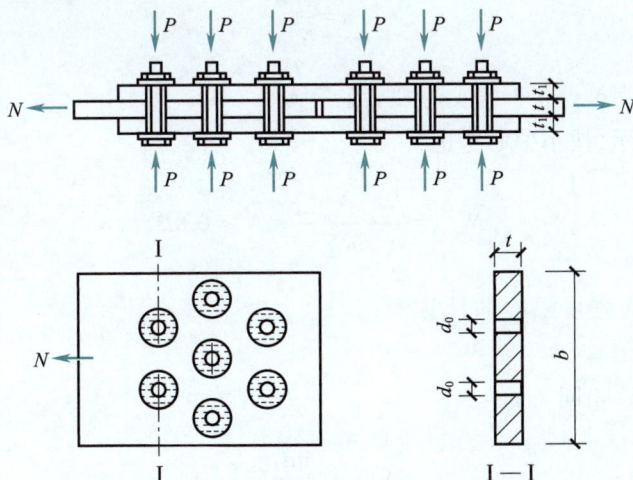

图 2-47　摩擦型高强度螺栓群受轴心剪力作用示意图

$$n = \frac{N}{N_v^b} \qquad (2\text{-}42)$$

（3）净截面验算

高强度螺栓连接的净截面强度验算不同于普通螺栓，连接一侧螺栓数为 n，验算截面 I - I 处的螺栓数为 n_1，对普通螺栓而言，净截面 A_n 要承受全部 N 力；而高强度螺栓则不然，每个螺栓所承受剪力的 50% 已由孔前摩擦面传走（孔前传力系数为 0.5），故净截面受力为

$$N' = N - 0.5N \cdot n_1/n = N(1 - 0.5n_1/n)$$

则净截面的验算为

$$\sigma = \frac{N'}{A_n} = \left(1 - 0.5\frac{n_1}{n}\right)\frac{N}{A_n} \leqslant f \qquad (2\text{-}43)$$

式中　n_1——I - I 截面的螺栓数；

　　　n——构件一端的螺栓数；

　　　A_n——I - I 截面的净截面面积，$A_n = (b - n_1 d_0)t$；

　　　f——钢材抗拉强度设计值。

（4）毛截面验算

$$\sigma = \frac{N}{A} \leqslant f \qquad (2\text{-}44)$$

式中　A——I - I 截面的毛截面面积。

2. 受拉摩擦型高强度螺栓连接

（1）单个摩擦型高强度螺栓抗拉承载力设计值

$$N_t^b = 0.8P \qquad (2\text{-}45)$$

（2）摩擦型高强度螺栓群受轴心拉力的数目

$$n = \frac{N}{N_t^b} \qquad (2\text{-}46)$$

（3）摩擦型高强度螺栓群受偏心拉力的计算

如图 2-42a 所示，按小偏心考虑：

$$N_{1max} = \frac{N}{n} + \frac{Ney_1}{m\sum y_i^2} \leqslant N_t^b = 0.8P \qquad (2\text{-}47)$$

（三）承压型高强度螺栓的计算

1. 承压型受剪螺栓

与普通螺栓计算相同。

受剪（图 2-48）：

$$N_v^b = n_v \frac{\pi d^2}{4} f_v^b \qquad (2\text{-}48)$$

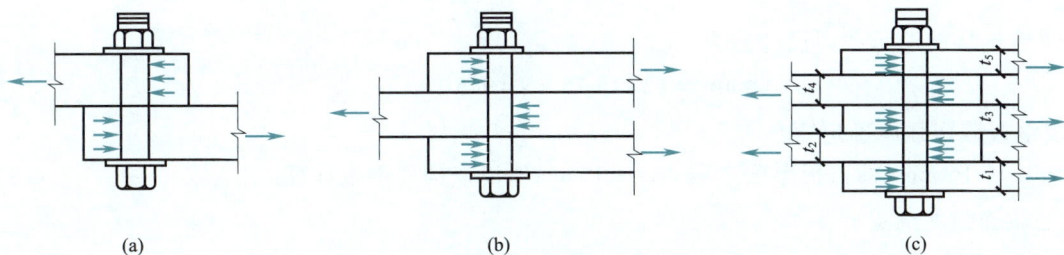

图 2-48　受剪高强度螺栓的计算

承压：

$$N_c^b = d \sum t f_c^b \qquad (2\text{-}49)$$

式中　f_v^b、f_c^b 取承压型高强度螺栓强度，受剪时 d 取螺纹处有效直径 d_e。

2. 承压型受拉螺栓

与普通螺栓计算相同。

$$N_t^b = A_e f_t^b = \frac{\pi d_e^2}{4} f_t^b \qquad (2\text{-}50)$$

式中　f_t^b 取承压型高强度螺栓强度。

3. 承压型拉剪高强度螺栓（同时受剪和受拉）

$$\sqrt{\left(\frac{N_v}{N_v^b}\right)^2 + \left(\frac{N_t}{N_t^b}\right)^2} \leqslant 1 \qquad (2\text{-}51)$$

$$N_c \leqslant \frac{N_c^b}{1.2} \qquad (2\text{-}52)$$

【例 2-8】　图 2-49 所示为一 300 mm×16 mm 轴心受拉钢板和高强度螺栓摩擦型连接的拼接接头。已知钢材为 Q345，螺栓为 8.8 级 M20，钢丝刷清理浮锈。试确定该拼接的最大承载力设计值 N。

【解】　（1）按螺栓连接强度确定 N

由表 2-15 查得 $P = 125$ kN，由表 2-16 查得 $\mu = 0.35$，则

$$N_v^b = 0.9 n_f \mu P = 0.9 \times 2 \times 0.35 \times 125 \text{ kN} = 78.75 \text{ kN}$$

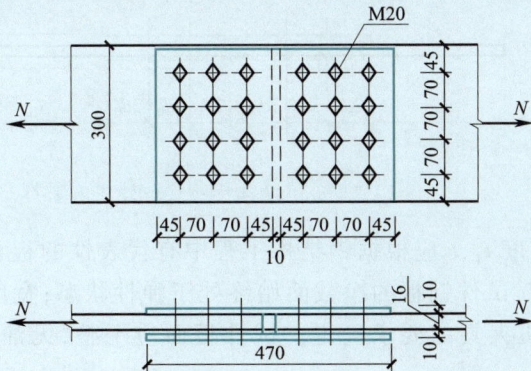

图 2-49　例 2-8 图

12 个螺栓连接的总承载力设计值为

$$N = nN_v^b = 12 \times 78.75 \text{ kN} = 945 \text{ kN}$$

（2）按钢板截面强度确定 N

构件厚度 $t = 16$ mm < 两盖板厚度之和 $2t_1 = 20$ mm，所以按构件钢板计算。

① 按毛截面强度确定 N

钢材 Q345，$f = 315$ N/mm²。

$A = bt = 300$ mm×16 mm = 4 800 mm²

$N = Af = 4\ 800$ mm²×315 N/mm² = 1 512×10³N = 1 512 kN

② 按第一列螺栓净截面强度确定 N

$$A_n = (b - n_1 d_0)t = (300 \text{ mm} - 4 \times 22 \text{ mm}) \times 16 \text{ mm} = 3\ 392 \text{ mm}^2$$

$$N = \frac{A_n f}{1 - 0.5 n_1/n} = \frac{3\ 392 \text{ mm}^2 \times 315 \text{ N/mm}^2}{1 - 0.5 \times 4/12} = 1\ 282 \times 10^3 \text{N} = 1\ 282 \text{ kN}$$

因此，该拼接的承载力设计值为 $N = 945$ kN，由螺栓连接强度控制。

二、职业活动训练

活动一　摩擦连接副抗滑移试验

1. **基本要求**　摩擦连接副抗滑移试验应采用双摩擦面的两螺栓拼接的拉力试件，如图 2-50 所示。抗滑移试验用的试件应由制造厂加工，试件与所代表的钢结构构件应为同一材质、同批制作、采用同一摩擦面处理工艺和具有相同的表面状态，并应用同批同一性能等级的高强度螺栓连接副，在同一环境条件下存放。

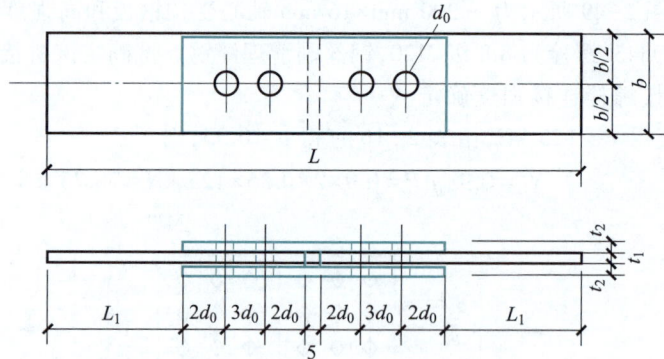

图 2-50　摩擦连接副抗滑移试验试件

试件钢板的厚度 t_1、t_2 应根据钢结构工程中有代表性的板材厚度来确定，同时应考虑在摩擦面滑移之前，试件钢板的净截面始终处于弹性状态；宽度 b 可参照表 2-17 规定取值，L_1 应根据试验机夹具的要求确定。试件板面应平整，无油污，孔和板的边缘无飞边、毛刺。

表 2-17　摩擦连接副抗滑移试验试件板的宽度

螺栓直径 d/mm	16	20	22	24	27	30
板宽 b/mm	100	100	105	110	120	120

2. 试验方法　试验用的试验机误差应在 1% 以内。试验用的贴有电阻片的高强度螺栓、压力传感器和电阻应变仪应在试验前用试验机进行标定,其误差应在 2% 以内。试件的组装顺序应符合下列规定:

先将冲钉打入试件孔定位,然后逐个换成装有压力传感器或贴有电阻片的高强度螺栓,或换成同批经预拉力复验的扭剪型高强度螺栓。

紧固高强度螺栓应分初拧、终拧。初拧应达到螺栓预拉力标准值的 50% 左右。终拧后,螺栓预拉力应符合下列规定:

① 对装有压力传感器或贴有电阻片的高强度螺栓,采用电阻应变仪实测控制试件每个螺栓的预拉力值应为 $0.95P \sim 1.05P$(P 为高强度螺栓设计预拉力值)。

② 不进行实测时,扭剪型高强度螺栓的预拉力(紧固轴力)可按同批复验预拉力的平均值取用。

试件应在其侧面画出观察滑移的直线。将组装好的试件置于拉力试验机上,试件的轴线应与试验机夹具中心严格对中。加荷时,应先加 10% 的抗滑移设计荷载值,停 1 min 后,再平稳加荷,加荷速度为 $3 \sim 5$ kN/s,直拉至滑动破坏,测得滑移荷载 N_v。在试验中当发生以下情况之一时,所对应的荷载可定为试件的滑移荷载:

① 试验机发生回针现象。

② 试件侧面画线发生错动。

③ X-Y 记录仪上变形曲线发生突变。

④ 试件突然发生"嘣"的响声。

活动二　受剪摩擦型高强度螺栓

1. 目的　通过钢结构受剪摩擦型高强度螺栓连接施工现场的学习,了解设计图纸与施工实际的关系,掌握受剪摩擦型高强度螺栓连接的施工工艺。

2. 能力标准及要求　能进行受剪摩擦型高强度螺栓连接的设计和施工技术指导。

3. 活动条件　受剪摩擦型高强度螺栓连接施工现场及相应的施工图纸。

4. 内容　制作例 2-8 的连接。

5. 步骤提示

(1) 材料准备　加工好的钢板:构件板为 2-300 mm×16 mm,长 500 mm,连接板为 2-300 mm×10 mm×470 mm,钢材为 Q345;8.8 级 M20 的螺栓副 24 个,临时螺栓 C 级 16 个,M20;钢丝刷,NR-12 电动扭矩扳手,手动扳手,穿杆,划针,台式钻床,直尺,游标卡尺,孔径量规,小锤。

(2) 测量、画线　用直尺测量并用划针画螺栓定位线。

(3) 螺栓孔加工　用台式钻床钻孔,$d_0 = 22$ mm,并用游标卡尺或孔径量规检验,应有 H12 的精度。

(4) 手工钢丝刷清理浮锈　连接板摩擦面的全部,构件板要大于摩擦面。

(5) 螺栓安装　先用穿杆对准孔定位,再在适当位置插入临时螺栓,用手动扳手拧紧;

安装高强度螺栓连接副并逐个替代临时螺栓,用 NR-12 电动扭矩扳手逐个初拧,扭矩为 156N·m($T_0 = 0.065\ P_c \cdot d = 0.065 \times 120 \times 20\ \text{N} \cdot \text{m} = 156\ \text{N} \cdot \text{m}$),同时用颜色在螺母上做标记,然后按规定的扭矩值(约 156 N·m)进行终拧。终拧后的螺栓用另一种颜色在螺母上做标记。

文档
材料与连接职业活动训练

文档
钢构件连接实训项目任务书、指导书

(6)螺栓紧固检查

① 用小锤敲击法对高强度螺栓进行普查,防止漏拧。

② 进行扭矩检查,抽查每个节点螺栓数的 10%,但不少于 1 个。即先在螺母与螺杆的相对应位置划一条细直线,然后将螺母拧松约 60°,再拧到原位(即与该细直线重合)时测得的扭矩,该扭矩与检查扭矩的偏差在检查扭矩的 ±10% 范围以内即为合格。

③ 扭矩检查应在终拧 1 h 以后进行,并且应在 24 h 以内检查完毕。

④ 扭矩检查为随机抽样,抽样数量为每个节点的螺栓连接副的 10%,但不少于 1 个连接副。如发现不符合要求的,应重新抽样 10% 检查,如仍有不合格的,是欠拧、漏拧的,应该重新补拧,是超拧的应予更换螺栓。

活动三 受拉摩擦型高强度螺栓

1. 目的 通过钢结构受拉摩擦型高强度螺栓连接施工现场的学习,了解设计图纸与施工实际的关系,掌握受拉摩擦型高强度螺栓连接的施工工艺。

2. 能力标准及要求 能进行受拉摩擦型高强度螺栓连接的设计和施工技术指导。

3. 活动条件 受拉摩擦型高强度螺栓连接施工现场及相应的施工图纸。

4. 要求 写出学习报告书并对施工现场提出的一些问题加以思考。

■ 单元小结 ■

1. 建筑钢材要求强度高,塑性、韧性好,焊接结构还要求焊接性能好。

2. 衡量钢材强度的指标是屈服点 f_y、抗拉强度 f_u,衡量钢材塑性的指标是伸长率 δ、截面收缩率 ψ 和冷弯试验指标,衡量钢材韧性的指标是冲击韧性值 A_{KV}。

3. 碳素结构钢的主要化学成分是铁和碳,其他为杂质成分;低合金高强度钢的主要化学成分除铁和碳外,还有总量不超过 5% 的合金元素,如锰、钒、铜等,这些元素以合金的形式存在于钢中,可以改善钢材性能。此外,低合金高强度钢中也有杂质成分,如硫、磷、氧、氮等是有害成分,应严格控制其含量。

4. 影响钢材力学性能的因素除化学成分外,还有冶炼轧制工艺、加工工艺、构造情况、重复荷载(疲劳)和环境温度(低温、高温)等因素。

5. 《标准》推荐采用碳素结构钢中的 Q235 钢及低合金高强度钢中的 Q345、Q390、Q420 钢。Q235 钢有 A、B、C、D 共 4 个质量等级,其中 A、B 级有沸腾钢、镇静钢,C 级只有镇静钢,D 级只有特殊镇静钢;Q345、Q390、Q420 钢有 A、B、C、D、E 共 5 个质量等级,其中 A、B、C、D 级只有镇静钢,E 级只有特殊镇静钢。供货时,除 A 级钢不保证冲击韧性值和 Q235A 钢不保证冷弯试验合格外,其余各级各类钢材均应保证抗拉强度、屈服点、伸长率、冷弯试验及冲击韧性值达到标准规定要求。

6. 钢结构常用的连接方法为焊接和螺栓连接。不论是钢结构的制造或是安装,焊接均为主要连接方法。螺栓连接有普通螺栓连接和高强度螺栓连接。普通螺栓宜用于沿其杆轴方向受拉的连接和次要的受剪连接;高强度螺栓连接适宜用于钢结构重要部位的安装连接。

7. 焊接按焊缝的截面形状分角焊缝和对接焊缝(坡口焊缝),以及由这两种形状焊缝组成的对接与角接组合焊缝。角焊缝便于加工但受力性能较差,对接焊缝反之,而对接与角接组合焊缝则受力性能最好,尤其是全焊透的对接与角接组合焊缝适用于要求验算疲劳的结构。除制造时接料和重要部位的连接常采用对接焊缝外,一般多采用角焊缝。

8. 焊接除满足构造要求外,还应做必要的强度计算。全焊透的对接焊缝除三级受拉焊缝外,均与母材等强,故一般不须计算。

9. 普通螺栓连接应满足构造要求,还应做必要的强度计算。对受剪和受拉螺栓连接,均是计算其最不利螺栓所受的力(剪力或拉力)不大于单个螺栓的承载力设计值(N_c^b、N_v^b 或 N_t^b);但受剪螺栓连接还须验算构件因螺孔削弱的净截面强度;偏心力作用的受拉螺栓连接还须区分大、小偏心情况;对拉剪螺栓连接则是判断其最不利情况。

10. 高强度螺栓摩擦型连接对受剪和受拉也是计算其最不利螺栓所受的力(剪力或拉力)不大于单个螺栓的承载力设计值(N_v^b 或 N_t^b);同时还须验算毛截面强度;偏心力作用的受拉高强度螺栓连接不论偏心距大小,因接触面始终密合,其中和轴取螺栓群的形心轴。

11. 钢结构中连接型式虽然多种多样,学习中只要能注意下列几点便能正确进行计算:
① 识图　弄清连接构造形式及各构件的空间几何位置。
② 传力　能正确地将外力按静力平衡条件分解到焊缝或栓杆处,即得到 N_x、N_y。
③ 公式　熟悉并理解焊缝基本计算公式和单个螺栓的承载力计算公式。
④ 构造要求　熟悉并理解《标准》中有关连接构造要求的各项规定。

■ 复习思考题 ■

1. 钢结构对钢材性能有哪些要求?这些要求用哪些指标来衡量?

2. 碳、锰、硫、磷对碳素结构钢的力学性能分别有哪些影响?

3. 钢结构中常用的钢材有哪几种?钢材牌号的表示方法是什么?

4. 钢材选用应考虑哪些因素?怎样选择才能保证经济合理?

5. 钢材的力学性能为什么要按厚度或直径进行划分?试比较 Q235 钢中不同厚度钢材的屈服点。

6. Q235 钢中 4 个质量等级的钢材在脱氧方法和力学性能上有何不同?

7. 钢材在复杂应力作用下是否仅产生脆性破坏?为什么?

8. 低合金高强度结构钢牌号中的符号分别表示什么意义?

9. 应力集中对钢材的力学性能有哪些影响?为什么?

10. 承重结构的钢材应保证哪几项力学性能和化学成分?

11. 一中级工作制、起重量为 50 t 的焊接吊车梁,−20 ℃ 以上工作温度,现拟采用 Q235 钢,应选用哪一种质量等级?

12. 钢结构常用的连接方法有哪几种？它们各在哪些范围应用较合适？

13. 说明常用焊缝符号表示的意义。

14. 手工焊条型号应根据什么选择？焊接 Q235B 钢和 Q345 钢的一般结构须分别采用哪种焊条型号？

15. 对接接头采用对接焊缝和采用加盖板的角焊缝各有何特点？

16. 焊缝的质量分几个等级？与钢材等强的受拉对接焊缝须采用几级？

17. 对接焊缝在哪种情况下才须进行计算？

18. 角焊缝的尺寸都有哪些要求？

19. 角焊缝计算公式中增大系数在什么情况下不考虑？

20. 角钢用角焊缝连接受轴心力作用时,角钢肢背和肢尖焊缝的内力分配系数为何不同？

21. 螺栓在钢板和型钢上的容许距离都有哪些规定？它们是根据哪些要求制定的？

22. 普通螺栓的受剪螺栓连接有哪几种破坏形式？用什么方法可以防止？

23. 普通螺栓群受偏心拉力作用时应怎样区分大、小偏心情况？它们的特点有哪些不同？

24. 高强度螺栓摩擦型连接和普通螺栓连接的受力特点有何不同？它们在传递剪力和拉力时的单个螺栓承载力设计值的计算公式有何区别？

25. 在受剪连接中使用普通螺栓连接或摩擦型高强度螺栓连接,对构件开孔截面净截面强度的影响哪种大？为什么？

■ 训 练 题 ■

2-1 设计 500 mm×14 mm 钢板的对接焊缝拼接,钢板承受轴心拉力 1 400 kN。已知钢材为 Q235,采用 E43 型焊条,手工电弧焊,三级质量标准,施焊时用引弧板和引出板。

2-2 验算图 2-51 所示由三块钢板焊成的工字形截面梁的对接焊缝强度。已知工字形截面尺寸为:翼缘宽度 $b=100$ mm,厚度 $t=12$ mm;腹板高度 $h_0=200$ mm,厚度 $t_w=8$ mm。截面上作用的轴心拉力设计值 $N=240$ kN,弯矩设计值 $M=50$ kN·m,剪力设计值 $V=240$ kN。钢材为 Q345,采用手工焊,焊条为 E50 型,施焊时采用引弧板和引出板,三级质量标准。

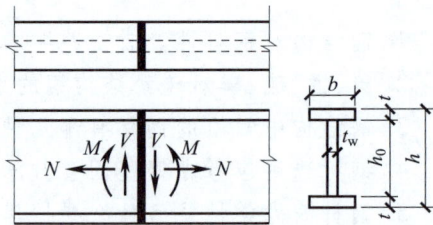

图 2-51 训练题 2-2 图

2-3 验算图 2-52 所示柱与牛腿连接的对接焊缝,T 形牛腿的截面尺寸如图所示,距焊缝 150 mm 处作用有一竖向力 $F=180$ kN(设计值),钢材为 Q390,采用 E55 型焊条,手工焊,三级质量标准,施焊时不用引弧板和引出板。

2-4 设计一双盖板的钢板对接接头(图 2-53)。已知钢板截面为 300 mm×14 mm,承受轴心拉力设计值 $N=730$ kN(静力荷载)。钢材为 Q235,焊条用 E43 型,手工焊。

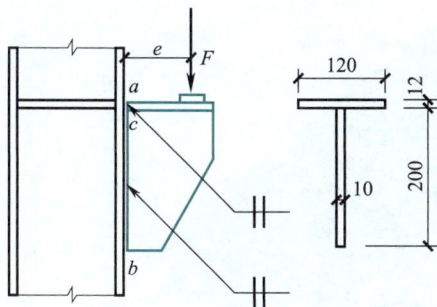

图 2-52 训练题 2-3 图

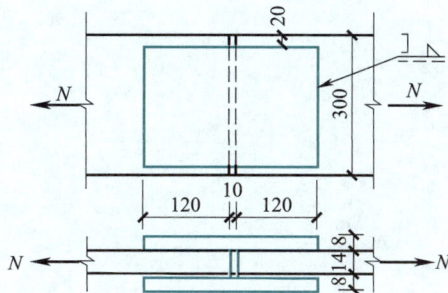

图 2-53 训练题 2-4 图

2-5 试设计图 2-54 所示连接中的双角钢(长肢相连)与节点板间的角焊缝"A"。轴心拉力设计值 $N = 400$ kN(静力荷载)。钢材为 Q235,焊条 E43 型,手工焊。

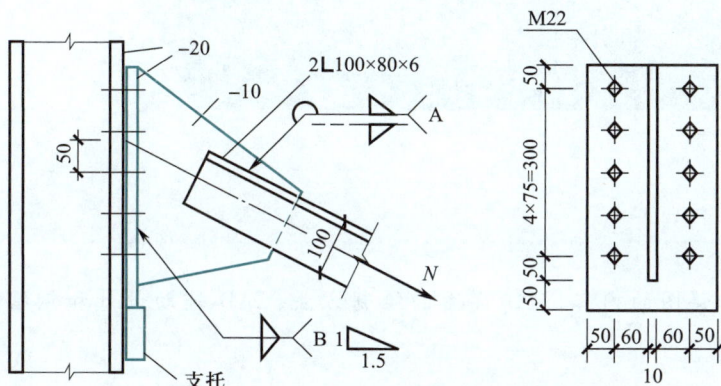

图 2-54 训练题 2-5、2-6、2-7、2-10 图

2-6 试计算训练题 2-5 连接中节点板与端板的角焊缝"B"所需的焊脚尺寸 h_f。

2-7 试验算训练题 2-5 连接中端板与柱连接的 C 级普通螺栓的强度。螺栓 M22,钢材 Q235。

2-8 试设计截面为 340 mm×14 mm 的钢板构件的拼接。采用双盖板普通 C 级螺栓连接,盖板厚度为 7 mm,钢材为 Q235,M20,承受轴心拉力设计值 $N = 600$ kN。

2-9 设计用高强度螺栓摩擦型连接的钢板拼接连接。采用双盖板,钢板截面为 340 mm×20 mm,盖板采用两块 340 mm×10 mm 的钢板,钢材为 Q345,螺栓 8.8 级,M22,接触面采用喷砂处理,承受轴心拉力设计值 $N = 1\,600$ kN。

2-10 试验算训练题 2-5 连接中端板与柱连接的 8.8 级高强度螺栓的强度。螺栓 M20,钢材 Q235,接触面处理采用钢丝刷清理浮锈,$N = 450$ kN。

单元三

钢结构施工详图设计

■ **单元概述** ....

钢结构施工详图的内容、施工详图的绘制方法、CAD 辅助设计和钢结构的典型节点形式。

■ **单元目标** ....

通过本单元的学习,掌握钢结构施工详图的内容,掌握钢结构施工详图的绘制方法,掌握 CAD 辅助设计绘制方法。

一、应知部分

(一)施工详图的内容

钢结构设计出图分设计图和施工详图两个阶段,设计图由设计单位提供,施工详图通常由钢结构制造公司根据设计图编制,但当工程建设进度要求或制造公司限于人力不能承接编制工作时,也会由设计单位编制。由于近年钢结构项目增多和设计院钢结构工程师缺乏的矛盾,有设计能力的钢结构公司参与设计图编制的情况也很普遍,其优点是施工单位能够结合自身的技术条件便于采用经济合理的施工方案。

设计图:是制造公司编制施工详图的依据。因此设计图首先在其深度及内容方面应以满足编制施工详图的要求为原则,完整但不冗余。在设计图中,对于设计依据、荷载资料(包括地震作用)、技术数据、材料选用及材质要求、设计要求(包括制造和安装、焊缝质量检验的等级、涂装及运输等)、结构布置、构件截面选用以及结构的主要节点构造等均应表示清楚,以利于施工详图的顺利编制,并能正确体现设计的意图。主要材料应列表表示。

施工详图:又称加工图或放样图等。编制钢结构施工详图时,必须遵照设计图的技术条件和内容要求进行,深度须能满足车间直接制造加工。不完全相同的构件单元须单独绘制表达,并应附有详尽的材料表。设计图及施工详图的内容表达方法及出图深度的控制,目前不太统一,各个设计单位之间及其与钢结构公司之间不尽相同。

施工详图内容包括设计内容与编制内容两部分,现介绍如下:

1. 施工详图的设计内容

设计图在深度上一般只绘出构件布置、构件截面与内力及主要节点构造,故在详图设计中需补充进行部分构造设计与连接计算,具体内容如下:

① 构造设计 桁架、支撑等节点板(图 3-1)设计与放样;梁支座加劲肋或纵横加劲肋(图 3-2)构造设计;组合截面(图 3-3)构件缀板、填板布置、构造;螺栓群与焊缝群的布置与构造等。

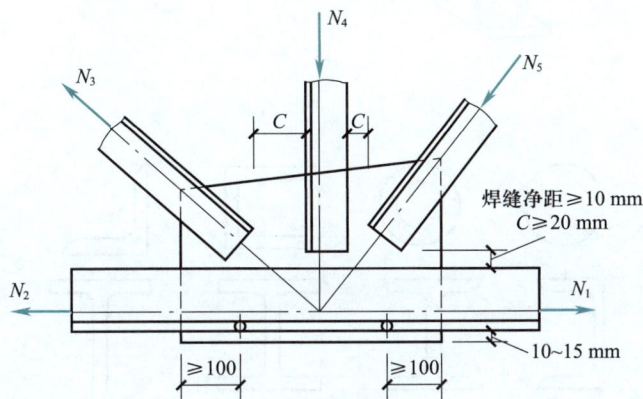

图 3-1 节点板示意

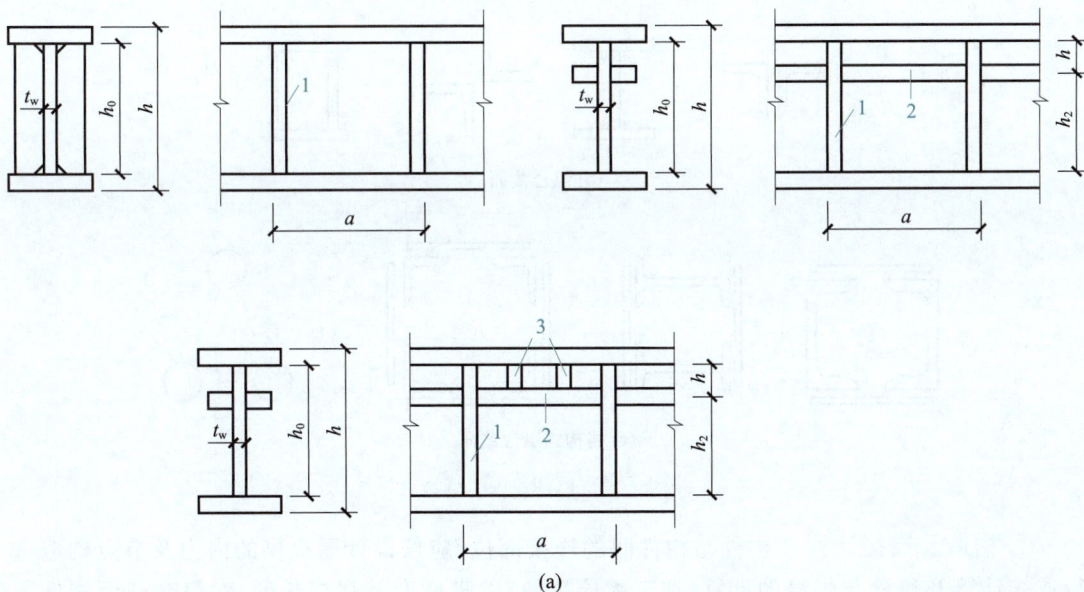

(a)

1—横向加劲肋;2—纵向加劲肋;3—短加劲肋

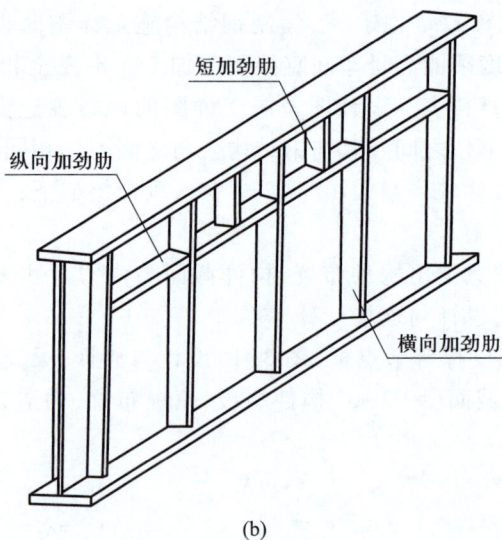

短加劲肋

纵向加劲肋

横向加劲肋

(b)

图 3-2 加劲肋的布置

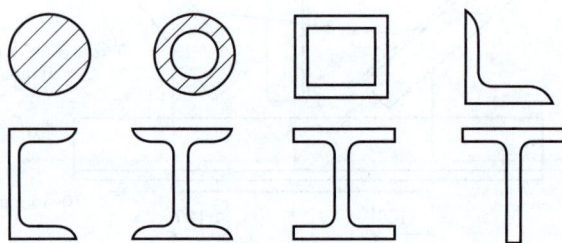

(a) 实腹式型钢截面

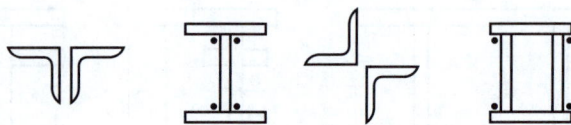

(b) 组合截面

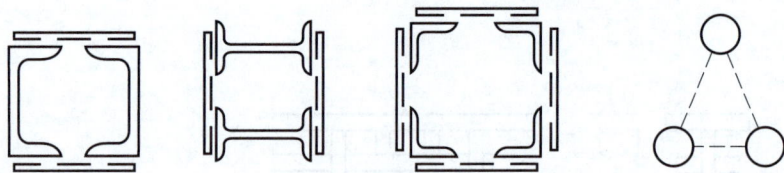

(c) 格构式组合截面

图 3-3 截面形式示意

  ② 构造及连接计算 构件与构件间的连接部位,应按设计图提供的内力及节点构造进行连接计算及螺栓与焊缝的计算,选定螺栓数量、焊脚厚度及焊缝长度;对组合截面构件还应确定缀板的截面与间距。对连接板、节点板、加劲板等,按构造要求进行配置放样及必要的计算。

2. 施工详图的编制内容

施工详图编制的内容主要包括：

① 图纸目录　视工程规模的大小，可以按子项工程或以结构系统为单位编制。

② 钢结构设计总说明　应根据设计图总说明编写，内容一般应有设计依据（如工程设计合同书、有关工程设计的文件、设计基础资料及规范、规程等）、设计荷载、工程概况和对钢材的钢号、性能要求、焊条型号和焊接方法、质量要求等；图中未注明的焊缝和螺栓孔尺寸要求、高强度螺栓摩擦面抗滑移系数、预应力、构件加工、预装、除锈与涂装等施工要求及注意事项等，以及图中未能表达清楚的一些内容，都应在总说明中加以说明。

③ 结构布置图　主要供现场安装用。以钢结构设计图为依据，分别以同一类构件系统（如屋盖系统、刚架系统、吊车梁系统、平台等）为绘制对象，绘制本系统的平面布置和剖面布置（一般有横向剖面和纵向剖面），并对所有的构件编号，布置图尺寸应注明各构件的定位尺寸、轴线关系、标高等，布置图中一般附有构件表、设计总说明等。

④ 构件详图　依据设计图及布置图中的构件编号编制，主要供构件加工厂加工并组装构件用，也是构件出厂运输的构件单元图，绘制时应按主要表示面绘制每一构件的图形零配件及组装关系，并对每一构件中的零件编号，编制各构件的材料表和本图构件的加工说明等。绘制桁架式构件时，应放大样确定杆件端部尺寸和节点板尺寸。

⑤ 安装节点详图　施工详图中一般不再绘制安装节点详图，仅当构件详图无法清楚表示构件相互连接处的构造关系时，可绘制相关的节点图。

（二）施工详图的绘制方法

结构施工图是工程师的语言，体现了设计者的设计意图，施工图的绘制要求图面清楚整洁，标注齐全，构造合理，符合国家制图标准及行业规范，能很好地表达设计意图，并与设计计算书一致。

钢结构施工详图图面、图形所用的图线、字体、比例、符号、定位轴线、图样画法、尺寸标注及常用建筑材料图例等均按照现行国家标准《房屋建筑制图统一标准》（GB/T 50001）、《建筑结构制图标准》（GB/T 50105）、《焊缝符号表示法》（GB/T 324）和《技术制图　焊缝符号的尺寸、比例及简化表示法》（GB/T 12212）等的有关规定采用。图面表示应做到层次分明，图形之间关系明确，使整套图纸清晰、简明和完整，同时又尽可能减少图纸的绘制工作，以提高施工图纸的编制效率。

1. 钢结构施工详图绘制的基本规定

（1）图纸幅面

钢结构施工详图的图纸幅面以 A1、A2 为主，必要时可采用 1.5A1，在一套图纸中应尽量采用一种规格的幅面，不宜多于两种幅面（图纸目录用 A4 除外）。

（2）比例

所有图形应按比例绘制，根据图形用途和复杂程度按常用比例选用。一般结构布置的平、立、剖面采用 1∶100、1∶200，构件图用 1∶50，节点图用 1∶10、1∶15，也可用 1∶20、1∶25。一般情况下，图形宜选用同一种比例；格构式结构的构件（图 3-4），同一图形可用两种比例，几何中心线用较小的比例，截面用较大的比例；当构件纵横向截面尺寸相差悬殊时，亦可在同一图中的纵横向选用不同的比例。

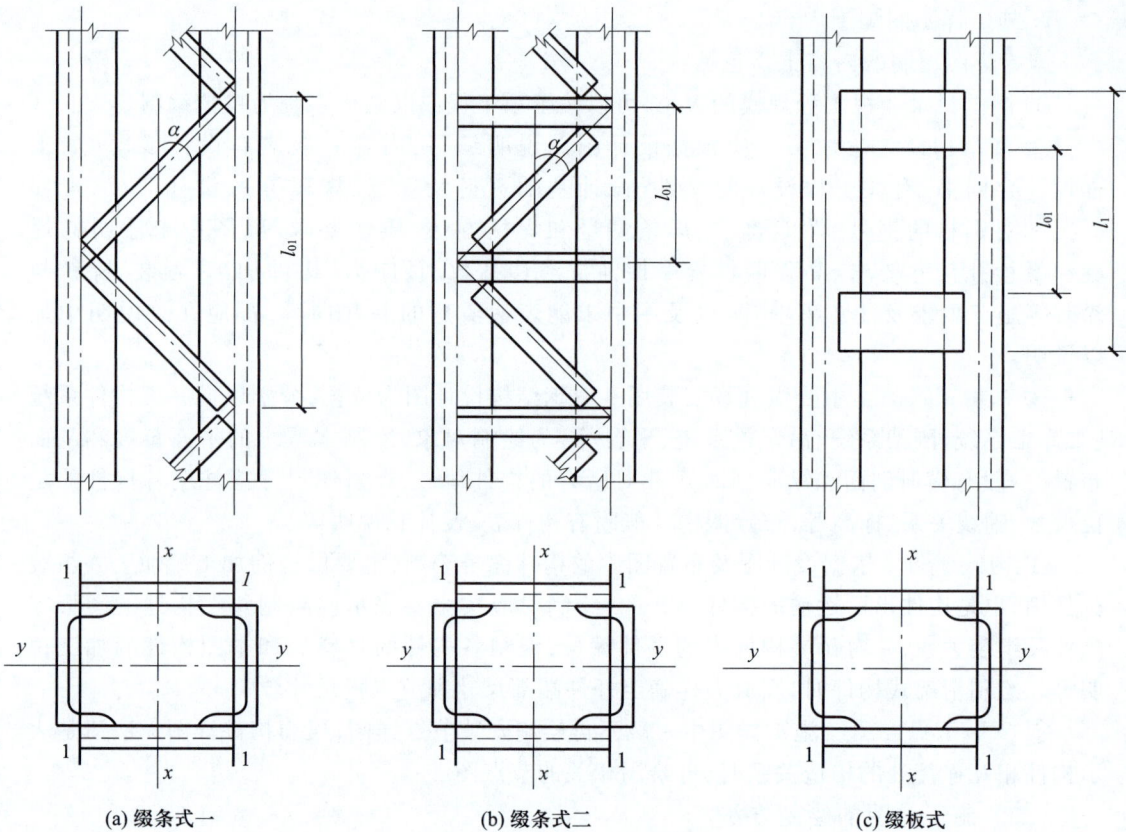

(a) 缀条式一 　　　　　　　　　　(b) 缀条式二 　　　　　　　　　　(c) 缀板式

图 3-4　格构式构件的组成

（3）图面线型

绘制施工图时,应根据不同用途,按表 3-1 选用各种线型,且图形中保持相对的粗细关系。

表 3-1　常用线型表

类别	名称	线型	线宽/mm	一般用途
粗	实线		0.7	单线构件线、钢支撑线
	虚线		0.7	布置图中不可见的单线构件线
	点画线		0.7	垂直支撑线、柱间支撑线
中	实线		0.5	构件轮廓线
	虚线		0.5	不可见的构件轮廓线
细	点画线		0.3	定位轴线、结构中心线、对称轴线
	折断线		0.3	断开界线
	波浪线		0.2	圈示局部范围

（4）字体

图纸上书写的文字、数字和符号等,均应清晰、端正,排列整齐。钢结构详图中使用的文字均采用仿宋体,汉字采用国家公布实施的简化汉字。

（5）定位轴线及编号

定位轴线及编号圆圈以细实线绘制,圆的直径为 8~10 mm。平面及纵横剖面布置图的定位轴线及其编号应以设计图为准,横为列,竖为行。列轴线以大写字母表示,行轴线以数字表示。

（6）尺寸标注及标高

图中标注的尺寸,除标高以 m 为单位外,其余均以 mm 为单位。尺寸线、尺寸界线应用细实线绘制,尺寸起止符号用中粗短线绘制,短线长 2~3 mm,其倾斜方向应与尺寸界线成顺时针 45°角。

（7）符号

钢结构详图中常用的符号有剖切符号、对称符号、连接符号、索引符号等。

① 剖切符号　剖切符号图形只表示剖切处的截面形状,并以粗线绘制,不作投影。

② 对称符号　　完全对称的构件图或节点图,可只画出该图的一半,并在对称轴线上用对称符号表示,如图 3-5 所示。对称符号应跨越整个图形,用两根短的平行粗实线表示。

③ 连接符号　　当所绘制的构件图与另一构件图形仅一部分不相同时,可只绘制不同的部分而以连接符号表示与另一构件相同部分连接,如图 3-6 所示。

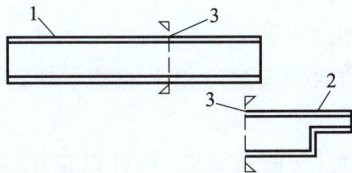

图 3-5　对称符号　　　　　图 3-6　连接符号应用示例

1—构件 A;2—构件 B;3—连接符号

④ 索引符号　布置图或构件图中某一局部或构件间的连接构造,须放大绘制详图或其详图须见另外的图纸时,可用索引符号。索引符号的圆及直径均以细实线绘制,圆的直径一般为 10 mm,被索引的节点可在同一张图纸上绘制,也可在另外的图纸绘制,如图 3-7 所示。

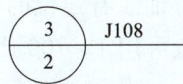

本图索引　　　索引2号图3号节点　　　J108图集中2号图3号节点

图 3-7　详图中索引符号

（8）螺栓及螺栓孔的表示方法

如表 3-2 所示,螺栓规格一律以公称直径标注,如以直径 20 mm 为例,图面标注为 M20,其孔径应标为 $d=21.5$ mm。

表 3-2   螺栓及栓孔表示方法

名称	图例	说明
高强度螺栓	 ◆	
永久螺栓	 ◇	1. 细 "+" 表示定位线； 2. 螺栓孔、电焊铆钉的直径要标注
安装螺栓	 ◈	
圆形螺栓孔	 ●	
长圆形螺栓孔	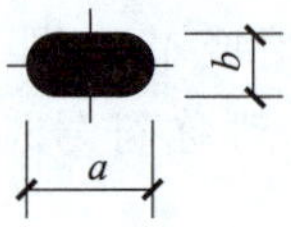 (长圆形，标注 a、b)	1. 细 "+" 表示定位线； 2. 螺栓孔、电焊铆钉的直径要标注
电焊铆钉	 ⊕	

（9）焊缝符号表示方法

参照单元二的相关内容。

2. 钢结构施工详图的绘制方法

钢结构施工详图的绘制应遵守以上的基本规定，并参照下面的基本方法进行：

（1）布置图的绘制方法

① 绘制结构的平面、立面布置图，构件以粗单线或简单外形图表示，并在其旁侧注明标号，对规律布置的较多同号构件，也可以指引线统一注明标号。

② 构件编号一般应标注在表示构件的主要平面和剖面图上，在一张图上同一构件编号不宜在不同图形中重复表示。

③ 同一张布置图中，只有当构件截面、构造样式和施工要求完全一样时才能编同一个号，只要尺寸略有差异或制造上要求不同（例如有支撑屋架需要多开几个支撑孔）的构件均应单独编号，对安装关系相反的构件，一般可将标号加注角标来区别，杆件编号均应有字首代号，一般可采用同音的拼音字母。

④ 每一构件均应与轴线有定位的关系尺寸，对槽钢、C 形钢截面应标示肢背方向。

⑤ 平面布置图一般可用 1∶100 或 1∶200 的比例；图中剖面宜利用对称关系、参照关系或转折剖面简化图形。

⑥ 一般在布置图中，根据施工的需要，对于安装时有附加要求的地方、不同材料构件连接的地方及主要的安装拼接接头的地方宜选取节点进行绘制。

（2）构件图的绘制方法

① 构件图以粗实线绘制   构件详图应按布置图上的构件编号按类别依次绘制，不应前后颠倒随意绘制。所绘构件主要投影面的位置应与布置图一致，水平者，水平绘制，垂直

者,垂直绘制,斜向者,倾斜绘制。构件编号用粗线标注在图形下方。图纸内容及深度应能满足制造加工要求。

绘制内容应包括:构件本身的定位尺寸、几何尺寸;标注所有组成构件的零件间的相互定位尺寸,连接关系;标注所有零件间的连接焊缝符号及零件上的孔、洞及其相互关系尺寸;标注零件的切口、切槽、裁切的大样尺寸;构件上零件编号及材料表;有关本图构件制作的说明(如相关布置图号、制孔要求、焊缝要求等)。

② 构件图形一般应选用合适的比例绘制,常采用的比例有 1∶15、1∶20、1∶50 等,一般规定如下:

构件的几何图形采用 1∶20~1∶25;构件截面和零件采用 1∶10~1∶15;零件详图采用 1∶5。对于较长、较高的构件,其长度、高度与截面尺寸可以用不同的比例表示。

③ 构件中每一零件均应编零件号,编号应尽量先编主要零件(如弦材、翼缘板、腹板等)再编次要、较小构件,相反零件可用相同编号,但在材料表内的正反栏内注明。材料表中应注明零件规格、数量、重量及制作要求等,对焊接构件宜在材料表中附加构件重量1.5%的焊缝重量。

④ 一般尺寸标注法宜分别标注构件控制尺寸、各零件相关尺寸,对斜尺寸应注明其斜度;当构件为多弧形构件时,应分别标明每一弧形尺寸的相对应的曲率半径。

⑤ 构件详图中,对较复杂的零件,在各个投影面上均不能表示其细部尺寸时,应绘制该零件的大样图,或绘制展开图来标明细部的加工尺寸及符号。

⑥ 构件间以节点板相连时,应在节点板连接孔中心线上注明斜度及相连的构件号。

⑦ 一般情况下,一个构件应单独画在一张图纸上,只在特殊情况下才允许画在两张或两张以上的图纸上,此时每张图纸应在所绘该构件一段的两端,画出相互联系尺寸的移植线,并在其侧注明相接的图号。

3. 施工详图示例

钢屋架施工图,见书后插页图 3-8;刚架支撑布置图,见书后插页图 3-9。

(三) CAD 辅助设计

在实际的工程应用中,钢结构施工详图的设计与绘制工作量大而繁琐,随着计算机技术的发展,国内外都对计算机辅助设计(CAD)进行了软件的开发。国外的 CAD 开发很早,在国内,早期是一些网架的计算软件开发,后来慢慢研制出带有网架详图绘制功能的软件。近年来,在网架、门式刚架、屋架、支撑等构件范围内,施工详图的 CAD 辅助设计相对比较成熟。目前国内外常用的钢结构施工详图 CAD 设计软件主要有:

① 上海同济大学的设计软件 3D3S,其中的轻钢结构模块(包含门架)包括:轻钢结构门架主刚架施工图绘制、次结构施工图绘制、建筑布置图生成、结构布置图生成等;普通钢结构模块(包含框架、屋架、桁架)包括:主构件节点设计、主结构节点施工图绘制、结构布置图绘制、材料表绘制等;网架网壳模块包括:球节点及支座设计、球节点及支座施工图绘制、结构布置图绘制、材料表绘制等。

② 中冶集团建筑研究总院研制的 PS2000,主要用于门式刚架轻型房屋设计,其系统中的施工图设计内容包括设计总说明、基础平面及施工详图、地脚螺栓布置图、结构平面及立面图、刚架梁、柱详图、屋面结构施工图、柱间支撑布置及详图、墙梁施工图、吊车梁及节点详图、檩条加工图等。SS2000 主要用于多层、高层钢结构建筑物或构筑物设计,集建模、计

算分析、设计图、加工详图设计于一体。

③ 中国建筑研究院开发的 PKPM 系列 CAD 的 STS 模块,包括钢结构的模型输入、结构计算与钢结构施工图辅助设计,可进行门式刚架、钢桁架的设计和施工图绘制,包括刚架整体立面图、连接节点剖面图、材料表等;可进行桁架的节点板连接设计和焊缝设计,画桁架的正立面、俯视图、节点大样图、现场拼接节点图和材料表。图面上详细标注支座构造、节点板尺寸、焊缝长度和高度、填板数量等。施工图设计的特点是给出可以直接施工、加工的施工详图,画图深度以国家标准图为准。同时还有绘制节点大样图的功能,包括必要的图例和附注。

④ 北京构力科技有限公司的 PKPM-DetailWorks 软件,是一款基于 PKPM-BIM 平台开发的钢结构深化设计软件,主要功能包括:钢结构三维建模、详图生成及对接生产管理数据等。可以在软件中方便地建立各种钢结构三维模型,并自动生成施工图纸和材料表,能提供钢结构 BIM 模型的详细信息数据,可以对接结构计算软件、钢结构生产计划和管理软件、数控机床。

⑤ Tekla Structures 是一款钢结构详图设计软件,功能包括 3D 实体结构模型与结构分析完全整合、3D 钢结构细部设计、3D 钢筋混凝土设计、专案管理等。该软件创建的模型具备精确、可靠和详细的信息。

⑥ STAAD.Pro 软件具有友好的用户界面,可视化的工具,强有力的分析以及设计功能,既可以做有限元分析也可以做钢结构动态分析;既可以对普通工程进行设计也可以对超高层的建筑物、管路、化工厂车间、隧道、桥梁、反应堆中的钢构、混凝土、木材、铝以及冷轧钢进行模拟、分析、设计和结果验证等计算。

⑦ CSI SAP2000 是一款便捷高效的实用型钢结构分析设计辅助工具,集成了通用结构分析与设计功能,可以帮助用户进行桥梁、工业建筑、输电塔、设备基础、电力设施、索缆结构、运动设施、演出场所等结构设计操作,还支持其他一些特殊结构的设计功能,是钢结构工程分析中常用的工具。

⑧ STRAP 是一款专业的钢结构设计软件,能轻松完成各种类型的钢结构、轻钢结构、钢筋混凝土等工业和民用建筑结构的分析与设计,便于快速创建结构模型和施加载荷,可依据选取的设计规范,校核钢结构的截面或者优化选取更合适更经济的钢结构杆件截面。

⑨ Midas Gen 是一款针对建筑钢结构的三维建模软件,包括钢构件构造要求、高层钢结构构造要求和无梁楼盖结构的建模、分析、设计,是建筑领域通用结构分析及优化设计系统,内置了多样的分析功能和国内外规范,可提供结构分析和建设领域最好的解决方案。

⑩ RFEM 是一款有限元分析与设计软件,主要用于土木工程方面的结构分析,可以实现设计板、墙、壳、固体和框架钢结构等分析,让用户在设计建筑模型以及设计建筑结构的时候获得更好的有限元分析方案。除此之外,这款软件还允许创建组合结构以及模型实体和联系人元素,提供变形、内力、应力、支撑力和土壤接触应力。相应的附加模块便于通过自动生成结构和连接来输入数据,或者可用于根据各种标准执行进一步的分析和设计。

另外,如广厦钢结构 CAD 是马鞍山钢铁设计研究院开发研制的,分门式刚架、平面桁架和吊车梁钢结构 CAD 及网架网壳钢结构 CAD 两大部分。也有从计算到施工图、加工图和材料表的整个设计过程。

随着 CAD 软件开发的不断发展和应用,钢结构的设计与施工技术也在不断地发展,并将促进钢结构在更多工程领域的应用。

(四) 钢结构的典型节点形式

钢结构的节点随结构形式的不同而不同,在此仅对普通钢屋架和网架结构的节点计算方法及构造做一些简单的介绍。

1. 钢屋架节点的形式

（1）无节点荷载的下弦节点（图 3-1）

各腹杆与节点板的连接角焊缝计算长度按各腹杆的内力计算:

$$\sum l_{\mathrm{w}} = \frac{N_3(N_4 \text{ 或 } N_5)}{2\times 0.7h_{\mathrm{f}} f_{\mathrm{f}}^{\mathrm{w}}} \tag{3-1}$$

式中　N_3、N_4、N_5——腹杆轴心力;

　　　$f_{\mathrm{f}}^{\mathrm{w}}$——角焊缝强度设计值;

　　　$\sum l_{\mathrm{w}}$——一个角钢与节点板之间的焊缝总长度按比例分配于肢背和肢尖;

　　　h_{f}——焊缝高度(肢背与肢尖的 h_{f} 可以不相等),一般取等于或小于角钢肢厚。

弦杆与节点板的连接焊缝,由于弦杆在节点板处是连续的,故当节点上无外荷载时,它仅承受下弦相邻节间的内力差 $\Delta N = N_1 - N_2$。通常 ΔN 很小,所需要的焊缝很短,一般都按节点板的大小予以满焊,而焊脚尺寸可由构造要求确定。

节点板的外形轮廓和尺寸可按下列步骤确定:

① 画出节点处屋架的几何轴线;

② 按杆件形心线与屋架几何轴线重合的原则确定杆件的轮廓线位置;

③ 按各杆件边缘之间的距离不小于 20 mm 的要求确定各杆端位置;

④ 按计算结果布置节点板与腹杆间的连接焊缝;

⑤ 根据焊缝长度定出合理的节点板轮廓,并按绘图比例量出它的尺寸。

节点板的厚度可根据经验由杆件内力按表 3-3 选用,支座节点板的厚度宜较中间节点板增加 2 mm。

表 3-3　节点板厚度选用表

梯形屋架腹杆最大内力或三角形屋架弦杆最大内力/kN	≤170	171~290	291~510	511~680	681~910	911~1 290	1 291~1 770	1 771~3 090
中间节点板厚度/mm	6	8	10	12	14	16	18	20

注:本表的适用范围为:

1. 适用于焊接桁架的节点板强度验算,节点板钢材为 Q235,焊条 E43;

2. 节点板边缘与腹杆轴线之间的夹角应不小于 30°;

3. 节点板与腹杆用侧焊缝连接,当采用围焊时,节点板的厚度应通过计算确定;

4. 对有竖腹杆的节点板,当 $c/t \leqslant 15\sqrt{235/f_y}$ 时(c 为受压腹杆连接肢端面中点沿腹杆轴线方向至弦杆的净距离),可不验算节点板的稳定;对无竖腹杆的节点板,当 $c/t \leqslant 10\sqrt{235/f_y}$ 时,可将受压腹杆的内力乘以增大系数 1.25 后再查表求节点板厚度,此时亦可不验算节点板的稳定。

（2）上弦一般节点

上弦节点因需搁置屋面板或檩条,故常将节点板缩进角钢肢背而采用塞焊缝(图3-10)。

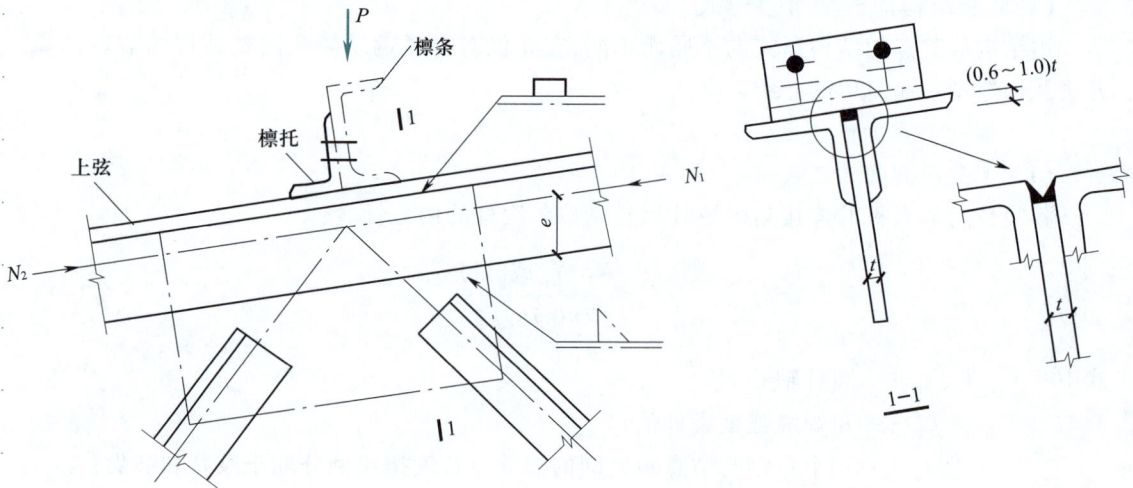

图3-10　屋架上弦一般节点

塞焊缝可近似地按两条焊脚尺寸为 $h_f = \dfrac{t}{2}$（t 为节点板厚度）的角焊缝计算。节点板缩进角钢背的距离不小于 $\dfrac{t}{2}+2$ mm,但不大于 t。

屋架上弦节点受有屋面传来的集中荷载 P 的作用,所以在计算上弦与节点板的连接焊缝时,应考虑节点荷载 P 与上弦杆相邻节间的内力差 $\Delta N = N_1 - N_2$ 的共同作用。当采用图3-10所示构造时,对焊缝的计算常作下列近似假设:

① 弦杆角钢肢背的槽焊缝承受节点荷载 P,焊缝强度按下式验算:

$$\sqrt{\left(\frac{\sigma_f}{\beta_f}\right)^2 + \tau_f^2} \leqslant 0.8 f_f^w \tag{3-2}$$

式中　　$\tau_f = \dfrac{P\sin \alpha}{2 \times 0.7 h_f l_w}$, $\sigma_f = \dfrac{P\cos \alpha}{2 \times 0.7 h_f l_w} + \dfrac{6M}{2 \times 0.7 h_f l_w^2}$

　　　α——屋面倾角;

　　　M——竖向节点荷载 P 对槽焊缝长度中点的偏心距所引起的力矩,当荷载 P 对槽焊缝长度中点的偏心距较小时,可取 $M=0$;

　　　β_f——正面角焊缝的强度设计值增大系数,承受静力荷载时,$\beta_f = 1.22$,直接承受动力荷载时,$\beta_f = 1.0$;

　$0.8 f_f^w$——考虑到槽焊缝质量不易保证而将角焊缝的强度设计值降低20%。

若为梯形屋架,屋面坡度较小时,$\cos \alpha \approx 1.0$,$\sin \alpha \approx 0$,则可按下式验算肢背槽焊缝强度:

$$\frac{P}{2 \times 0.7 h_f l_w} \leqslant 0.8 \beta_f f_f^w \tag{3-3}$$

由于荷载 P 一般不大,通常槽焊缝可按构造满焊而不必计算。

② 上弦杆角钢肢尖与节点板的连接焊缝承受 ΔN 及其产生的偏心力矩 $M = \Delta N \cdot e$(e 为角钢肢尖至弦杆轴线的距离),焊缝强度按下式验算:

$$\sqrt{\left(\frac{\sigma_f}{\beta_f}\right)^2 + \tau_f^2} \leqslant f_f^w \qquad (3-4)$$

式中　$\tau_f = \dfrac{\Delta N}{2 \times 0.7 h_f l_w}$　$\sigma_f = \dfrac{6M}{2 \times 0.7 h_f l_w^2}$

以上各式中的 l_w 均指每条焊缝的计算长度。

(3) 弦杆拼接节点

屋架弦杆的拼接有工厂拼接和工地拼接两种。工厂拼接是为了接长型钢而设的杆件接头,拼接节点常设于内力较小的节间内;工地拼接是由于运输条件限制而设的安装接头,拼接节点通常设在屋脊节点和下弦跨中节点处,如图 3-11 所示。以下讲述的是工地拼接接头。

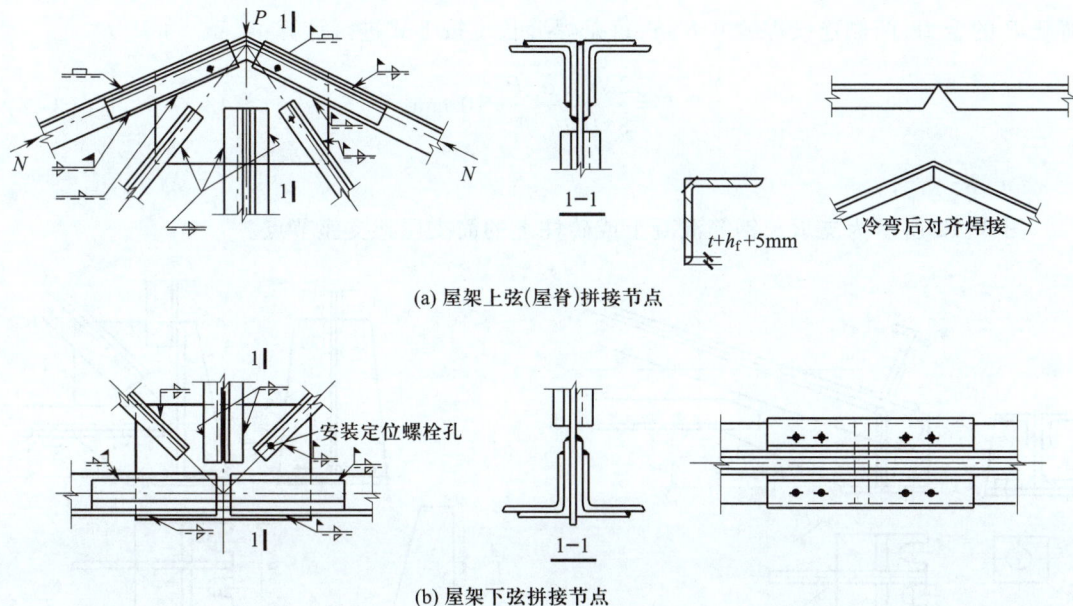

(a) 屋架上弦(屋脊)拼接节点

(b) 屋架下弦拼接节点

图 3-11　屋架拼接节点

弦杆用拼接角钢拼接。拼接角钢一般采用与弦杆相同的规格(弦杆截面改变时,与较小截面弦杆相同)。为了使拼接角钢能贴紧被连接的弦杆和便于施焊,需将拼接角钢的外棱角截去,并把竖向肢切去 $\Delta = t + h_f + 5$ mm(t 是拼接角钢肢厚,h_f 是角焊缝焊脚尺寸,5 mm 是为避开弦杆角钢肢尖的圆角而考虑的切割余量)。在屋脊节点的拼接角钢,一般用热弯成形。当屋面坡度较大,拼接角钢又宽时,宜将竖肢切口,然后冷弯对齐焊接。拼接时为正确定位和便于施焊,需设置临时性的安装螺栓。

拼接角钢与弦杆连接焊缝通常按连接弦杆的最大内力计算,并平均分配给两个拼接角钢肢的四条焊缝,每条焊缝长度应为:

$$l_w = \frac{N_{max}}{4 \times 0.7 h_f f_f^w} \tag{3-5}$$

则拼接角钢总长为: $L = 2(l_w + 10 \text{ mm}) + b$，这里 b 为两弦杆杆端空隙，一般取 $10 \sim 20$ mm，若屋面坡度较大，可取 50 mm。

下弦杆与节点板的连接焊缝，除按拼接节点两侧弦杆的内力差计算外，还应考虑到拼接角钢由于削棱和切肢，截面有一定的削弱，削弱部分由节点板来补偿，一般拼接角钢削弱的面积不超过 15%。所以下弦与节点板的连接焊缝按下弦较大内力的 15% 和两侧下弦的内力差两者中较大者进行计算，这样，下弦杆肢背与节点板的连接焊缝长度计算如下：

$$l_w = \frac{k_1 \times (0.15 N_{max} \text{ 或 } \Delta N)}{2 \times 0.7 h_f f_f^w} + 10 \text{ mm} \tag{3-6}$$

式中　k_1——下弦角钢肢背上的内力分配系数。

对于受压上弦杆，连接角钢面积的削弱一般不会降低接头的承载力。因为上弦截面是由稳定计算确定的，屋脊处弦杆与节点板的连接焊缝承受接头两侧弦杆的竖向分力与节点荷载 P 的合力，两侧连接焊缝共 8 条，每条焊缝长度按下式进行计算：

$$l_w = \frac{2N \sin \alpha - P}{8 \times 0.7 h_f f_f^w} + 10 \text{ mm} \tag{3-7}$$

（4）支座节点

图 3-12 所示为支承于钢筋混凝土或砖柱上的简支屋架支座节点。

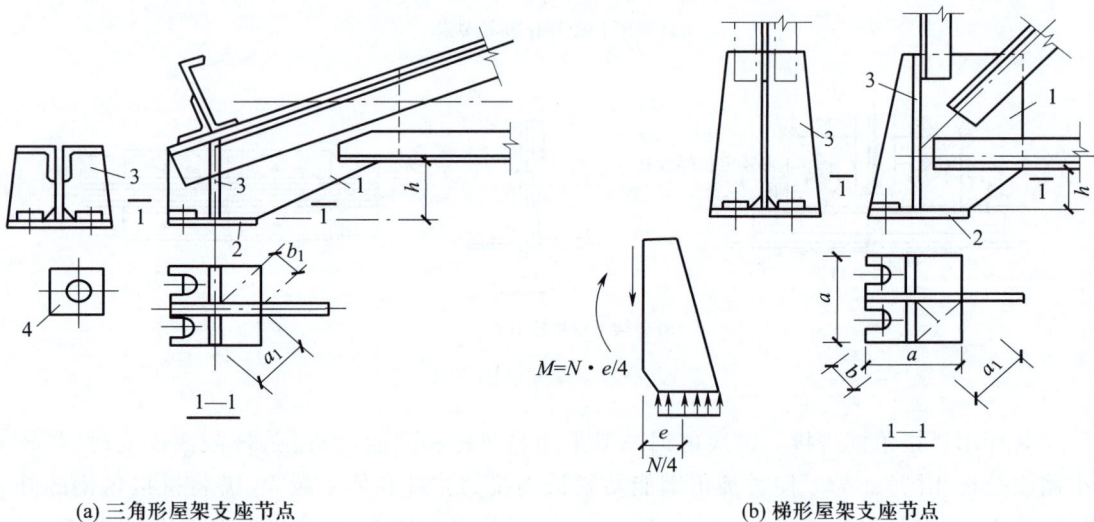

(a) 三角形屋架支座节点　　　　(b) 梯形屋架支座节点

图 3-12　屋架支座节点
1—节点板；2—底板；3—加劲肋；4—垫板

支座节点由节点板、加劲肋、支座底板和锚栓等部分组成，加劲肋的作用是加强底板的刚度，以便较为均匀地传递支座反力并提高节点板的侧向刚度。加劲肋应设在支座节点的中心处，其高度和厚度与节点板相同，肋板底端应切角，以避免 3 条互相垂直的角焊缝交于一点。为了便于施焊,下弦角钢底面和支座底板之间的距离 h 不应小于下弦角钢水平肢的宽度,也不小于 130 mm。

锚栓预埋于柱中,其直径一般取 20～25 mm。为了便于安装屋架时能够调整位置,底板上的锚栓孔直径应为锚栓直径的 2～2.5 倍。屋架安装完毕后,在锚栓上套上垫圈,并与底板焊牢以固定屋架,垫圈的孔径比锚栓直径大 1～2 mm。

支座节点的传力路线是:屋架杆件的内力通过连接焊缝传给节点板,然后经节点板和加劲肋把力传给底板,最后传给柱。因此支座节点的计算主要包括:底板计算、加劲肋及其焊缝计算与底板焊缝计算三部分,计算原理与轴压柱相同,具体的计算步骤为:

① 底板计算。支座底板净截面积

$$A_n = \frac{R}{f_c} \tag{3-8}$$

式中　R——屋架的支座反力;

　　　f_c——混凝土或砌体的轴心抗压强度设计值。

底板所需的面积应为:$A = A_n +$ 锚栓孔面积。采用方形底板时,边长 $a \geqslant \sqrt{A}$,也可取底板为矩形。当支座反力较小时,一般计算所得尺寸都较小,考虑到开栓孔的构造要求,通常要求底板的尺寸不得小于 200 mm。

底板厚度按均布荷载作用下板的抗弯强度确定,计算公式为:

$$t = \sqrt{\frac{6M}{f}} \tag{3-9}$$

式中　M——板中单位长度上的弯矩,$M = \beta q a_1^2$;

　　　β——按比值 b_1/a_1 由表 3-4 给出;

　　　a_1——两相邻边支承板的对角线长度;

　　　b_1——支承边的交点至对角线的垂直距离;

　　　q——底板单位面积的压力,$q = R/A_n$;

表 3-4　两相邻边支承及三边简支、一边自由板的弯矩系数 β 值

b_1/a_1	0.3	0.4	0.5	0.6	0.7	0.8	0.9	1.0	1.2	$\geqslant 1.4$
β	0.026	0.042	0.058	0.072	0.085	0.092	0.104	0.111	0.120	0.125

注:1. 对三边简支、一边自由的板,表中 a_1 为自由边长度,b_1 为与自由边垂直的支承边长;

　　2. 表中前三项,仅适用于两边支承。

为了使柱顶压力分布较为均匀,底板厚度不宜太薄,对于普通钢屋架不得小于 14 mm,对于轻型钢屋架不得小于 12 mm。

② 加劲肋的计算。加劲肋高度由节点板尺寸确定。三角形屋架支座节点的加劲肋应紧靠上弦杆水平肢并焊连,加劲肋厚度取与节点板相同。加劲肋与节点板间的连接焊缝可近似地按传递支座反力四分之一计算,并考虑焊缝偏心受力,每块肋板两条垂直焊缝承受荷载为:

$$V = N/4, \quad M = Ve$$

同时按悬臂板验算加劲肋的强度。

2. 网架节点

目前,国内对于钢管网架一般采用焊接空心球节点和螺栓球节点,对于型钢网架,一般采用焊接钢板节点。下面分别对这几种节点设计、计算以及支座节点的常用形式和构造做简单介绍。

（1）焊接空心球节点

焊接空心球节点（图 3-13）是国内应用较多的一种节点形式,这种节点传力明确、构造简单,但焊接工作量大,对焊接质量和杆件尺寸的准确度要求较高。

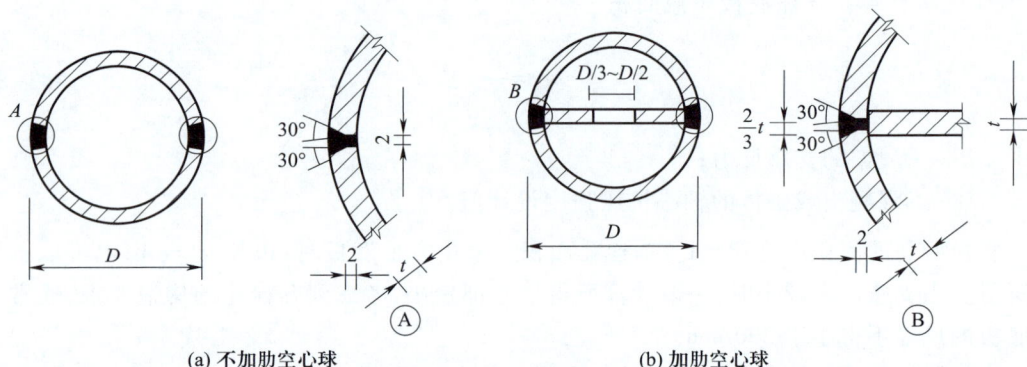

(a) 不加肋空心球   (b) 加肋空心球

图 3-13 焊接空心球节点

由两个半球焊接而成的空心球,可分为不加肋和加肋两种,适用于连接钢管杆件。

空心球外径与壁厚的比值可按设计要求在 25~45 范围内选用,空心球壁厚与钢管最大壁厚的比值宜选用 1.2~2.0,空心球壁厚不宜小于 4 mm。

（2）螺栓球节点

螺栓球节点（图 3-14）是通过螺栓把钢管杆件和钢球连接起来的一种节点形式,它主要由螺栓、钢球、销子（或螺钉）、套筒、锥头或封板等零件组成。

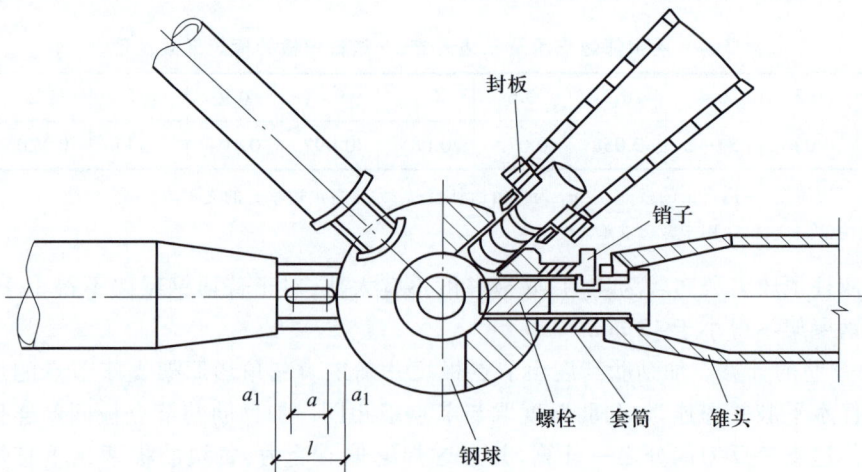

图 3-14 螺栓球节点

螺栓球节点许多零件要求用高强度钢材制作,加工工艺要求高,制造费用较高。其优点是安装、拆卸较方便,球体与杆件便于工厂化生产,对保证网架几何尺寸和提高网架的安装质量十分有利。

螺栓球节点连接的构造原理是:每根钢管杆件的两端都焊有一个锥头,锥头上带有一个可转动的螺栓,螺栓上套有一个两侧开有长槽孔的套筒。用一个销钉穿入长槽孔和螺栓上的小孔中,把螺栓和套筒连在一起。将杆端螺栓插入预先制有螺栓孔的球体中,用扳手拧动六角形套筒,套筒转动时带动螺栓转动,从而使螺栓旋入球体,直至杆件与螺栓贴紧为止。

（3）焊接钢板节点

焊接钢板节点可由十字节点板和盖板组成,适用于连接型钢构件。

十字节点板由两个带企口的钢板对插焊成,也可由三块钢板焊成,如图 3-15a、图 3-15b 所示。小跨度网架的受拉节点,可不设置盖板。

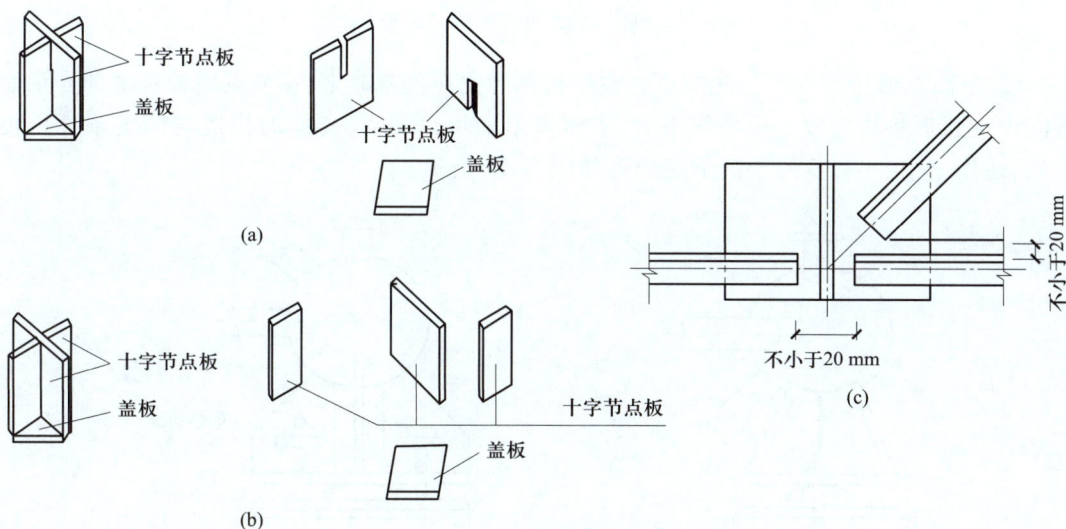

图 3-15　焊接钢板节点

十字节点板与盖板所用钢材应与网架杆件钢材一致。

十字节点板的竖向焊缝应有足够的承载力,并宜采用 V 形或 K 形坡口的对接焊缝。

焊接钢板节点上,弦杆与腹杆、腹杆与腹杆之间以及弦杆端部与节点板中心线之间的间隙均不宜小于 20 mm,如图 3-15c 所示。

节点板厚度应根据网架最大杆件内力确定,并应比连接杆件的厚度大 2 mm,但不得小于 6 mm,节点板的平面尺寸应适当考虑制作和装配的误差。

（4）支座节点

支座节点一般采用铰节点,应尽量采用传力可靠、连接简单的构造形式。

根据受力状态,支座节点可分为压力支座节点和拉力支座节点。网架的支座节点一般传递压力,但周边简支的正交斜放类网架,在角隅处通常会产生拉力,因此设计时应按拉力支座节点设计。

常用的压力支座节点可按下列几种构造形式选用。

① 平板支座节点。这种支座节点主要是通过十字节点板和底板将支座反力传给下部结构,节点构造简单、加工方便。节点处不能转动,受力后会产生一定的弯矩,可用于较小跨度的网架中。节点构造如图 3-16 所示。

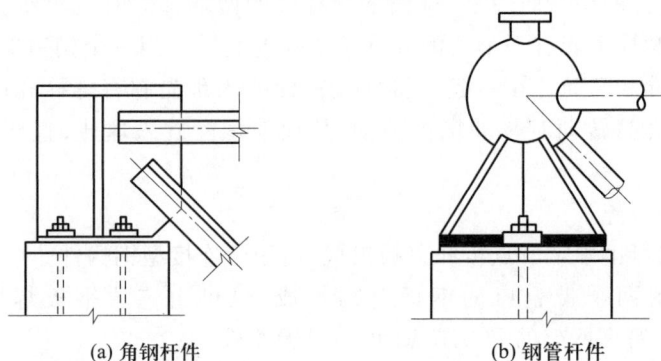

(a) 角钢杆件   (b) 钢管杆件

图 3-16   平板压力或拉力支座

② 单面弧形压力支座。此节点是在平板压力支座的基础上,在节点底板和下部支承面板间设一弧形垫块而成。压力作用下,支座弧形面可以转动,支座的构造与简支条件比较接近,适用于中、小跨度网架。节点构造如图 3-17 所示。

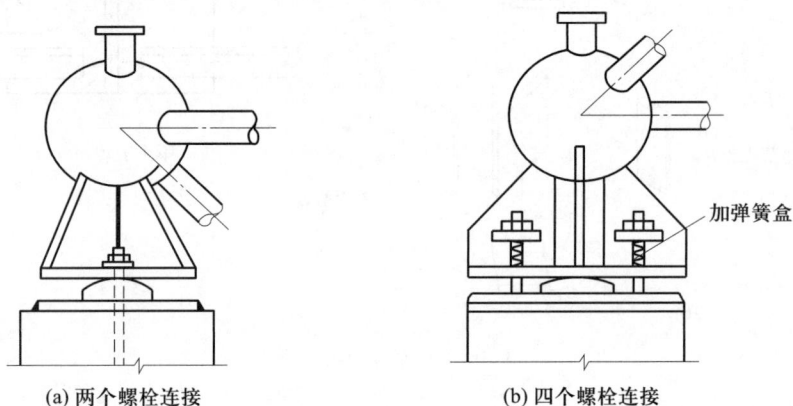

(a) 两个螺栓连接   (b) 四个螺栓连接

图 3-17   单面弧形压力支座

③ 双面弧形压力支座节点。当网架的跨度较大、温度应力影响显著、周边约束较强时,需要选择一种既能自由伸缩又能自由转动的支座节点形式。双面弧形压力支座基本上能满足这些要求,但这种节点构造复杂、施工麻烦、造价较高。节点构造如图 3-18 所示。

④ 球铰压力支座节点。对于多支点大跨度网架,为了能使支座节点适应各个方向的自由转动,需使支座与柱顶铰接而不产生弯矩,常做成球铰压力支座。节点构造如图 3-19 所示。

⑤ 板式橡胶支座节点。板式橡胶支座如图 3-20 所示,它是在柱顶面板与节点板间设置一块橡胶垫板。板式橡胶支座节点主要适用于大、中跨度网架,具有构造简单、安装方便、节省钢材、造价较低等特点。

⑥ 单面弧形拉力支座。这种支座节点的构造与单面弧形压力支座节点相似,它把支承平面做成弧形,主要是为了便于支座转动。节点构造如图 3-21 所示,它主要适用于中小跨度网架。

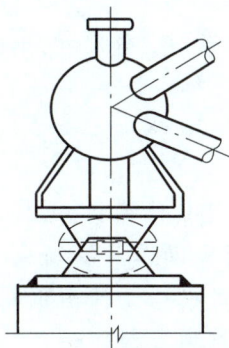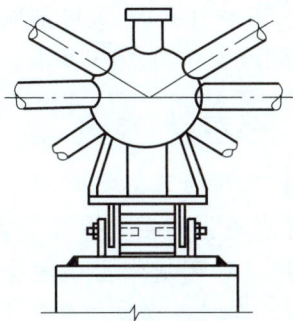

(a) 侧视图   (b) 正视图

图 3-18 双面弧形压力支座

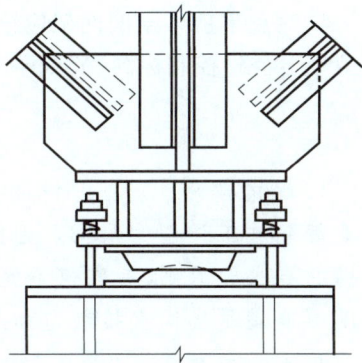

图 3-19 球铰压力支座

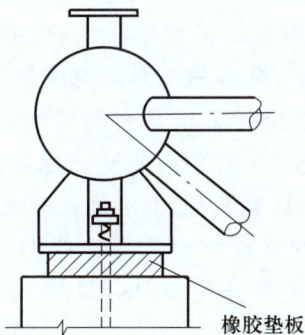

橡胶垫板

图 3-20 板式橡胶支座

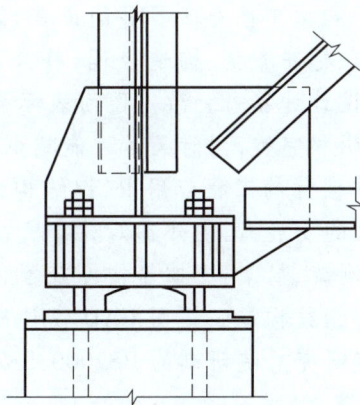

图 3-21 单面弧形拉力支座

二、职业活动训练

活动一 钢屋架施工详图绘制

1. 目的 通过钢屋架施工图的绘制,掌握钢屋架上弦、下弦、支承杆、节点的绘制方法。

2. 能力标准和要求 能根据设计结果绘制钢屋架施工详图,能识读钢屋架施工详图。

3. 步骤提示 查阅标准钢屋架图集或实际工程钢屋架图纸,熟悉钢屋架施工详图的内容,用 CAD 绘图软件进行屋架施工图的绘制。

4. 注意事项 注意屋架图中轴线比例与杆件截面比例的不同,构件编号按从主到次、从上到下、从左到右的顺序进行;板件和角钢的切角、切肢、栓孔直径和焊缝尺寸要详细标明。

活动二 网架结构施工详图绘制

1. 目的 通过网架结构施工图绘制,掌握网架结构杆件和节点绘制方法。

文档
钢结构施工
详图设计职
业活动训练

2. 能力标准和要求   能识读网架结构施工详图,能根据设计结果绘制网架结构施工详图。

3. 步骤提示   查阅实际工程网架结构图纸,熟悉网架结构施工详图的内容,用 CAD 绘图软件进行网架结构施工图的绘制。

4. 注意事项   空间网架应绘出上、下弦杆平面,关键剖面,轴线关系,总、分尺寸,单构件型号、规格、控制标高、节点详图、安装就位详图、施工要求。

■ 单 元 小 结 ■

1. 钢结构设计出图分设计图和施工详图两个阶段,设计图为设计单位编制,是制造企业编制施工详图的依据。因此,设计图首先在其深度及内容方面应以满足编制施工详图的要求为原则,完整但不冗余;施工详图通常由钢结构制造公司根据设计图编制,深度须能满足车间直接制造加工,施工详图内容包括设计内容与绘制内容两部分。

2. 在钢结构中,节点起着连接汇交杆件、传递荷载的作用,所以节点的设计是钢结构设计中的重要环节之一,合理的节点设计对钢结构的安全度、制作安装、工程进度、用钢量指标以及工程造价都有直接的影响。

3. 结构施工图是工程师的语言,体现了设计者的设计意图,施工图的绘制要求图面清楚整洁、标注齐全、构造合理,符合国家制图标准及行业规范,能很好地表达设计意图,并与设计计算书一致。图面表示应做到层次分明,图形之间关系明确,使整套图纸清晰、简明和完整,同时又尽可能减少图纸的绘制工作,以提高施工图纸的编制效率。

4. 在实际的工程应用中,钢结构施工详图的设计与绘制工作量大而繁琐,随着计算机技术的发展,国内外都对计算机辅助设计(CAD)进行了软件的开发。近年来,在网架、门式刚架、屋架、支撑等构件范围内,施工详图的 CAD 辅助设计相对比较成熟。目前常用的钢结构施工详图 CAD 设计软件主要有:上海同济大学的设计软件 3D3S,中冶集团建筑研究总院研制的 PS2000、SS2000,中国建筑研究院开发的 PKPM 系列 CAD 的 STS 模块等。

■ 复习思考题 ■

1. 钢结构的设计图和施工详图有何区别?

2. 施工图的绘制有何要求?

3. 查阅相关资料,了解国内外钢结构施工详图的 CAD 辅助设计现状。

单元四

钢结构制作

■ **单元概述** ....

　　钢构件制作前的准备,制作工艺、流程及质量要求,钢结构的涂装,成品及半成品的管理,钢结构的运输方式、装卸要求,钢结构制作案例,钢管相贯线切割和球节点制作。

■ **单元目标** ....

　　通过本单元的学习,了解钢结构制作前的准备工作、制作工艺和流程,掌握钢构件(梁、屋架、钢柱等构件)制作、钢管相贯线切割和球节点制作的工作过程及要求。

■ **能力标准及要求** ....

　　能编制钢构件制作方案,进行钢构件的加工制作。能编制钢管相贯线切割和球节点制作方案,进行钢管相贯线切割和球节点加工制作。

一、应知部分

（一）钢结构制作前的准备

1. 组织准备

　　钢结构制作需在工厂(图4-1)完成,是工程技术人员通过各种工序把设计蓝图加工成实物的过程。钢结构的制作单位(企业)需具备必要的资金、设备、场地、工程技术人员及合格工人,并取得相应钢结构工程专业承包资质,才能从事钢结构工程施工。

　　（1）**项目管理模式**　采用企业领导下的项目管理组织模式进行管理,其特点是由企业选聘一名项目经理,由项目经理负责组建项目经理部,然后再选择施工作业队伍进行施工

(a)　　　　　　　　　　　　　　　(b)

图 4-1　钢结构制作工厂

动画

钢结构加
工车间设
备布置

活动的管理模式。形成以项目经理负责制为核心,以项目合同管理和成本控制为主要内容,以科学系统管理和先进技术为手段的项目管理机制。同时项目经理部在企业的领导下充分发挥企业的整体优势,严格按照施工进度计划及确保工期的技术组织措施进行科学的管理,确保工程施工任务的完成。

（2）**项目组织机构**　项目经理部是施工项目管理的工作班子,置于项目经理的领导下。为充分发挥项目经理部在项目管理中的主体作用,必须对项目经理部的机构设置加以重视,设计好、组建好、运转好,从而发挥其应有功能。

一般钢结构工程项目经理部的设置是:项目经理一名,项目副经理一名,项目工程师一名,下设施工科、质检科、材料科、安全科、预算科,钢结构制作班组、除锈班组（油漆班组）、运输班组、钢结构安装班组、彩板安装班组等专业班组,每组设专业组长一名。

（3）**劳动力计划**　由于钢结构工程施工的专业性强,劳动强度大,施工时间短,要求参加施工的技术工种有较好的技术素质,需要施工人员除完成本专业、本工种的任务外,还要完成其他工种的工作,劳动力要做到现场统一调动,一专多能,充分发挥作用,创造更好的经济效益。因此项目经理部应根据钢结构工程的制作、安装,围护结构安装、清理、收尾等施工阶段的要求合理配置管理员、铆工、焊工、油漆工、电工、机械工、钢结构安装工、围护系统安装工等工种,制订科学合理的劳动力配置计划。

2. 技术准备

（1）技术文件:设计文件、施工技术文件、企业技术标准。

设计文件:施工详图、设计变更、施工技术要求等。

施工技术文件:国家现行规范、标准、质量验收标准以及经审批的施工方案。

企业技术标准:企业内部的钢结构施工工艺标准、操作规程标准、工法等;钢结构基本构件的试验、检测方法及标准等。

（2）施工图审查:在接到工程图后,应组织有关工程技术人员对设计图和施工图进行审查。设计文件、构件数量、尺寸、节点、连接、加工符号等是否齐全,审查图纸设计深度是否满足施工要求,制作工艺和技术是否合理等。

（3）图纸会审：参加人员应为甲方、设计方、监理方和施工技术人员，施工企业技术部门要做好图纸会审记录并办理相关签证手续，施工技术人员要充分理解设计意图，为技术交底做好准备。

（4）详图设计：根据设计文件进行构件详图设计，以便进行加工制作和安装。

（5）编制施工组织设计：根据设计要求、工程特点，结合现场施工环境及企业实际，采用行之有效的施工方法，科学、合理地编制施工组织设计。

（6）工艺实验：组织必要的工艺实验，特别是新材料、新工艺要做好工艺实验，以指导钢结构的制作加工。

（7）技术交底和安全交底：分别做好技术和安全交底工作，实行层层交底，并将书面交底文件存档。

3. 机械设备准备

钢结构制作的常用设备有：

（1）加工设备

切割：剪板机（图 4-2）、龙门剪床（图 4-3）、数控切割机（图 4-4）、型钢切割机（图 4-5）、型钢带锯机（图 4-6）、带齿圆盘锯（图 4-7）、无齿摩擦圆盘锯（图 4-8），以及氧气切割（自动和半自动切割机、手工切割，图 4-9）。

图 4-2　剪板机

图 4-3　龙门剪床

图 4-4　数控多头直条切割机

动画

数控多头
直条切割机

图 4-5　型钢切割机

图 4-6　型钢带锯机

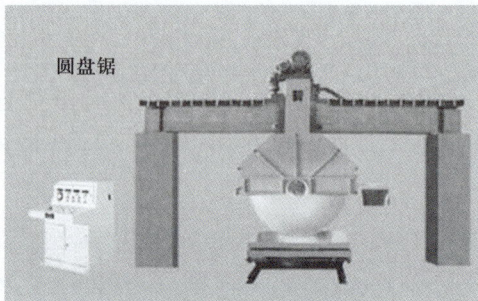

圆盘锯

图 4-7　带齿圆盘锯

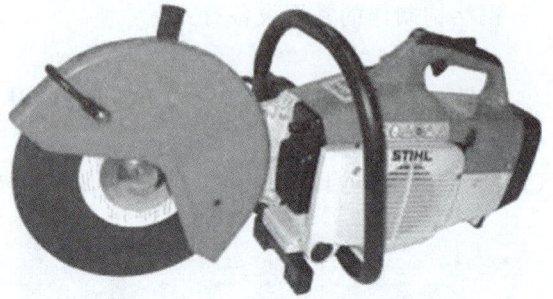

图 4-8　无齿摩擦圆盘锯

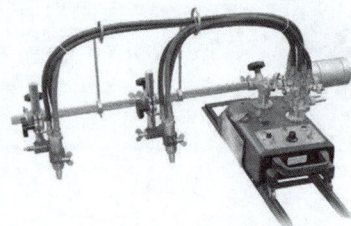

(b) 半自动切割机

(a) 自动切割机

(c) 手工切割

图 4-9　氧气切割

制孔:冲孔机(图 4-10)、钻孔机(图 4-11)、摇臂钻床(图 4-12)、立式钻床(图 4-13)。

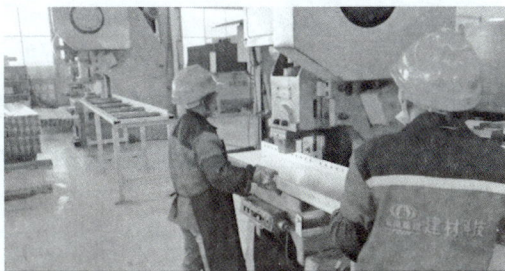

图 4-10　冲孔机

图 4-11　钻孔机

动画
制孔设备

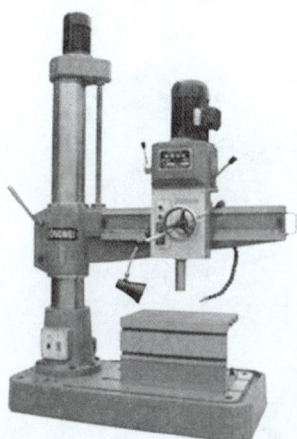

图 4-12　摇臂钻床

图 4-13　立式钻床

视频
制孔

　　边缘加工：刨床(图 4-14)、钻铣床(图 4-15、图 4-16)、端面铣床、铲边用的风铲，以及翼缘矫正机(图 4-17)。

图 4-14　刨床

图 4-15　钻铣床

动画
H 型钢翼
缘矫正机

动画
钢管卷制
工艺

动画
钢管压制
工艺

圆柱形铣刀

侧铣刀

立铣刀

三面刃铣刀

角度铣刀

锯片铣刀

图 4-16　铣刀

图 4-17　翼缘矫正机

弯制:辊床卷板机(图 4-18)、水平直弯机(图 4-19)、立式压力机(图 4-20)、卧式压力机(图 4-21)。

图 4-18　辊床卷板机

图 4-19　水平直弯机

图 4-20 立式压力机

图 4-21 卧式压力机

动画
组合焊机

动画
埋弧焊机

视频
机器人焊

（2）焊接设备

直流焊机（图 4-22a）、交流焊机（图 4-22b）、CO_2 焊机，自动组立焊机（图 4-23）、自动埋弧焊机（图 4-24）、焊条烘干箱、焊剂烘干箱、焊接滚轮架、钢卷尺、游标卡尺、划针。

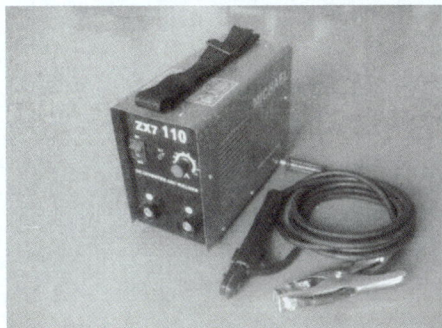

(a) 直流焊机

(b) 交流焊机

图 4-22 焊机

图 4-23 自动组立焊机

图 4-24 自动埋弧焊机

（3）涂装设备

电动空气压缩机（图 4-25）、喷砂机、抛丸机（图 4-26）、回收装置、喷漆枪、电动钢丝刷、铲刀、手动砂轮、砂布、油漆桶、刷子。

图 4-25 电动空气压缩机

图 4-26 抛丸机

（4）检测设备

磁粉探伤仪（图 4-27）、超声波探伤仪（图 4-28）、焊缝检验尺（图 4-29）、漆膜测厚仪（图 4-30）、电流表、温湿度仪。

图 4-27 磁粉探伤仪

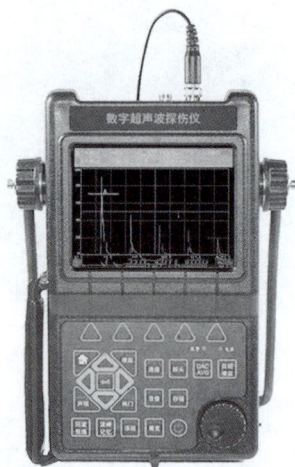

图 4-28 超声波探伤仪

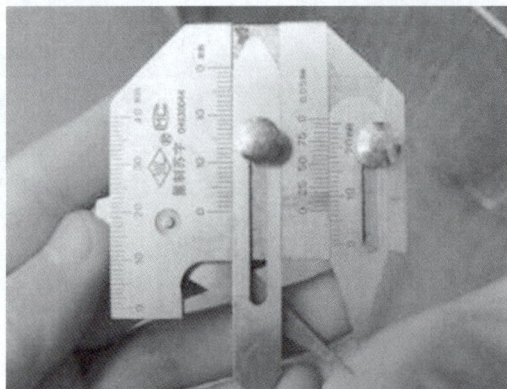

图 4-29 焊缝检验尺

图 4-30 漆膜测厚仪

（5）运输设备

桥式起重机（图 4-31）、门式起重机（图 4-32）、塔式起重机、汽车起重机、运输汽车、运输火车。

图 4-31　桥式起重机

图 4-32　门式起重机

钢结构构件制作所需的设备应根据工程特点、施工方案和进度计划，进行合理选用和配置。

项目所需机械设备可从企业自有机械设备调配，或租赁，或购买，提供给项目经理部使用。项目经理部应编制机械设备使用计划报企业审批。对进入施工现场的机械设备必须进行安装验收，并做到资料齐全准确。机械设备在使用中应做好维护和管理。

项目经理部应采取技术、经济、组织、合同措施保证施工机械设备合理使用，提高施工机械设备的使用效率，用养结合，降低项目的施工机械使用成本。

机械设备操作人员应持证上岗、实行岗位责任制，严格按照操作规范作业，搞好班组核算，加强考核和激励。

4. 材料准备

（1）备料。应根据施工详图材料表算出各种材质、规格的材料用量，再加一定数量的损耗，编制材料预算计划。在编制材料采购计划中，结构所用主材一般按 10% 的余量进行采购。

（2）构件和杆件的拼接接头布置应照顾到订货钢材的标准长度；必要时，可根据使用长度定尺进料，以减少不必要的拼接和损耗。

对拼接位置有严格要求的吊车梁翼缘和腹板等，配料时要与桁架的连接板搭配使用，即优先考虑翼缘板和腹板，将配下的余料作小块连接板。小块连接板不能采用整块钢板切割，否则计划需用的整块钢板就可能不够应用，而翼缘和腹板割下的余料则没有用处。

（3）使用前，应对每一批钢材核对质量保证书，必要时应对钢材的化学成分和力学性能进行复验，以保证符合钢材的损耗率。钢材的实际损耗率可参考表 4-1。

（4）若采购个别钢材的品种、规格、性能等不能完全满足设计要求，需要进行材料代用时，须经设计单位同意并签署代用文件。

表 4-1　钢板、角钢、工字钢、槽钢损耗率

序号	材料	规格	损耗率/%
1	钢板	1~5 mm	2.00
2		6~12 mm	4.50
3		13~25 mm	6.50
4		26~60 mm	11.00
			平均:6.00
5	角钢	75 mm×75 mm 以下	2.20
6		80 mm×80 mm~100 mm×100 mm	3.50
7		120 mm×120 mm~150 mm×150 mm	4.30
8		180 mm×180 mm~200 mm×200 mm	4.80
			平均:3.70
9	工字钢	14a 以下	3.20
10		24a 以下	4.50
11		36a 以下	5.30
12		60a 以下	6.00
			平均:4.75
13	槽钢	14a 以下	3.00
14		24a 以下	4.20
15		36a 以下	4.80
16		40a 以下	5.20
			平均:4.30

5. 作业条件

（1）施工详图经会审,并经设计人员、甲方、监理等签字认可。

（2）主要原材料及成品已经进场,并验收合格。

（3）加工机械设备已安装到位,并验收合格。

（4）各工种生产人员都进行了岗前培训,取得了相应的上岗资格证,并进行了施工技术交底。

（5）工厂、施工现场已能满足实际施工要求。

（6）各种施工工艺评定试验及工艺性能试验已完成。

（7）施工组织设计、施工方案、作业指导书等各种技术工作已准备就绪。

6. 加工环境要求

为保证钢结构零部件在加工中钢材原材质不变,在零件冷、热加工和焊接时,应按照施工规范规定的环境温度和工艺要求进行施工。

（1）冷加工温度要求　当钢结构在进行冷加工中的剪切（或冲孔）、弯曲、矫正时,应按以下温度要求进行操作。

① 当零件为普通碳素结构钢,操作地点环境温度低于−20 ℃,或零件为低合金结构钢,

操作地点环境温度低于-15 ℃时,均不得进行剪切和冲孔,否则,在外力作用下发生裂纹。

② 当零件为普通碳素结构钢,操作地点环境温度低于-16 ℃,或零件为低合金结构钢,操作地点环境温度低于-12 ℃时,均不得进行矫正和冷弯曲,以防在低温条件和外力作用下发生裂纹。

③ 冷矫正和冷弯曲不但严格要求在规定的温度下进行,还要求弯曲半径不宜过小,以免钢材丧失塑性出现裂纹。

（2）**热加工温度要求**　改变截面形状的热加工,应按以下温度进行热处理。

① 零件热加工时,其加热温度为 1 000~1 100 ℃,此时钢材表面呈现淡黄色,普通碳素结构钢的温度下降到 500~550 ℃之前（钢材表面呈现蓝色）和低合金结构钢的温度下降到 800~850 ℃前（钢材表面呈现红色）均应结束加工,应使加工件缓慢冷却,必要时应采用绝热材料加以围护,以延长冷却时间使其内部组织得到充分的恢复。

② 为使普通碳素结构钢和低合金结构钢的力学性能不发生改变,加热矫正时的加热温度严禁超过正火温度（900 ℃）,其中低合金结构钢加热矫正后必须缓慢冷却,更不允许在加热矫正时用浇冷水法急冷,以免产生淬硬组织,导致脆性裂纹。

③ 普通碳素结构钢、低合金结构钢的零件在热弯曲加工时,其加热温度在 900 ℃左右进行。否则温度过高会使零件外侧在弯曲外力作用下被过多的拉伸而减薄,内侧在弯曲压力作用下厚度增厚;温度过低不但成型较困难,更重要的是钢材在蓝脆状态下弯曲受力时,塑性降低,易产生裂纹。

（3）**焊接环境要求**　在低温环境下焊接不同钢种、厚度较大的钢材时,为使加热与散热的速度按正比关系变化,避免散热速度过快,导致焊接的热影响区产生金相组织硬化,形成焊接残余应力,在焊缝金属、熔化线交界边缘或受热区域内的母材金属处局部产生裂纹,在焊接前应按现行国家标准《钢结构工程施工质量验收标准》（GB 50205—2020）规定的温度进行预热和保证良好的焊接环境。

① 当普通碳素结构钢厚度大于 34 mm,低合金结构钢的厚度大于 30 mm,工作地点温度低于 0 ℃时,均需在焊接坡口两侧各 80~100 mm 范围内进行预热,焊接预热温度及层间温度控制在 100~150 ℃。

焊件经预热后可以达到以下作用:

a. 减缓焊接母材金属的冷却速度;

b. 防止焊接区域的金属温度梯度突然变化;

c. 降低残余应力,并减少构件的焊后变形;

d. 消除焊接时气孔和熔合性飞溅物的产生;

e. 有利于氢的逸出,防止氢在金属内部起破坏作用;

f. 防止焊接加热过程中产生热裂纹,焊缝终止冷却时产生冷裂纹或延迟性冷裂纹以及再加热裂纹。

② 如果焊接操作地点温度低于 0 ℃时,需要预热的温度应根据试验确定,试验确定的结果应符合下列要求:

a. 焊接加热过程中在焊缝及热影响区域不发生热裂纹;

b. 焊接完成冷却后,在焊接范围的焊缝金属及母材上不产生即时性冷裂纹和延迟性冷裂纹;

c. 焊缝及热影响区的金属强度、塑性等性能应符合设计要求；

d. 在刚性固定的情况下进行焊接有较好的塑性，不致产生较大的约束应力和裂纹；

e. 焊接部位不产生过大的应力，焊后不需要作热处理等调质措施；

f. 焊后接点处的各项机械性能指标，均符合设计结构要求。

③ 当焊接重要钢结构构件时，应注意对施工现场焊接环境的监测与管理。如出现下列情况时，应采取相应有效的防护措施：

a. 雨雪天气；

b. 风速超过 8 m/s；

c. 环境温度在−5 ℃以下或相对湿度在 90%以上。

为保证钢结构的焊接质量，应改善上述不良的焊接环境，一般的做法是在具有保证质量条件的厂房、车间内施工；在安装现场制作与安装时，应在临建的防雨、雪棚内施工，棚内应设有提高温度、降低湿度的设施，以保证规定的正常焊接环境。

（二）制作工艺、流程及质量要求

1. 钢结构制作工艺的编制

工艺[20]是指导生产的技术文件，在生产过程中能起到安全、适用、提高生产效率，最终使产品达到优质的目标。钢结构制作工艺应由项目经理主持编制，经企业技术主管部门批准后实施。

（1）编制依据

① 设计图纸、承包合同及相关设计文件；

② 现行国家标准及规范；

③ 企业的质量方针、质量目标及质量保证体系；

④ 工厂作业面积、设备条件、生产方式；

⑤ 原材料材质、品种、规格；

⑥ 作业人员的数量、工种及技术等级。

（2）编制原则

① 应符合设计和国家相关标准要求；

② 降低成本，提高效率；

③ 结合实际，充分发挥设备及人员的潜力；

④ 采用新技术、新材料、新工艺、新设备时，应经过试验、做可行性研究后，方可正式采用。

（3）编制内容

① 工程概况：包括工程性质、工程特点、规模、结构形式、环境特征、重要程度及工程量等。

② 工艺总则：包括技术要求、操作方法和质量标准等。

③ 制作工艺：包括工艺流程图，生产准备，零件下料、加工方法和要求，零件矫正的方法和要求，构件组装顺序、方法和要求，焊接方法、顺序和要求，新材料、新技术、新工艺和新设备的实施意见，特殊工艺措施，专用工具、工具明细表，零、部件制作清单。

④ 总装工艺：包括总装场地要求，场地面积，流水线布置、起重设备配置，组装平台、模板及工具的准备，基准线的设置等。

动画
H 型钢构件
加工工艺

动画
箱型构件
加工工艺

动画
弯扭钢结
构构件加
工工艺

⑤ 总装方案:包括构件就位顺序、临时固定措施,基准线、中心线、标高等控制办法及措施等。

⑥ 工艺总结:对工艺实施情况进行总结,吸取经验和教训,取长补短,提升工艺制作水平。

2. 钢结构的制作工序

钢结构的制作工序可参照图 4-33。

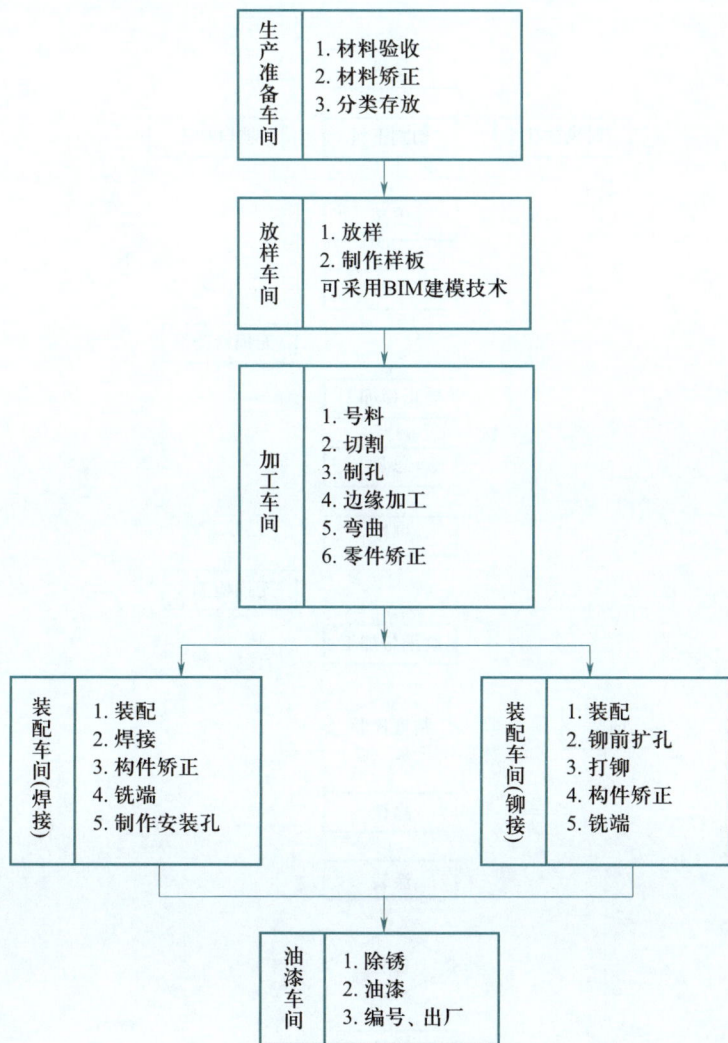

```
┌─────────┬──────────────────────┐
│         │ 1. 材料验收           │
│ 生产准备车间 │ 2. 材料矫正           │
│         │ 3. 分类存放           │
└─────────┴──────────────────────┘
            ↓
┌─────────┬──────────────────────┐
│         │ 1. 放样              │
│ 放样车间  │ 2. 制作样板           │
│         │ 可采用BIM建模技术      │
└─────────┴──────────────────────┘
            ↓
┌─────────┬──────────────────────┐
│         │ 1. 号料              │
│         │ 2. 切割              │
│ 加工车间  │ 3. 制孔              │
│         │ 4. 边缘加工           │
│         │ 5. 弯曲              │
│         │ 6. 零件矫正           │
└─────────┴──────────────────────┘
        ↓              ↓
┌─────────┬────────────┐  ┌─────────┬────────────┐
│         │ 1. 装配     │  │         │ 1. 装配     │
│ 装配车间  │ 2. 焊接     │  │ 装配车间  │ 2. 铆前扩孔   │
│ (焊接)   │ 3. 构件矫正  │  │ (铆接)   │ 3. 打铆     │
│         │ 4. 铣端     │  │         │ 4. 构件矫正  │
│         │ 5. 制作安装孔 │  │         │ 5. 铣端     │
└─────────┴────────────┘  └─────────┴────────────┘
        ↓              ↓
    ┌─────────┬────────────┐
    │         │ 1. 除锈     │
    │ 油漆车间  │ 2. 油漆     │
    │         │ 3. 编号、出厂 │
    └─────────┴────────────┘
```

图 4-33 钢结构制作工序

3. 钢结构制作工艺

钢结构制作的工艺流程如图 4-34 所示。

(1)放样、号料

放样[21]是根据施工详图用 1:1 的比例在样板台上划出实样,求出实长,根据实长制作成样板或样杆,以作为下料、弯制、刨铣和制孔等加工制作的标记;样板所用材料要求轻质、价廉,且不易产生变形,最常用的有铁皮,有时也用薄木板或胶合板。样板及样杆上用油漆

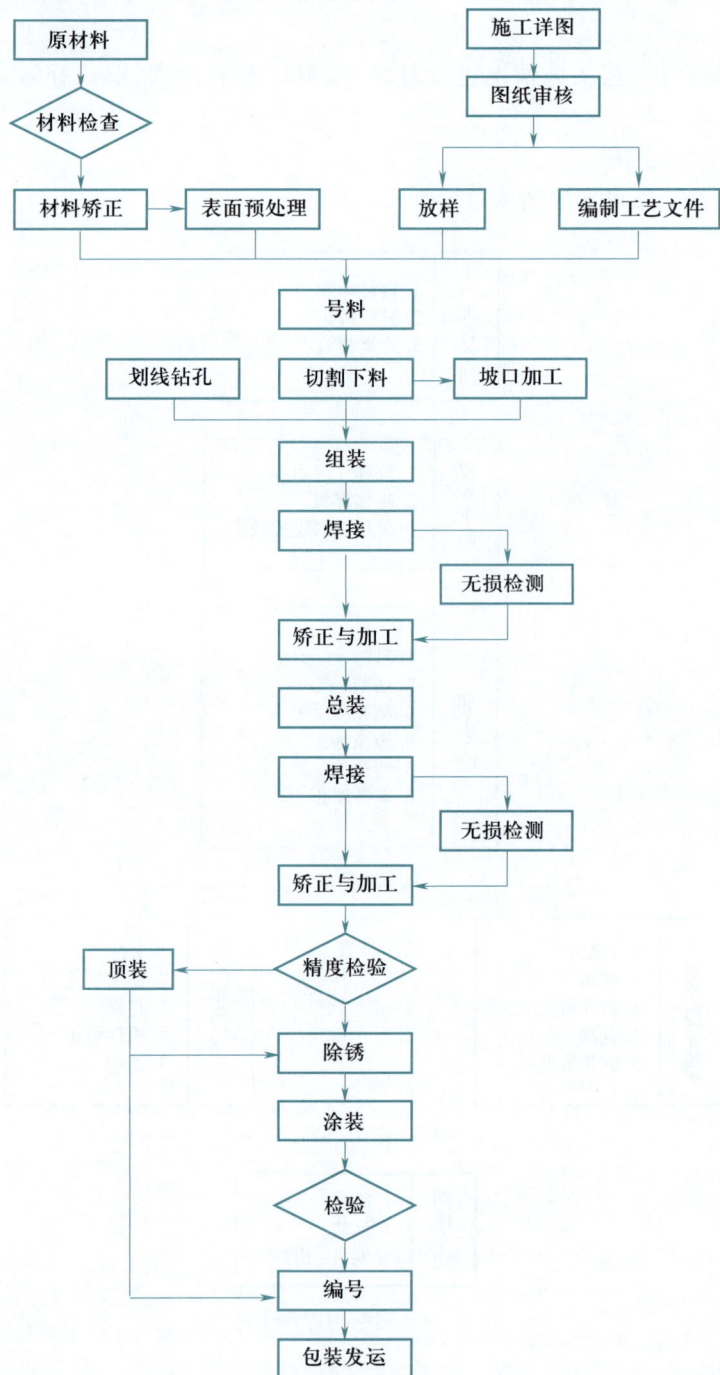

图 4-34　钢结构制作工艺流程图

写明加工号、构件编号、规格、数量以及螺栓孔位置,直径和各种工作线、弯曲线等加工符号。

号料[22]:就是以样板(杆)为依据,在原材料上划出实样,并打上各种加工记号。

放样、号料所用工具为钢尺、划针、划规、粉线、石笔等。所用钢尺必须经计量部门的检验合格后方可使用。

① 放样操作要点。

a. 放样从熟悉图纸开始,首先要仔细看清技术要求,并逐个核对图纸之间的尺寸和相互关系,发现有疑问应向有关技术部门联系解决。

b. 放样作业人员应熟悉整个钢结构加工工艺,了解工艺流程及加工过程,以及加工过程中需要的机械设备性能及规格。

c. 放样时以 1:1 的比例在样板台上弹出大样。当大样尺寸过大时,可分段弹出。对一些三角形的构件,如果只对其节点有要求,则可以缩小比例弹出样子,但应注意其精度。

d. 用作计量长度依据的钢盘尺,特别注意应经授权的计量单位计量,且附有偏差卡片,使用时按偏差卡片的记录数值校对其误差数。钢结构制作、安装、验收及土建施工用的量具,必须用同一标准进行鉴定,应有相同的精度等级。

② 加工余量。放样、号料时,应预留收缩量,即焊接、切割、刨边和铣端等加工余量。焊接时,对接焊缝沿焊缝长度方向每米留 0.7 mm;对接焊缝垂直于焊缝方向每个对口留 1 mm;角焊缝每米留 0.5 mm;切割余量:自动气割割缝宽度为 3 mm,手工气割割缝宽度为 4 mm(与钢板厚度有关);铣端余量:剪切后加工的一般每边加 3~4 mm,气割后加工的则每边加 4~5 mm。

（2）下料

下料是根据施工图纸的几何尺寸、形状制成样板,利用样板或计算出的下料尺寸,直接在板料或型钢表面上,画出零构件形状的加工界线,采用剪切、冲裁、锯切、气割等操作的过程。

① 下料准备。

a. 准备好下料的各种工具。如各种量尺、手锤、中心冲、划规、划针和凿子及前文提到的剪、冲、锯、割等工具。

b. 检查对照样板及计算好的尺寸是否符合图纸的要求。如果按图纸的几何尺寸直接在板料上或型钢上下料时,应细心检查计算下料尺寸是否正确,防止错误和由于错误造成的废品。

c. 发现材料上有疤痕、裂纹、夹层及厚度不足等缺陷时,应及时与有关部门联系,研究决定后再进行下料。

d. 钢材有弯曲和凹凸不平时,应先矫正,以减小下料误差。材料的摆放,两型钢或板材边缘之间至少有 50~100 mm 的距离以便划线。规格较大的型钢和钢板放、摆料要有吊车配合进行,可提高工效保证安全。

② 下料加工符号。

下料常用的加工符号见表 4-2。

在下料工作完成后,在零件的加工线、拼缝线及孔的中心位置上,应打冲印或凿印,同时用标记笔或色漆在材料的图形上注明加工内容,为后续工序的剪切、锯切和气割等加工提供方便条件。

表 4-2   常用下料加工符号

序号	名称	符号
1	板缝线	
2	中心线	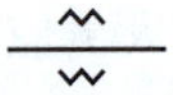
3	R 曲线	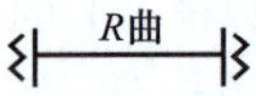
4	切断线	
5	余料切线（被划斜线面为余料）	
6	弯曲线	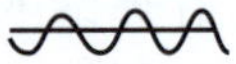
7	结构线	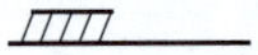
8	刨边符号	

（3）切割

经过号料（划线）以后的钢材，必须按其形状和尺寸进行切割（下料），常用的切割方法有剪切、锯切和气割三种方法。

① 剪切，用剪切机（剪板机或型钢剪切机）切割钢材是最简单和最方便的方法。厚度 ≤12 mm 的钢材可用压力剪切机切割，厚钢板（14~22 mm）则必须在强大的龙门剪切机上用特殊的刀刃切割。

② 锯切，用于工字钢、H 型钢、槽钢、钢管和大号角钢等型钢。主要采用带齿圆盘锯和带锯等机械锯锯切。

③ 氧气切割（又称火焰切割），既能切成直线，也能切成曲线，还可以直接切出 V 形、X 形的焊缝坡口。氧气切割特别适用于厚钢板（≥25 mm）的切割工序。氧气切割分手工切割、自动和半自动切割两种。

④ 切割的质量检验。

a. 主控项目。

钢材切割面或剪切面应无裂纹、灰渣、分层和大于 1 mm 的缺棱。

检查数量：全数检查。

检验方法：观察或用放大镜及百分尺检查，有疑义时做渗透、磁粉或超声波探伤检查。

b. 一般项目。

气割的允许偏差应符合表 4-3 的规定。

表 4-3　气割的允许偏差　　　　　　　　　　单位:mm

项目	允许偏差
零件宽度、长度	±3.0
切割面平面度	0.05t,且不应大于 2.0
割纹深度	0.3
局部缺口深度	1.0

注:t 为切割面厚度。

检查数量:按切割面数抽查 10%,且不应少于 3 个。

检验方法:观察检查或用钢尺、塞尺检查。

机械剪切的允许偏差应符合表 4-4 的规定。

表 4-4　机械剪切的允许偏差　　　　　　　　单位:mm

项目	允许偏差
零件宽度、长度	±3.0
边缘缺棱	1.0
型钢端垂直度	2.0

检查数量:按切割面数抽查 10%,且不应少于 3 个。

检验方法:观察检查或用钢尺,塞尺检查。

4. 矫正和成型

（1）冷矫正[23]和冷弯曲成型[24]:在常温下采用机械矫正或自制夹具矫正即为冷矫正。当钢板和型钢需要弯曲成某一角度或圆弧时,在常温下采用机械方法进行弯曲即为冷弯曲成型。钢板、型钢可在专门的辊弯机上进行加工。

矫正的质量检验:矫正后的钢材表面,不应有明显的凹面或损伤,划痕深度不得大于 0.5 mm,且不应大于该钢材厚度负允许偏差的 1/2。

检查数量:按冷矫正和冷弯曲的件数抽查 10%,且不应少于 3 个。

检验方法:观察检查和实测检查。

冷矫正和冷弯曲的最小曲率半径和最大弯曲矢高应符合表 4-5 的规定。

表 4-5　冷矫正和冷弯曲的最小曲率半径和最大弯曲矢高

钢材类别	图例	对应轴	矫正		弯曲	
			r	f	r	f
钢板扁钢		$x-x$	50t	$\dfrac{l^2}{400t}$	25t	$\dfrac{l^2}{200t}$
		$y-y$（仅对扁钢轴线）	100b	$\dfrac{l^2}{800b}$	50b	$\dfrac{l^2}{400b}$

续表

钢材类别	图例	对应轴	矫正		弯曲	
			r	f	r	f
角钢		$x-x$	$90b$	$\dfrac{l^2}{720b}$	$45b$	$\dfrac{l^2}{360b}$
槽钢		$x-x$	$50h$	$\dfrac{l^2}{400h}$	$25h$	$\dfrac{l^2}{200h}$
		$y-y$	$90b$	$\dfrac{l^2}{720b}$	$45b$	$\dfrac{l^2}{360b}$
工字钢		$x-x$	$50h$	$\dfrac{l^2}{400h}$	$25h$	$\dfrac{l^2}{200h}$
		$y-y$	$50b$	$\dfrac{l^2}{400b}$	$25b$	$\dfrac{l^2}{200b}$

注:r 为曲率半径;f 为弯曲矢高;l 为弯曲弦长;t 为钢板厚度。

（2）热矫正和热加工成型（热弯曲）

热矫正:当设备能力受到限制或钢材厚度较大,采用冷矫正有困难或达不到质量要求时,可采用热矫正。对碳素结构钢和低合金结构钢在热矫正时,加热温度不应超过 900 ℃。低合金结构钢在热矫正后应自然冷却。

热加工成型:当零件采用热加工成型时,加热温度应控制在 900~1 000 ℃;碳素结构钢和低合金结构钢在温度分别下降到 700 ℃ 和 800 ℃ 之前,应结束加工;低合金结构钢应自然冷却。

矫正的质量检验:钢材矫正后的允许偏差应符合表 4-6 的规定。

表 4-6 钢材矫正后的允许偏差   单位:mm

项目		允许偏差	图例
钢板的局部平面度	$t \leqslant 14$	1.5	
	$t > 14$	1.0	

续表

项目	允许偏差	图例
型钢弯曲矢高	$l/1\,000$ 且不应大于 5.0	
角钢肢的垂直度	$b/100$ 双肢栓接角钢的角度不得大于 90°	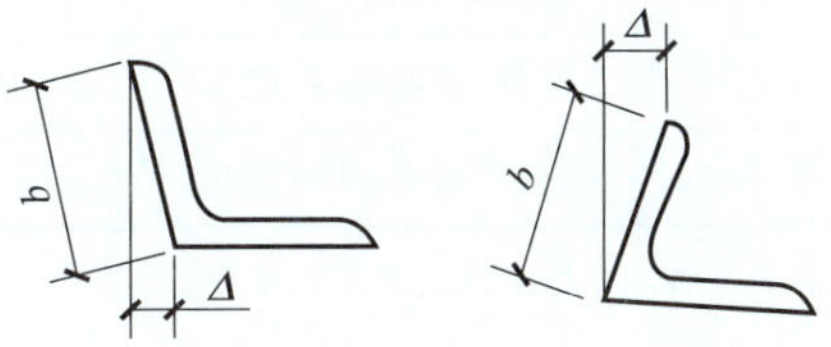
槽钢翼缘对腹板的垂直度	$b/80$	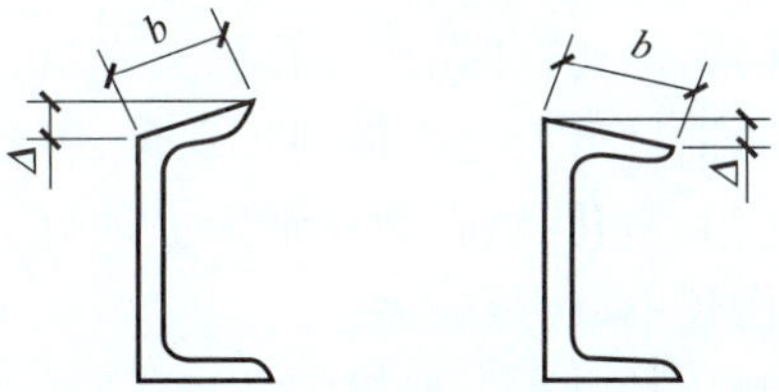
工字钢、H 型钢翼缘对腹板的垂直度	$b/100$ 且不大于 2.0	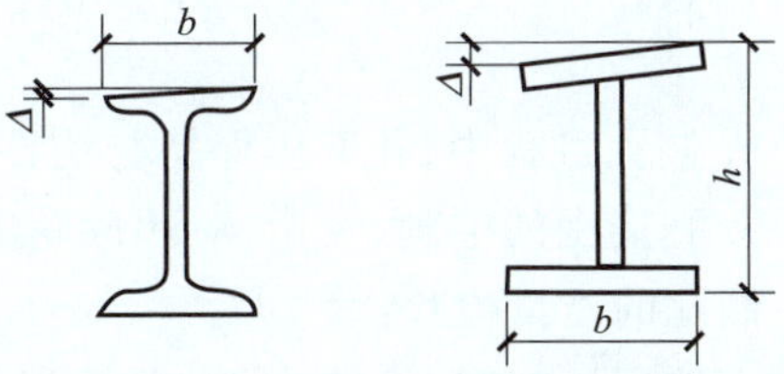

注：t 为构件厚度，b 为构件宽度，h 为构件高度，l 为构件长度。

检查数量：按矫正件数抽查 10%，且不应少于 3 件。

检验方法：观察检查和实测检查。

5. 边缘加工

通常情况下，对气割或机械剪切的零件并不需要进行机械切削加工，对直接承受动力荷载的剪切外露边缘，则需要进行边缘加工，其刨削量应不小于 2.0 mm。边缘加工有刨边、铣边和铲边三种方法。

（1）刨边：是在刨床上或大型龙门刨边机上进行。费工费时，成本较高，因此一般尽量避免采用。

（2）铣边：是在铣边机床上进行，其光洁度比刨边要差一些。

（3）铲边：是用风铲进行。风铲是利用高压空气作为动力的风动机具。其优点是设备简单，使用方便，成本低；缺点是噪声大，劳动强度高，加工质量差。

焊接坡口加工宜采用自动切割、半自动切割、坡口机、刨边等方法进行。

边缘加工的质量检验：边缘加工允许偏差应符合表 4-7 的规定。

检查数量：按加工面数抽查 10%，且不应少于 3 件。

检验方法：观察检查和实测检查。

表 4-7　边缘加工的允许偏差　　　　　　　　　　　　　单位:mm

项目	允许偏差
零件宽度、长度	±1.0
加工边直线度	$l/3\ 000$,且不应大于 2.0
加工面垂直度	$0.025t$,且不应大于 0.5
加工面表面粗糙度	$Ra \leqslant 50\ \mu m$

注:l 为加工边长度,t 为加工面厚度。

6. 制孔

制孔是钢结构制作中的重要工序,制作的方法有两种:

(1)冲孔:冲孔在冲孔机上进行,一般只能冲较薄的钢板,冲孔的原理是剪切,在孔壁周围的钢材将产生冷作硬化现象,因此在工程中很少使用。

(2)钻孔:钻孔是在钻床上进行,可以钻任何厚度的钢材。钻孔的原理是切削,因此孔壁损伤较小,质量较高。

制孔时应按下列规定进行:

a. 宜采用以列制孔方法:使用多轴立式钻床或数控机床等制孔;同类孔径较多时,采用模板制孔;小批量生产的孔,采用样板划线制孔;精度要求较高时,整体构件采用成品制孔。

b. 制孔过程中,孔壁应保持与构件表面垂直。

c. 孔周围的毛刺、飞边,应用砂轮等清除。

制孔的质量检验:

主控项目:A、B 级螺栓孔(Ⅰ类孔)应具有 H12 的精度,孔壁表面粗糙度 Ra 不应大于 12.5 μm。其孔径的允许偏差应符合表 4-8 的规定。

C 级螺栓孔(Ⅱ类孔),孔壁表面粗糙度 Ra 不应大于 25 μm,其允许偏差应符合表 4-9 的规定。

检查数量:按钢构件数量抽查 10%,且不应少于 3 件。

检验方法:用游标卡尺或孔径量规检查。

表 4-8　A、B 级螺栓直径、孔径的允许偏差　　　　　　　单位:mm

序号	螺栓公称直径、螺栓孔直径	螺栓公称直径允许偏差	螺栓孔直径允许偏差
1	10~18	0.00 −0.18	+0.18 0.00
2	18~30	0.00 −0.21	+0.21 0.00
3	30~50	0.00 −0.25	+0.25 0.00

表 4-9　C 级螺栓孔孔径的允许偏差　　　　　　　　　单位:mm

项目	允许偏差
直径	+1.0 0.0
圆度	2.0
垂直度	0.03t,且不应大于 2.0

注:t 为钢板厚度。

一般项目:螺栓孔孔距的允许偏差应符合表 4-10 的规定。

检查数量:按钢构件数量抽查 10%,且不应少于 3 件。

检验方法:用钢尺检查。

表 4-10　螺栓孔孔距允许偏差　　　　　　　　　　单位:mm

螺栓孔孔距范围	≤500	501~1 200	1 201~3 000	>3 000
同一组内任意两孔间距离	±1.0	±1.5	—	—
相邻两组的端孔间距离	±1.5	±2.0	±2.5	±3.0

注:1. 在节点中连接板与一根杆件相连的所有螺栓孔为一组;

　　2. 对接接头在拼接板一侧的螺栓孔为一组;

　　3. 在两相邻节点或接头间的螺栓孔为一组,但不包括上述两款所规定的螺栓孔;

　　4. 受弯构件翼缘上的连接螺栓孔,每米长度范围内的螺栓孔为一组。

螺栓孔孔距的允许偏差超过表 4-10 规定的允许偏差时,应采用与母材材质相匹配的焊条补焊后重新制孔。

检查数量:全数检查。

检验方法:观察检查。

7. 构件组装

组装就是将已加工好的零件按照施工图纸的要求,拼装成构件。

钢结构构件组装应符合下列规定:

(1) 组装应按制作工艺规定的顺序进行。

(2) 组装前应对零件进行严格检查,填写实测记录,制作必要的模胎。

(3) 组装平台的模板应平整、牢固,并具有一定的刚度,以保证构件组装的精度。

(4) 焊接结构组装时,要求用螺绞夹具和卡具等夹紧固定,然后点焊。点焊部位应在焊缝部位之内,点焊焊缝的焊脚尺寸不应超过设计焊脚尺寸的 2/3。

(5) 应考虑预放焊接收缩量及其他各种加工余量。

(6) 应根据结构形式、焊接方法、焊接顺序,确定合理的焊缝组装顺序,一般宜先主要零件、后次要零件,先中间后两端,先横向后纵向,先内部后外部,以减小焊接变形。

(7) 当有隐蔽焊缝时,必须先行施焊,并经质检部门确认合格后,方可覆盖。当有复杂装配部件不易施焊时,亦可采用边组装边施焊的方法来完成其组装工作。

(8) 当采用夹具组装时,拆除夹具时,不得用锤击落,应采用气割切除,对残留的焊疤、熔渣等应修磨平整。

（9）对需要顶紧接触的零件,应经刨或铣加工。如吊车梁的加劲肋与上翼缘顶紧等,应用 0.3 mm 的塞尺检查,塞尺面积应小于 25%,说明顶紧接触面积已达到 75% 的要求。

（10）对重要的安装接头和工地拼接接头,应在工厂进行试拼装。

（11）组装出首批构件后,必须由质量检查部门进行全面检查,检查合格后,方可进行批量组装。

8. 构件焊接

钢结构制作常用的焊接方法是手工电弧焊、埋弧焊、气体保护焊、电渣焊、栓钉焊等。

主要连接处的焊接,对于短连接主要采用二氧化碳气体保护焊焊接,柱以及梁等长连接构件采用自动埋弧焊,或者采用二氧化碳气体保护焊自动焊接。另一方面,箱形柱的加劲板以及梁柱节点的一部分也可以采用电渣焊或电气焊。

焊接 H 型钢翼缘板与腹板的纵向长焊缝在工厂内多采用船形焊的焊接工艺,船形焊时,焊丝在垂直位置,工件倾斜,熔池处于水平位置,焊缝成形较好,不易产生咬边或熔池满溢现象,根据工件的倾斜角度可控制腹板和翼板的焊脚尺寸,要求焊脚相等时,腹板和翼板与水平面呈 45°。

船形焊对装配间隙要求较严,若间隙大于 1.5 mm,易出现烧穿或焊漏现象,为防止这些缺陷,除严格控制装配间隙外,可采用图 4-35 所示的防漏措施。

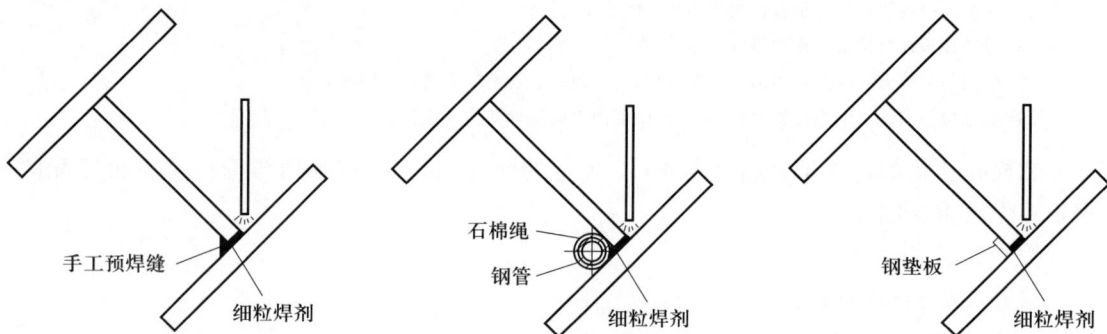

图 4-35　船形焊的防漏措施

9. 构件铣端和钻安装孔

（1）构件铣端

对受力较大的柱或支座底板,宜进行端部铣平,使所传力由承压面直接传递给底板以减小连接焊缝的焊脚尺寸,其工序应在矫正合格后进行。应根据构件的形式采取必要的措施,保证铣平端面与轴线垂直。

（2）钻安装孔

钻安装孔一般是在构件焊好以后进行,以保证有较高的精确度。

10. 涂装

将在"（三）钢结构的涂装"中详述。

11. 验收

按《钢结构工程施工规范》(GB 50755—2012)、《钢结构工程施工质量验收标准》(GB 50205—2020)进行验收。

（三）钢结构的涂装

钢结构的腐蚀是不可避免的自然现象,如何延长钢结构的使用寿命和防止钢结构过早地腐蚀,是设计、施工和使用单位的共同目标。

钢结构的涂装包括防腐涂料和防火涂料涂装两大类。钢结构的涂装工程可按钢结构制作或钢结构安装工程检验批的划分原则划分成一个或若干个检验批。钢结构的防腐涂料涂装工程应在钢结构构件组装、预拼装或钢结构安装工程检验批的施工质量验收合格后进行。钢结构防火涂料涂装工程应在钢结构安装工程检验批和钢结构防腐涂料涂装检验批的施工质量验收合格后进行。涂装时的环境温度和相对湿度应符合涂料产品说明书的要求,当产品说明书无要求时,环境温度宜为 5~38 ℃,相对湿度不应大于 85%。涂装时构件表面不应有结露;涂装后 4 h 内应保护不受雨淋,以免漆膜尚未固化而遭破坏。钢结构表面的除锈质量是影响涂层保护寿命的主要因素。

钢结构的除锈、涂装施工应编制施工工艺,其内容应包括除锈方法、除锈等级、涂料种类、配制方法、涂装顺序(底漆、中间漆、面漆)和方法、安全防护、检验方法等并作施工记录及检验记录。

1. 钢结构防腐涂料涂装

防腐涂料涂装工艺流程:基面处理→表面除锈→底漆涂装→面漆涂装→检查验收。

（1）基面处理

① 钢材表面的毛刺、飞边、焊缝药皮、焊瘤、焊接飞溅物、积垢、灰尘等在涂刷油漆前应采取适当的方法清理干净。

② 钢材表面的油脂、污垢等应采用热碱液或有机溶剂进行清洗。清洗的方法有槽内浸洗法、擦洗法、喷射清洗和蒸汽法等。

（2）表面除锈

钢构件表面除锈根据设计要求不同可采用手工和动力工具除锈、喷射或抛射除锈、火焰除锈等主要方法。

① 手工和动力工具除锈,以字母"St"表示,分两个级别:

a. St2:彻底的手工和动力工具除锈,钢材表面应无可见的油污,并且没有附着不牢的氧化皮、锈蚀和油漆涂层等附着物。

b. St3:非常彻底的手工和动力工具除锈,钢材表面应与 St2 相同,除锈应更为彻底,底层显露部分表面应具有可见金属光泽。

除锈所用工具有砂布、铲刀、刮刀、手动或动力钢丝刷、动力砂纸盘或砂轮等。其特点是工具简单、操作方便、费用低,劳动强度大、效率低、质量差,只能满足一般的涂装要求,如混凝土预埋件、小型构件等次要结构的除锈。

② 喷射或抛射除锈,以字母"Sa"表示,分四个级别:

a. Sa1:轻度的喷射或抛射除锈,钢材表面应无可见的油脂和污垢,并且没有附着不牢的氧化皮、铁锈和油漆涂层等附着物,仅适用于新轧制钢材。

b. Sa2 彻底的喷射或抛射除锈,钢材表面无可见的油脂和污垢,并且氧化皮、铁锈和油漆涂层等附着物已基本清除,其残留物应是牢固附着的,部分表面呈现出金属色泽。

c. Sa2.5 非常彻底的喷射或抛射除锈,钢材表面无可见的油脂、污垢、氧化皮、铁锈和油漆涂层等附着物,任何残留的痕迹仅是点状或条纹状的轻微色斑,大部分表面呈现出金属色泽。

d. Sa3 使钢材表面洁净的喷射或抛射除锈,钢材表面无可见的油脂、污垢、氧化皮、铁锈和油漆涂层等附着物,表面应显示均匀的金属色泽。

③ 火焰除锈,以字母"FI"表示,是利用氧乙炔焰及喷嘴给钢材加热,在加热和冷却过程中,使氧化皮、锈层或旧涂层爆裂,再利用工具清除加热后的附着物。仅适用于厚钢材组成的构件除锈,在除锈过程中应控制火焰温度(约 200 ℃)和移动速度(2.5~3 m/min),以防止构件因受热不均而变形。火焰除锈的钢材表面应无氧化皮、铁锈和油漆涂层等附着物,任何残留痕迹应仅为表面变色(不同颜色的暗影)。分四种状况,即 AFI、BFI、CFI 和 DFI。

(3) 涂料涂装

① 涂装工作应在除锈等级检查合格后,在要求的时限内(一般不应超过 6 h)进行涂装,有返锈现象时应重新除锈。

② 常用涂料的施工方法如下:

a. 刷涂法:适用于各种形状及大小面积的涂装;

b. 手工滚涂法:适用于大面积物体的涂装;

c. 浸涂法:适用于构造复杂的结构构件;

d. 空气喷涂法:适用于各种大型构件及设备和管道;

e. 雾气喷涂法:适用于各种大型钢结构、桥梁、管道、车辆、船舶等。

③ 涂料涂层一般应由底漆、中间漆及面漆组成,选择涂料时应考虑漆与除锈等级的匹配,以及底漆与面漆的匹配组合。施工前应对涂料的名称、型号、颜色、有效期等进行检查,合格后方可投入使用;涂料开桶前,应充分摇晃均匀。

④ 涂刷遍数和涂层厚度应符合设计要求。涂装时间间隔应按产品说明书的要求确定。对一般涂装要求的构件,并采用手工及动力工具除锈时,可涂装 2 遍底漆 2 遍面漆。对涂装要求较高的构件,当采用喷射除锈时,宜涂装 2 遍底漆、1~2 遍中间漆、2 遍面漆;涂层干漆膜总厚度应满足质量验收标准的要求。

⑤ 在雨、雾、雪和较大灰尘的环境下,施工时必须采取适当的防护措施,不得户外施工。

⑥ 在设计图中注明不涂装和工艺要求禁止涂装的部位,为防止误涂,涂装前应采取有效防护措施进行保护,如高强螺栓连接结合面、地脚螺栓和底板等不得涂装;安装焊接部位应预留 30~50 mm 暂不涂装,待安装完成后补涂。

⑦ 涂装完成后,应进行自检和专业检验并做好施工记录。当涂层有缺陷时,应分析其原因,制订措施及时修补,修补的方法和要求一般和正式涂层部分相同。检验合格后,应在构件上标注原编号以及各种定位标记。

2. 钢结构防火涂料涂装

钢结构防火涂料涂装工程应由经消防部门批准的专业施工队伍负责施工。防火涂料涂装工程施工前,钢结构工程应已检查验收合格、防锈漆涂装已检查验收合格,并符合设计要求。

防火涂料涂装工艺流程与防腐涂料涂装工艺流程类似,只是所用材料和要求有所不同而已,现分述如下:

(1) 材料

钢结构防火涂料的选用应符合耐火等级和耐火时限的设计要求,并应符合国家现行标准《钢结构防火涂料》(GB 14907—2018)的规定。钢结构防火涂料按其涂层厚度可划分为两类：

B类：薄涂型防火涂料，涂层厚度一般为2~7 mm，有一定装饰效果，高温时涂层膨胀增厚耐火隔热，耐火极限可达0.5~2 h，又称钢结构膨胀防火涂料。

H类：厚涂型防火涂料，涂层厚度一般为8~50 mm，粒状表面，密度较小，导热率低，耐火极限可达0.5~3 h，又称为钢结构防火隔热材料。

（2）要求

① 所选防火涂料应符合现行国家有关技术标准的规定，应具有产品出厂合格证，并经消防部门批准。

② 喷涂防火涂料前除锈工序已完成，并进行1~2遍底漆涂装，底漆成分性能不应与防火涂料产生化学反应，即底层涂料和面层涂料应相互配套，底层涂料不得腐蚀钢材。

③ 当防火涂料同时具有防锈功能时，可采用喷射除锈后直接喷涂防火涂料，涂料不得对钢材有腐蚀作用。

④ 防火涂层的厚度应符合设计要求，操作人员应用测厚仪随时检测涂层厚度，其最终厚度应符合有关耐火极限的设计要求。

⑤ 不得将饰面型防火涂料(适用于木结构)用于钢结构的防火保护。

（四）成品及半成品的管理

项目经理部应对成品及半成品(图4-36~图4-39)进行管理，项目经理部应明确责任部门和落实责任人，明确岗位职责，对进出施工现场的货物进行管理。

图4-36　H型钢构件

图4-37　箱形构件

图4-38　弯扭构件

图4-39　钢柱构件

（1）进入施工现场的成品、半成品、构配件、工程设备等必须按规定进行检验和验收，未经检验和检验合格的不得投入使用；并应建立台账。

（2）搬运和储存应按搬运储存的有关规定进行。

（3）除应满足材料管理的要求外，钢结构构件的成品防护尚应满足以下要求：

① 堆放场地平整、具有良好的排水系统。

② 堆放场地应铺设细石，以防止雨水泥土沾到构件上。

③ 最下一层构件应至少离地 300 mm。

④ 构件的堆放层数不应大于 5 层，每层构件摆放的枕木应尽量放置在同一垂直面上，以防止构件变形或倒塌。

⑤ 对于有预起拱的构件，其堆放时应使起拱方向朝下。

⑥ 对于有涂装的构件，在搬运、堆放时应注意防止磕碰，防止在地面上拖拉造成涂层损坏，也不得在构件上行走或踩踏，以免破坏涂层。

⑦ 钢结构涂装前，对其他半成品做好遮蔽保护，防止污染；涂装后，应加以临时围护隔离，防止踩踏，损伤涂层。

⑧ 钢结构涂装后，在 4 h 之内如遇大风或下雨时，应加以覆盖，防止沾染灰尘水汽，避免影响涂层的附着力。

⑨ 涂装后的钢构件勿接触酸类液体，防止咬伤涂层。

⑩ 建筑产品或半成品应采取有效措施（"护""包""盖""封"）妥善保护。

（五）钢结构的运输方式、装卸要求

1. 运输要求

钢结构的运输方式主要有公路运输和铁路运输。因此结构构件的最大轮廓尺寸应不超过公路或铁路运输许可的限界尺寸。构件的质量应根据起重设备和运输设备所能承受的能力确定。一般构件的质量不宜超过 15 t，最大的构件质量不宜超过 40 t。

构件需要利用公路运输时，其外形尺寸应考虑公路沿线的路面至桥涵和隧道的净空尺寸，在一般情况下，其净空尺寸对高速公路，一、二级公路为 5.0 m；对三、四级公路为 4.5 m。

钢结构从工厂运输到现场，应根据现场总调度的安排，按照吊装顺序一次运输到安装使用位置，以避免二次倒运。

超长，超宽构件，在制作之前应向有关交通部门办理超限货物运输手续；运输时，应安排在夜间，并在运输车前后设引路车和护卫车，以保证运输的安全。

2. 装卸要求

钢结构的装卸应按操作规程作业，构件要轻拿轻放，禁止抛掷。

结构吊装时，应按吊装顺序配套进行；并应采取适当措施，防止构件产生过大的弯曲变形，同时应将绳扣与构件的接触部位加垫块垫好，以防刻伤构件。

钢构件堆放应安全、平稳、牢固，吊具应传力可靠；防滑车、溜车应确保作业安全。

（六）钢结构制作案例

案例一：H 型钢梁、钢柱制作

1. 制作工艺流程

原材料检验→放样、号料→下料（气割）→零件矫正、除锈→刨边→清理坡口油锈→钢板拼接→焊接→超声波探伤检测→矫平→H 型钢部件拼装→船位焊接→焊缝检查→翼缘

矫正→检验→节点板焊接及检验→预拼装与检验 →油漆→成品运输。

2. 施工方法及主要技术措施与质量要求

（1）材料验收

所有主辅材必须向评定合格的正规企业定购。材料进厂后严格按《质保手册》要求履行验收程序,要求所有主辅材均应有相应的质量证明文件,且数据与相应的国家标准相符,才能投入使用。

（2）矫正、放样、下料

① 矫正。钢板局部不平度 $\delta \leqslant 14$ mm 时,超过宽度的 1.5/1 000;$\delta > 14$ mm 时,超过宽度的 1/1 000,放样前必须进行矫正。

② 放样。

a. 翼板和腹板如因材料长度限制允许横向拼接,但不允许纵向拼接。且翼板拼缝和腹板拼缝及加劲板三者组装时应错开 200 mm 以上。

b. 放样时长度预留 40 mm 作为焊接收缩和长度修割余量,腹板宽度留 2 mm 焊接收缩余量。

③ 下料。

a. 下料方法,翼板、腹板采用半自动切割机下料,下料设备 CG—30 双头半自动切割机。其余尽可能采用 Q12Y—20×4 000 mm 剪板机下料。

b. 构件下料后长度和宽度偏差控制在 ±3 mm 内,边缘需加工处留刨削余量不小于 2 mm。

c. 要求在刨边的有效尺寸两端打孔,作为刨削基准。

气割和机械剪切的允许偏差见表 4-3、表 4-4。

（3）刨边

拼接焊缝按要求刨制坡口,坡口粗糙度 Ra 不得大于 25 μm,刨边设备采用 9 m 刨边机。

（4）翼板和腹板的焊接及检验

a. 腹板、翼板拼接焊接采用手工电弧焊打底加双面埋弧自动焊。

b. 焊前焊接材料必须按规范要求烘烤后才准使用。焊接操作人员必须持相应焊接资格证。焊接端头必须加引灭弧板,焊接参数必须符合企业工艺评定要求。

拼板焊接质量按《钢结构工程施工质量验收标准》（GB 50205—2020）一级焊缝进行外观检验和超声波探伤。

（5）H 型钢梁组装

直梁在 HZZ1500H 型钢自动组立机上进行。

组装质量要求:

a. 腹板对翼板中心偏移小于 2 mm;

b. 翼板对腹板的垂直度偏差小于 2 mm。

（6）H 型钢梁组装焊接

梁的 T 型焊缝和焊接在工装平台上对称船形位置施焊,为防止弯曲,四条主焊缝的焊接按交叉顺序进行,焊脚尺寸按不小于腹板厚度 80% 进行控制;直梁焊接设备采用埋弧自动焊焊接,焊接参数参照企业的焊接工艺评定确定。

焊接操作由持相应位置资格证的焊工进行施焊。焊后按《钢结构工程施工质量验收标准》三级焊缝要求进行外观检验。

H 型钢 T 型焊缝焊完后,必须进行翼板垂直度、腹板不平度以及构件的扭曲度和弯曲度等几何形状检验。其偏差应符合表 4-11 要求,否则在 YJ40 型 H 翼缘校正机上进行矫正。

表 4-11   焊接 H 型钢的允许偏差   单位:mm

项目		允许偏差	图例
截面高度 h	h<500	±2.0	
	500≤h≤1 000	±3.0	
	h>1 000	±4.0	
截面宽度 b		±3.0	
腹板中心偏移 e		2.0	
翼缘板垂直度 Δ		b/100,且不大于 3.0	
弯曲矢高		l/1 000,且不大于 10.0	—
扭曲		h/250,且不大于 5.0	—
腹板局部平面度 f	t≤6	4.0	
	6<t<14	3.0	
	t≥14	2.0	

注:l 为 H 型钢长度。

(7)梁柱连接节点板的焊接

为减少焊接变形,梁上的连接节点构件采用半自动 CO_2 气体保护焊焊接。焊接完毕后修割梁柱总长度,放长度修割线时需在钢卷尺上加 150 N 的拉力计,拉力统一为 100 N,以防拉线误差。并预留切割收缩量和柱脚板焊接收缩量。切割后在柱脚端和梁两端翼缘和腹板上铲出焊接坡口与连接板焊接,质量按《钢结构工程施工质量验收标准》二级焊缝进行外观检验和超声波探伤。

其余加劲板与梁、柱焊接质量按《钢结构工程施工质量验收标准》三级焊缝进行外观检验。梁柱形状允许偏差见表 4-12、表 4-13。

表 4-12　梁形状允许偏差

序号	项目		允许偏差/mm
1	长度		±2
2	截面高度		±2
3	弯曲	纵弯	±l/5 000
		侧弯	l/2 000 且 ≤10
4	翼板对腹板的垂直度		b/100 且 ≤3
5	腹板局部平面度		1 米内 ≤5
6	梁两端连接板平面度		长度方向 ≤1
7	扭曲		h/250 且 ≤5

注：b、h、l 分别是 H 型钢的截面宽度、高度和长度。

表 4-13　柱形状允许偏差

序号	项目	允许偏差/mm
1	长度	±3
2	截面高度	±2
3	弯曲	l/1 200 且 ≤10
4	扭曲	h/250 且 ≤8
5	翼板对腹板的垂直度	b/100 且 ≤3
6	腹板局部平面度	1 米内 ≤5
7	梁两端连接板平面度	≤1
8	柱脚板与柱身垂直度	l/1 500
9	柱脚板不平度	≤3

注：b、h、l 分别是 H 型钢的截面宽度、高度和长度。

（8）梁柱总体检验和油漆

梁柱制作完毕后进行焊接质量、几何形状和几何尺寸的总体检验和评定，不合格者重新矫正返修，符合要求者喷砂除锈并涂刷油漆后等待出厂，油漆按要求涂刷。涂装前钢材表面除锈等级应符合 Sa2.5 要求。涂装质量要求漆膜均匀，色泽、纹理一致，吸附力强、无起皮、气泡、针孔流坠等缺陷。漆膜厚度符合要求。涂装时的环境温度和相对湿度应符合涂料产品说明书要求，当产品说明书无要求时，环境温度宜在 5～38 ℃，相对湿度不应大于85%。涂装时构件表面不应有结露，涂装后 4 h 内应保证不受雨淋。安装焊缝 30～50 mm 宽的范围均不应涂刷。

案例二：钢吊车梁制作

钢结构工程中吊车梁是主要受力构件，在制作中的质量要求比梁柱要求高，因此对吊车梁的制作及安装要做制作方案。

制作工艺流程:原材料矫正→放样、号料→下料(气割和剪切)→零件矫平除渣→刨边、钻孔→半成品堆放、清理坡口油锈→钢板拼接→焊接→超声波探伤→矫平→拼装→船位焊接→焊缝检查→T型接头超声波探伤→翼缘板矫正→梁总组装→焊接→焊缝检查→矫正→成品钻孔→检查几何尺寸→除锈→油漆→成品出厂。

施工操作方法

1. 下料

(1)下料时,要求绘制排板图。上下翼缘板应避免在三分之一跨中处。上下翼缘板及腹板应相互错开 200 mm 以上,与加劲板的位置亦应错开 200 mm 以上。

(2)下料时,须根据不同情况考虑留有加工余量和焊接收缩余量。吊车梁两端支承板(刀板)在刨平下端时,亦应留有加工余量和焊接收缩余量。

(3)吊车梁的上、下翼缘板的下料切割,必须采用自动或半自动切割机,切割边必须整齐。为保证切割边能连续切割,应采用双瓶供氧气切割工艺。

(4)钢吊车梁承受荷载较大,梁腹板下料拼接时,应考虑略有起拱。

2. 组装

(1)组装前接料工作必须进行完毕,并应经无损检测合格。

(2)实腹梁的工型拼装,可采用马凳和活动夹具。用小型千斤顶调位找正。

(3)梁加劲肋板条必须预先校直而后再组装,当装配有缝隙时,用活动夹具和千斤顶顶紧,再进行定位焊。

(4)吊车梁本体不得任意焊接临时支撑件,所以在吊车梁拼装后,需用拉杆和顶丝组成卡箍来定位。

(5)吊车梁两端的支承刀板必须保证在大梁焊接完,立直时与牛腿支承面垂直。

3. 焊接

(1)吊车梁的钢板对接拼接口,按焊接标准开坡口焊接。拼板焊接质量按《钢结构工程施工质量验收标准》一级焊缝进行外观检验和超声波探伤。上"T"焊缝按《钢结构工程施工质量验收标准》二级焊缝进行外观检验和超声波探伤,其余按三级焊缝进行外观检验。

(2)梁下翼缘板的对接焊缝焊完后应磨平,要求余高小于 1 mm。梁上、下翼板对接焊口的两端切掉引弧板需修平。

(3)吊车梁的上弦 T 型接头焊缝,必须按焊接工艺焊透。

(4)为防止吊车梁焊接引起焊接变形,应按一定的顺序施焊。

(5)吊车梁的中间加劲肋板连接的贴角焊缝,应呈凹弧形与母材平滑过渡,不应有咬边和弧坑。焊缝末端应避免起灭弧,并须用围焊等措施避免弧坑。

4. 质量要求

详见表 4-14。

表 4-14 钢吊车梁制作允许偏差和检验方法

序号	项目		允许偏差/mm	检验方法
1	梁跨度	端部刀板封头	-5	用钢尺检查
2		其他形式	$\pm l/2\,500,\leqslant 10$	用钢尺检查

序号	项目		允许偏差/mm	检验方法
3	腹板局部平直度	$\delta \leqslant 14$ mm	5	用 1 m 直尺和塞尺检查
		$\delta > 14$ mm	4	
4	端部高度		±2	用钢尺检查
5	两端最外侧安装孔距离		±3	用钢尺检查
6	起拱度		不得下挠	用拉线和钢尺检查
7	侧弯矢高		$l/2\,000$ 且 $\leqslant 10$	用拉线和钢尺检查
8	扭曲		$h/250 \leqslant 10$	用拉线、吊线和钢尺检查
9	翼缘板倾斜度		$b/100 \leqslant 3$	用直角尺和钢尺检查
10	上翼缘板与轨道接触面平直度		1	用 1 m 直尺、200 mm 直尺和塞尺检查
11	腹板中心偏移		2	用钢尺检查
12	翼缘板宽度		±3	用钢尺检查

注：b、h、l 分别是 H 型钢的截面宽度、高度和长度。

（七）钢管相贯线切割和球节点制作

1. 相贯线

两立体相交的钢管表面交线称为相贯线。其特点是相贯线上的点为立体相交两表面的共有点，相贯线为立体两表面的共有线，图 4-40 所示为相贯线切割效果图。

在网架结构工程中，其基本连接是钢管与钢管连接（图 4-41），钢管与节点连接（图 4-42），钢管与球形节点连接（图 4-43），其连接面是一条空间曲线，这条曲线就是相贯线。

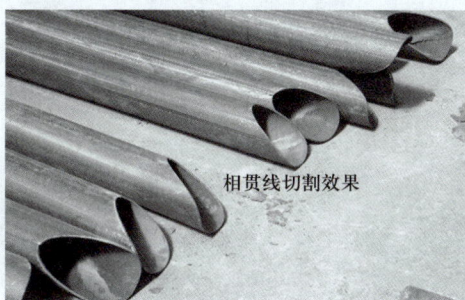
图 4-40　相贯线切割效果图

图 4-41　钢管与钢管连接

图 4-42　钢管与节点连接

(a)   (b)

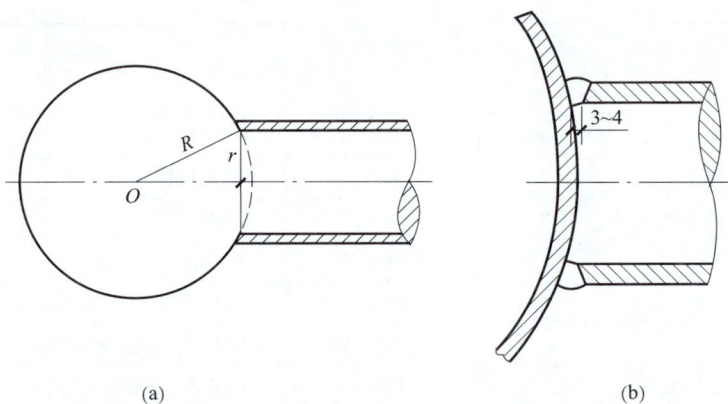

图 4-43   钢管与球形节点连接

2. 相贯线切割设备

所谓相贯线切割设备,是单指对钢管及各种环形材料结合处相贯线孔、相贯线端部、弯头(虾米节)进行自动计算和切割的设备。主要适用于各类管网结构领域,如建筑、化工、造船、机械工程、冶金、电力等。与平面坡口切割设备相比,相贯线切割设备由于需要考虑待加工管网结构形式及多面坡口切割需要,可按设计轴和联动轴分为三轴两联动、四轴三联动、五轴四联动、六轴五联动和九轴五联动等多种规格型号,常用设备是数控相贯线切割机,分为数控火焰相贯线切割机(图 4-44)和数控等离子相贯线切割机(图 4-45)两类。

图 4-44   数控火焰相贯线切割机

图 4-45   数控等离子相贯线切割机

数控相贯线切割机从功能上是将制作样板、划线、人工放样、手工切割、人工打磨等操作工艺综合,无需操作者计算、编程,只需输入管道相贯系统的管子半径、相交角度等参数,机器就能自动切割出管子的相贯线、相贯线孔以及焊接坡口。数控相贯线切割机采用数字化控制,各种机型在切割加工时实现控制轴联运,具有切割各种相贯线、相贯孔功能;定角坡口、定点坡口、变角坡口切割功能;管子不圆度和偏心补偿功能。

3. 管球加工

管球加工是钢网架制作的基础,网架结构零部件使用的钢材和连接材料(包括焊接材料、普通螺栓、高强度螺栓等)和涂装材料必须符合有关规定的要求。

（1）焊接空心球与杆件制作

焊接空心球节点主要由空心球、钢管杆件、连接套管等零件组成。空心球制作工艺流程应为：下料→加热→冲压→切边坡口→拼装→焊接→检验。

① 半球圆形坯料钢板应用乙炔氧气或等离子切割下料。下料后坯料直径允许偏差 2.0 mm，钢板厚度允许偏差 ±0.5 mm。坯料锻压的加热温度应控制在 900~1 100 ℃。半球成形，其坯料须在固定锻模具上热挤压成半个球形，半球表面应光滑平整，不应有局部凸起或折皱，壁减薄量不大于 1.5 mm。

② 毛坯半圆球可用普通车床切边坡口，坡口角度为：22.5°~30°。不加肋空心球两个半球对装时，中间应预留 2.0 mm 缝隙，以保证焊透（图 4-46）。焊接成品的空心球，直径的允许偏差：当球直径小于等于 300 mm 时，为 ±1.5 mm；直径大于 300 mm 时，为 ±2.5 mm。圆度当直径小于等于 300 mm，应小于 2.0 mm。对口错边量允许偏差应小于 1.0 mm。

③ 加肋空心球的肋板位置，应在两个半球的拼接环形缝平面处（图 4-47）。加肋钢板应用乙炔氧气切割下料，外径应留有加工余量，其内孔以 $D/3$~$D/2$ 割孔。板厚宜不加工，下料后应用车床加工成形，直径偏差 −1.0 mm。

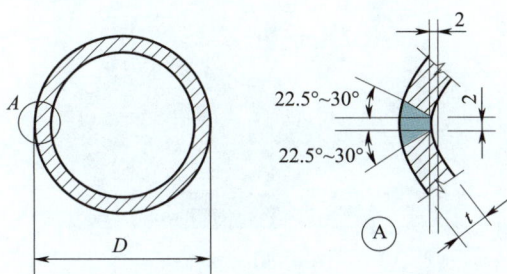

图 4-46　不加肋的空心球

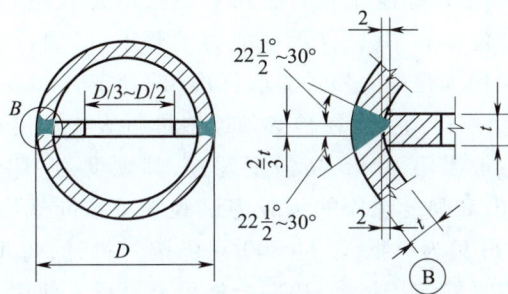

图 4-47　加肋的空心球

④ 套管是钢管杆件与空心球拼焊连接定位件，应用同规格钢管剖切一部分圆周长度，经加热后在固定芯轴上成形。套管外径比钢管杆件内径小 1.5 mm，长度为 40~70 mm（图 4-48）。

⑤ 空心球与钢管杆件连接时，钢管两端开坡口 30°，并在钢管两端头内加套管与空心球焊接，球面上相邻钢管杆件之间的缝隙 a 不宜小于 10 mm（图 4-49）。钢管杆件与空心球之间应留有 2.0~6.0 mm 缝隙予以焊透。

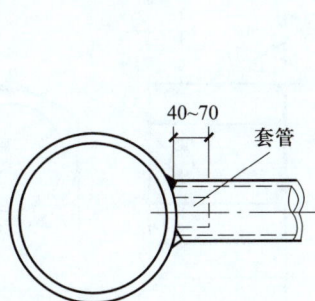

图 4-48　加套管连接

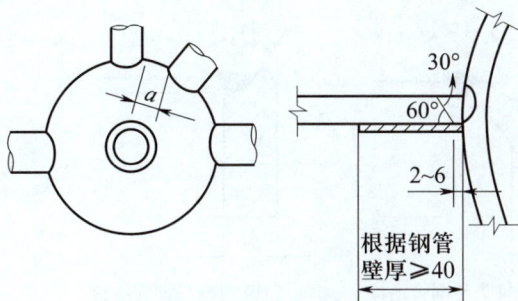

图 4-49　空心球节点连接

⑥ 焊接球节点必须按设计采用的钢管杆件与球焊成试件,进行单向轴心受拉和受压的承载力检验,其结果必须符合《钢结构工程施工质量验收标准》的规定。

⑦ 焊接球节点所有焊缝必须进行外观检查,并做出记录。对大中跨度钢管杆件的拉杆与球的对接焊缝,必须作无损探伤检验,其质量应符合现行国家标准有关规定。

（2）螺栓球节点制作

螺栓球节点主要由钢球、高强螺栓、锥头或封板、套筒等零件组成。

① 钢球、锥头、封板、套筒等原材料是圆钢采用锯床下料,下料后长度允许偏差为±2.0 mm,圆钢加热温度控制在 900~1 100 ℃,分别在固定的锻模具上压制成形,对锻压件外观要求不得有裂纹或过烧。毛坯锥头、封板外径偏差±1.5 mm,钢球直径偏差±1.5 mm,当圆度偏差 $D \leqslant 120$ mm 时,为 1.5 mm;当 $D > 120$ mm 时,为 2.0 mm。

② 螺栓球(钢球,图 4-50)加工应在车床上进行,其加工程序第一是加工定位工艺孔,第二是加工各弦杆孔。相邻螺孔角度必须以专用的夹具保证。加工精度公差应符合《普通螺纹 公差》(GB/T 197—2018)的规定。

③ 螺栓球成品必须对最大的螺孔进行抗拉强度检验,其试件承载能力的要求,必须符合《钢结构工程施工质量验收标准》的规定。

④ 高强度螺栓必须逐根进行表面硬度试验,一般采用 10.9S 高强度螺栓,其硬度为 HRC32~36,高强度螺栓的承载力试验数量按同规格螺栓 600 只为一批,不足 600 只仍按一批计,每批取 3 只复检抗拉强度,检验合格后方可投入使用。

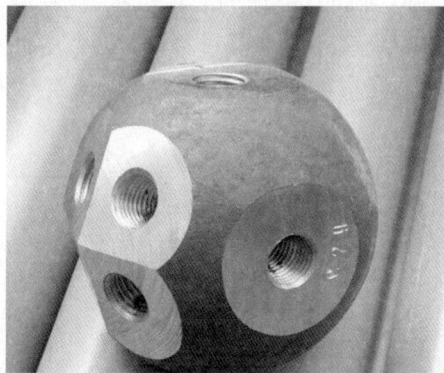

图 4-50　螺栓球

⑤ 锥头、封板加工可在车床上进行,焊接处坡口角度宜取 30°,内孔 d 可比螺栓直径大0.5 mm,内孔与外径同轴度 0.2 mm,底厚度 $H+0.2$ mm,锥头、封板与钢管杆件配合间隙 $b=2.0$ mm,以保证底层全部熔透(图 4-51)。

⑥ 套筒外形尺寸应符合开口尺寸系列,要求经模锻后毛坯长度为 $L+3.0$ mm,六角对边 $S \pm 1.5$ mm,六角对角 $D \pm 2.0$ mm。套筒加工长度 L 允许偏差 ± 0.2 mm,两端面的平行度为0.3 mm,内孔 d 可比螺栓直径大 1.0 mm,套筒端部与紧固螺钉孔间距不大于 1.5 倍小螺钉直径(图 4-52)。

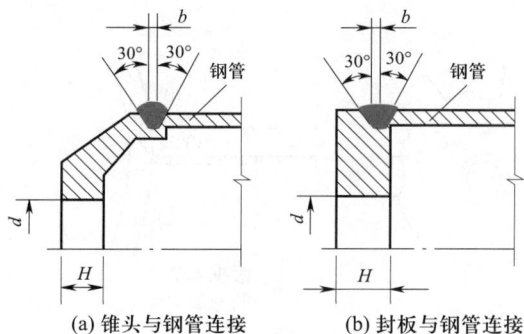

(a) 锥头与钢管连接　　(b) 封板与钢管连接

图 4-51　杆件端部连接焊缝

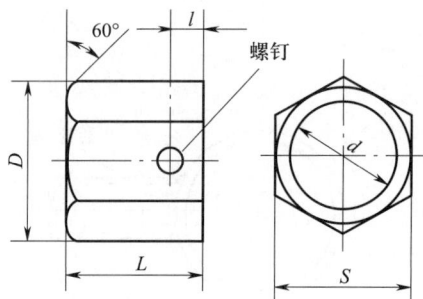

图 4-52　套筒

（3）杆件制作与焊接

① 钢管杆件下料前的质量检验：外观尺寸、品种、规格应符合设计要求。杆件下料应考虑到拼装后的长度变化。尤其是焊接球的杆件尺寸更要考虑到多方面的因素，如球的偏差带来杆件尺寸的细微变化，季节变化带来杆的偏差。因此杆件下料应慎重调整尺寸，防止下料以后带来批量性误差。

② 杆件下料后应检查是否弯曲，如有弯曲应加以校正。杆件下料后应开坡口，焊接球杆件壁厚在 5 mm 以下，可不开坡口，螺栓球杆件必须开坡口。

③ 钢管杆件应用切割机或管子车床下料，下料后长度应放余量，钢管两端应做坡口 30°，钢管下料长度应预加焊接收缩量，如钢管壁厚≤6.0 mm，每条焊缝放 1.0~1.5 mm；壁厚≥8.0 mm，每条焊缝放 1.5~2.0 mm。钢管杆件下料后必须认真清除钢材表面的氧化皮和锈蚀等污物，并采取防腐措施。

④ 钢管杆件焊接两端加锥头或封板，长度由专门的定位夹具控制，以保证杆件的精度和互换性。采用手工焊，焊接成品应分三步到位：定长度点焊、底层焊（检验）、面层焊（检验）。当采用 CO_2 气体保护自动焊接机床焊接钢管杆件时，只需要钢管杆件配锥头或封板后焊接自动完成一次到位，焊缝高度必须大于钢管壁厚。杆件制作成品长度允许偏差 ±1.0 mm，两端孔中心与钢管两端轴线偏差不大于 0.5 mm。对接焊缝部位应在清除焊渣后涂刷防锈漆，检验合格打上焊工钢印和安装编号。

⑤ 钢管杆件与封板或锥头的焊缝应进行抗拉强度检验，按同规格杆件 300 根为一批，不足 300 根仍按一批计，每批取 3 根复验，其承载能力应符合《钢结构工程施工质量验收标准》的规定。

（4）管球加工允许偏差如表 4-15、表 4-16 所示。

表 4-15　螺栓球加工的允许偏差　　　　　　　　　　单位：mm

项目		允许偏差	检验方法
球直径	$D<120$	+2.0 −1.0	用卡尺和游标卡尺检查
	$D>120$	+3.0 −1.5	
球圆度	$D\leqslant120$	1.5	用卡尺和游标卡尺检查
	$120<D\leqslant250$	2.5	
	$D>250$	3.5	
同一轴线上两铣平面平行度	$D\leqslant120$	0.2	用百分表 V 形块检查
	$D>120$	0.3	
铣平面距球中心距离		±0.2	用游标卡尺检查
相邻两螺栓孔中心线夹角		±30′	用分度头检查
两铣平面与螺栓孔轴线垂直度		0.005r	用百分表检查

注：D 为螺栓球直径，mm；r 为铣平面半径，mm。

表 4-16 焊接球加工的允许偏差   单位：mm

项目		允许偏差	检验方法
球直径	$D \leqslant 300$	±1.5	用卡尺和游标卡尺检查
	$300 < D \leqslant 500$	±2.5	
	$500 < D \leqslant 800$	±3.5	
	$D > 800$	±4.0	
球圆度	$D \leqslant 300$	1.5	用卡尺和游标卡尺检查
	$300 < D \leqslant 500$	2.5	
	$500 < D \leqslant 800$	3.5	
	$D > 800$	4.0	
壁厚减薄量	$t \leqslant 10$	0.18t，且不大于 1.5	用卡尺和测厚仪检查
	$10 < t \leqslant 16$	0.15t，且不大于 2.0	
	$16 < t \leqslant 22$	0.12t，且不大于 2.5	
	$22 < t \leqslant 45$	0.11t，且不大于 3.5	
	$t > 45$	0.08t，且不大于 4.0	
对口错边量	$t \leqslant 20$	1.0	用套模和游标卡尺检查
	$20 < t \leqslant 40$	2.0	
	$t > 40$	3.0	
焊缝余高		0～1.5	用焊缝量规检查

注：D 为焊接球的外径，mm；t 为焊接球的壁厚，mm。

二、职业活动训练

活动一　参观钢结构制作安装企业

1. 目的　通过钢结构制作的现场学习，在现场工程师的讲解下，对钢结构的制作工艺有一个详细的了解和认识。

2. 能力标准及要求　掌握钢结构制作的准备、工艺、加工和半成品管理工作，能进行钢结构的制作工艺设计和加工放样设计。

3. 活动条件　钢结构制作的现场。

4. 步骤提示

（1）课堂讲解钢结构制作前的准备工作、钢结构制作的工序和工艺流程，提出钢结构制作中可能出现的问题。

（2）结合课堂讲解内容和提出的问题，组织钢结构制作的现场学习，详细了解钢结构的制作工艺过程，并解决课堂疑问。

（3）完成钢结构制作的现场学习报告，内容包括钢结构制作的工序和工艺流程。

活动二　焊接 H 型钢梁

1. 目的　通过焊接 H 型钢梁的制作学习，在现场工程师的讲解下，掌握钢梁的制作工艺流程。

2. 能力标准及要求　掌握钢梁的制作工艺流程、制作要点、采用设备及质量要求。能编制钢梁制作方案,能进行钢梁制作质量验收。

3. 活动条件　钢结构制作企业。

4. 步骤提示

(1) 结合工程案例讲解钢梁的制作工艺流程、制作要点、采用设备及质量要求。

(2) 与校外实训基地联系,选择正在加工制作钢梁的钢结构制作加工企业,结合课堂学习内容,在现场工程师的讲解下学习钢梁的制作工艺流程、制作要点、采用设备及质量要求。

(3) 编制一份钢梁制作施工方案。

活动三　钢管相贯线切割

1. 目的　通过钢管相贯线切割现场学习,在现场工程师的讲解下,对钢管相贯线切割的制作工艺有一个详细的了解和认识。

2. 能力标准及要求　掌握钢管相贯线切割的设备、工艺、加工和半成品管理工作,能进行钢管相贯线切割的工艺设计和加工放样设计。

3. 活动条件　钢管相贯线切割现场。

4. 步骤提示

(1) 课堂讲解钢管相贯线切割的工序和工艺流程,提出钢管相贯线切割中可能出现的问题。

(2) 结合课堂讲解内容和提出的问题,组织到钢结构制作加工厂现场学习钢管相贯线切割工艺,详细了解钢管相贯线切割的制作工艺过程,并解决课堂疑问。

(3) 完成钢管相贯线切割的现场学习报告,内容包括钢管相贯线切割的工序和工艺流程。

■ 单 元 小 结 ■

1. 钢构件制作

(1) 钢结构制作前的准备

组织准备:项目管理模式、项目组织机构、劳动力计划。

技术准备:技术文件、施工图审查、图纸会审、详图设计、工艺实验、技术交底和安全交底。

机械设备准备:加工设备、焊接设备、涂装设备、检测设备、运输设备。

材料准备。

加工环境要求:冷加工温度要求、热加工温度要求、焊接环境要求。

(2) 制作工艺、技术措施及质量要求

钢结构制作工艺的编制:编制依据、编制原则、编制内容、总装工艺、工艺总结。

钢结构制作工艺:放样、号料、下料、切割、矫正和成型、边缘加工、制孔、构件组装、构件焊接、构件铣端和钻安装孔、涂装、验收。

(3) 钢结构的涂装

钢结构防腐涂料涂装流程:基面处理→表面除锈→底漆涂装→面漆涂装→检查

验收。

钢结构防火涂料涂装。

（4）成品及半成品的管理。

（5）钢结构的运输方式、装卸要求。

2. 钢管相贯线切割和球节点制作

（1）相贯线。

（2）相贯线切割设备。

（3）管球加工

焊接空心球与杆件制作、螺栓球节点制作、杆件制作与焊接、管球加工允许偏差。

■ 复习思考题 ■

1. 钢结构制作前需做哪些准备工作？

2. 钢结构制作工艺的编制依据是什么？

3. 钢结构制作工艺的编制原则是什么？

4. 钢结构制作工艺的编制内容是什么？

5. 钢结构制作的总装工艺包括哪些内容？

6. 试绘图表示钢结构的制作工序。

7. 试绘图表示钢结构制作的工艺流程。

8. 什么是放样、号料？

9. 什么是下料？

10. 钢结构的切割方法有哪些？

11. 钢结构的边缘加工方法有哪些？

12. 防腐涂料涂装工艺流程是什么？

13. 什么是相贯线？

14. 什么是相贯线切割设备？

15. 管球的制作工艺流程是什么？

16. 螺栓球节点由哪些零件组成？

17. 钢管杆件下料前的质量检验有哪些？

■ **单元概述** ···■

起重机械、简易起重工具、索具和其他工具;钢结构施工组织设计;主体钢结构安装;围护结构的安装。

项目一　钢结构安装的常用吊装机具和设备

学习目标　通过本单元的学习,掌握钢结构制作与安装的常用施工机械与设备,能认知并在施工中选用适合施工要求的施工机具和设备。

能力标准及要求　能在钢结构施工中正确选用施工机械和设备。

教学课件
钢结构安装
设备

一、应知部分

(一)起重机械

根据起重的质量,钢结构的吊装可分三个级别:大型起重质量为 80 t 以上;中型起重质量为 40~80 t;一般起重质量为 40 t 以下。

常用的吊装机械有自行式起重机、轨道塔式起重机、自制桅杆式起重机和小型吊装机械等。

本项目介绍各种起重吊装机械的构造、性能、应用和选择条件。

1. 自行式起重机

(1) 履带式起重机

履带式起重机又称为坦克吊,其构造由回转台和履带行走机构两部分组成,如图 5-1 所示。

图 5-1　履带式起重机

（2）轮胎式起重机

轮胎式起重机（图 5-2）构造与履带式起重机基本相同，只是行走接触地面的部分改用多轮胎而不是履带，装有四个伸缩支腿，在工作时需固定在一个限制的位置上。

轮胎式起重机的起重质量分 16 t、25 t 和 40 t 等。起重臂长度分别在 20~32 m、32~42 m 之间。

轮胎式起重机适用于装卸一般工业厂房吊装较高、较重的构件。

（3）汽车式起重机

汽车式起重机（图 5-3）把起重机构装在汽车底盘上，起重臂采用高强度钢板制成箱形结构，吊臂可根据需要自动逐节伸缩，并设有各种限位和报警装置，起重机动力由汽车发动机供给。

2. 塔式起重机

塔式起重机（塔吊）（图 5-4）它是把起重臂和起重机构装在金属塔架上，整个起重机沿钢轨道行走，工作时，只限制在轨道和起重臂的长度范围内作固定吊装或行走吊装。

塔式起重机有行走式、固定式、附着式和内爬式几种。

3. 起重桅杆

起重桅杆可根据安装现场的具体情况，安装工件的品种规格、质量、吊装高度等要求来确定。制造桅杆所用的材料，一般有坚硬的木质材料，以及角钢、钢管及钢板等。

桅杆可分固定式和移动式两种。根据吊装需要可调节缆绳的松紧，制作时杆件底座立在钢制爬犁上，可用卷扬机牵动。

常见的起重桅杆有木独脚桅杆、钢管独脚桅杆、型钢格构式独脚桅杆、人字桅杆、独脚悬臂式桅杆、井架悬臂式桅杆、回转式桅杆、台灵式桅杆等形式。桅杆的常见形式如图 5-5 所示。

动画
附着式塔式
起重机的自
升过程

动画
内爬式起重
机的爬升

图 5-2　轮胎式起重机

图 5-3　汽车式起重机

图 5-4　塔式起重机

　　一般木质桅杆的起重质量可达 10 t 左右,高度为 10~15 m。钢管制成桅杆的起重质量在 50~60 t,高度可达 25~30 m。钢板和型钢混合制成箱形或格构式桅杆,起重质量可达 100 t 以上,用扳倒法、滑移法或吊推法可实现高、长、大质量物体的整体吊装。

　　4. 起重机械的选择

　　起重机械的合理选用是保证安装工作安全、快速、顺利进行的基本条件。安装工作中,根据安装件的种类、质量、安装高度、现场的自然条件等情况,来选择起重机械。

　　如果现场吊装作业面积能满足吊车行走和起重臂旋转半径距离要求时,可采用履带式起重机或胶轮式起重机进行吊装。

　　如果安装工地在山区,道路崎岖不平,各种起重机械很难进入现场,一般可利用起重桅

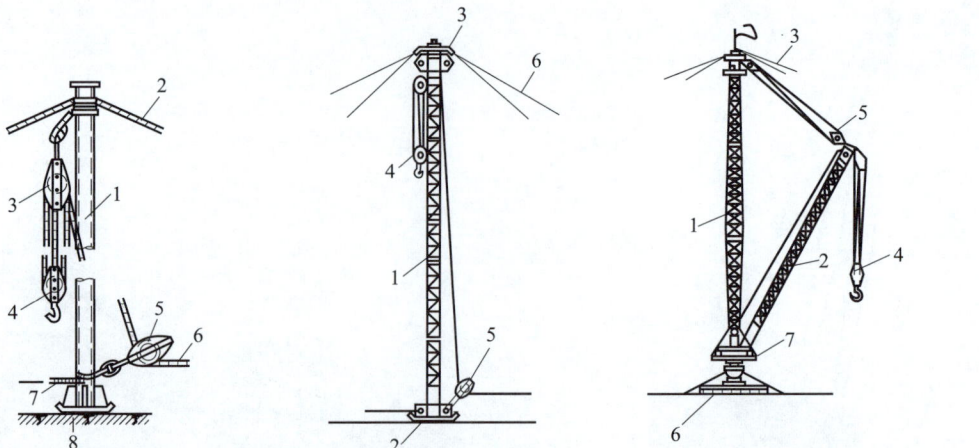

(a) 钢管独脚桅杆构造

1—钢管桅杆；2—缆风绳；3—定滑轮；
4—动滑轮；5—导向滑轮；
6—接绞磨或卷扬机；7—溜绳；8—底座

(b) 型钢格构式独脚桅杆构造

1—型钢格构式桅杆；2—底座；
3—活顶板；4—起重滑轮组；
5—导向滑轮组；6—缆风绳

(c) 回转式桅杆

1—主桅杆；2—悬臂桅杆；
3—缆风绳；4—起重滑轮组；
5—起伏滑轮组；6—底座；7—转盘

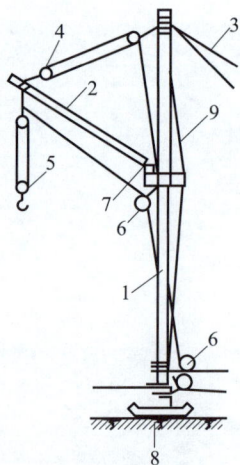

(d) 木独脚悬臂式桅杆

1—拨杆；2—起重杆；3—缆风绳；
4—变幅滑轮组；5—起重滑轮组；6—滑轮；
7—撑杆；8—地基；9—卷扬机钢丝绳

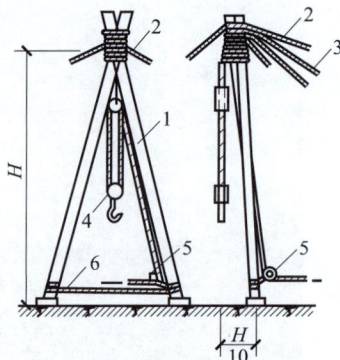

(e) 人字桅杆构造

1—人字桅杆；2—缆风绳；3—主缆风绳；
4—起重滑轮组；5—导向滑轮；6—拉索

图 5-5　桅杆的常见形式

杆进行吊装。高长结构或大质量结构件,无法使用起重机械时,可利用起重桅杆进行吊装。

对于吊装件质量很轻,吊装的高度低(一般在 5 m 以下),可利用简单的起重机械,如链式起重机(手拉葫芦)等吊装。

如果安装工地设有塔式起重机,可根据吊装地点位置、安装件的高度及吊件重量等条件且符合塔式起重机吊装性能时,可以利用现有塔式起重机进行吊装。

选择应用起重机械,除了考虑安装件的技术条件和现场自然条件外,更主要是要考虑起重机的起重能力,即起重质量、起重高度和回转半径三个基本条件。

起重质量、起重高度和回转半径三个基本条件之间是密切相联的。起重机的起重臂长度一定(起重臂角度以 75° 为起重机的起重正常角度)时,起重机的起重质量是随着起重半径的增加而逐渐减少,同时,起重臂的起重高度增加,相应的起重质量也减少。

为了保证吊装安全,起重机的起重质量必须大于吊装件的质量,其中包括绑扎索具的质量和临时加固材料的质量。

起重机的起重高度必须满足所需安装件的最高构件的吊装高度要求。在施工现场,实际安装是以安装件的标高为依据,吊车起重杆吊装构件的总高度必须大于安装件的最高标高的高度。

起重半径,也称吊装回转半径,是以起重机起重臂上的吊钩向下垂直于地面一点至吊车中心间的距离。起重机的起重臂仰角(起重臂与水平面的夹角)越大,起重半径越小,而起重的质量越大;相反,起重臂向下降,仰角减小,起重半径增大起重质量就相对减少。

一般起重机的起重质量是根据起重臂的角度、起重半径和起重臂高度确定。所以在实际吊装时,要根据吊装的质量,确定起重半径和起重臂仰角及起重臂长度。在安装现场吊装高度较高、截面较宽的构件时,应注意起重臂从吊起、途中、到安装就位,构件不能与起重臂相碰。构件和起重壁间至少要保持 0.9~1 m 的距离。

(二) 简易起重设备

1. 千斤顶

千斤顶有油压式、螺旋式、齿条式三种型式,其中螺旋式和油压式两种千斤顶最为常用。齿条式千斤顶一般承载能力不大,螺旋式千斤顶起重能力较大,可达 100 t(1 000 kN),5~15 t 螺旋式千斤顶如图 5-6 所示。油压千斤顶(图 5-7)起重能力最大,可达 320 t(3 200 kN)。

安装作业时,千斤顶常常用来顶升工件或设备、矫正工件的局部变形。

动画
千斤顶
上升过程

图 5-6　5~15 t 螺旋式
千斤顶

图 5-7　油压千斤顶
结构示意图

2. 卷扬机

卷扬机是吊装作业中常用的动力装置,分为电动卷扬机和手动卷扬机。

(1) 电动卷扬机

电动卷扬机种类很多,按滚筒数目分为单滚筒和双滚筒两种;按传动形式分为可逆齿轮箱式和摩擦式两种。

电动卷扬机由卷筒、减速器、电动机和电磁抱闸等部件组成。可逆式电动卷扬机如图 5-8 所示。

电动卷扬机的牵引力为 5~200 kN。

（2）手摇卷扬机

手摇卷扬机由卷筒、钢丝绳、摩擦制动器、制动齿轮装置、小齿轮、大齿轮、变速器、手柄等组成，如图 5-9 所示。在卷扬机上装有安全摇柄或制动装置，用来制动齿轮，使制动设备悬吊于一定位置，防止卷筒倒转。当机械设备下降时，则由摩擦制动器减低下降速度，保证工作时的安全可靠。

图 5-8　可逆式电动卷扬机

手动卷扬机额定牵引力为 5~50 t。

（3）绞磨

绞磨又称绞盘，是一种最为普遍的采用由人力牵引的起重工具。手动绞盘的结构如图 5-10 所示，它由中心轴、支架和推杆等组成。绞盘是依靠摩擦力驱动绳索的，绳索围绕在鼓轮上（一般是 4~6 圈）。工作时，一端使绳索拉紧（用来牵引），另一端又把绳索放松（用手拉住）。为防止倒转而产生事故，在鼓轮中心轴上装有制动齿轮装置。

图 5-9　手摇卷扬机

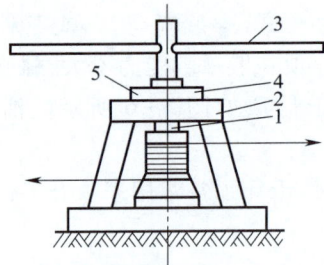

图 5-10　手动绞盘的结构

1—鼓轮中心轴；2—支架；3—推杆；4—棘轮；5—棘爪

3. 起重滑车

起重滑车又称铁滑车、滑轮。在起重作业中，起重滑车与索具、吊具、卷扬机等配合，对完成各种结构设备、构件进行运输及吊装工作，是不可缺少的起重工具之一。常见的起重滑轮及其使用如图 5-11~图 5-13 所示。

滑轮按使用性质分为定滑轮、动滑轮、导向轮和滑轮组等。

（a）开口吊钩型

（b）闭口吊环型

图 5-11　起重滑轮

（a）定滑轮

（b）动滑轮

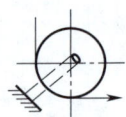
（c）导向滑轮

图 5-12　滑轮使用示意图

4. 链式手拉葫芦

链式手拉葫芦也称斤不落、倒链、链式起重机。它是由链条、链轮及差动齿轮等构成的人力起吊工具,可分为链条式和蜗轮式两种,两者只是内部构造不同,由机体、上下吊钩、吊链和手动导链等构成,如图 5-14 所示。

图 5-13　滑轮组示意图　　　图 5-14　链式手拉葫芦

(三)吊装索具和卡具

吊装索具和卡具是起重安装工作中最基本的工具,它们主要起绑扎重物、传递拉力和夹紧的作用。在吊装过程中,要根据不同的条件和要求,来选择各种索具和卡具,并要考虑它们的强度和安全。

1. 吊装索具

(1)钢丝绳

单股钢丝绳是由多根直径为 0.3~2 mm 的钢丝搓绕制成的。整股钢丝绳是用 6 根单股钢丝绳围绕一根浸过油的麻芯拧成。

① 钢丝绳规格。钢结构安装施工中常用的钢丝绳是由 6 股 19 丝、6 股 37 丝和 6 股 61 丝拧成。可用 6×19、6×37、6×61 等代号表示。

② 钢丝绳夹的使用。钢丝绳夹应按图 5-15 所示把夹座扣在钢丝绳的工作段上,U 形螺栓扣在钢丝绳的尾段上。钢丝绳夹不得在钢丝绳上交替布置。钢丝绳夹间的距离(图 5-15 中 A)等于 6~7 倍钢丝绳直径,其固定处的强度至少是钢丝绳自身强度的 80%。紧固绳夹时必须考虑每个绳夹的合理受力,离套环最远处的绳夹不得首先单独紧固。离套环最近处的绳夹(第一个绳夹)应尽可能地靠紧套环,但仍必须保证绳夹的正确拧紧,不得损坏钢丝绳的外层钢丝。

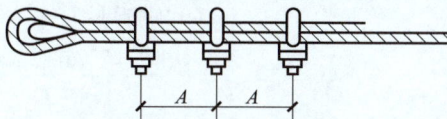

图 5-15　钢丝绳夹的正确布置方法
A—绳夹间的距离

(2)麻绳

麻绳又称白棕绳、棕绳,以剑麻为原料,按拧成的股数的多少,分为三股、四股和九股三种;按浸油与否,分浸油绳和素绳两种。吊装中多用不浸油素绳。常用素绳、麻绳较软,建筑工地应用广泛,多用于牵拉、捆绑,有时也用于吊装轻型构件绑扎绳。

浸油绳具有防潮、防腐蚀能力强等优点,但不够柔软,不易弯曲,强度较低;素绳弹性和强度较好(比浸油绳高 10%～20%),但受潮后容易腐烂,强度要降低 50%。

麻绳主要用于绑扎吊装轻型构件和受力不大的缆风绳、溜绳等。

2. 吊具

(1) 吊钩

吊钩分单吊钩和双吊钩两种,是用整块 20 号优质碳素钢锻制后进行退火处理而成。钩表面应光滑、无剥裂、刻痕、锐角裂缝等缺陷。

(2) 卡环

卡环由一个弯环和一根横销组成。卡环按弯环形式,分直形和马蹄形;按横销与弯环连接方法的不同,又分螺栓式和活络式两种(图 5-16a、b、c),而以螺栓式卡环使用较多。但在柱子吊装中多用活络卡环;卸钩时吊车松钩将拉绳下拉,销子自动脱开,可避免高空作业,但接绳一端宜向上(图 5-16d),以防销子脱落。

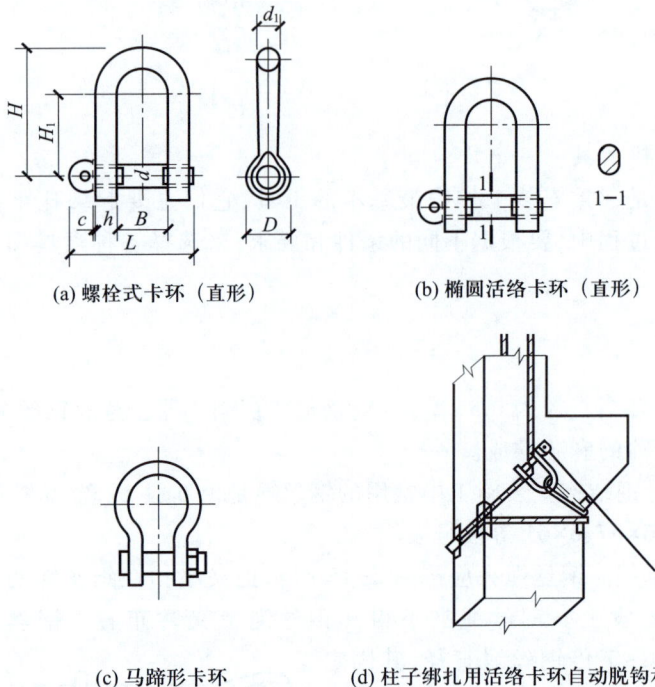

(a) 螺栓式卡环（直形）　　　(b) 椭圆活络卡环（直形）

(c) 马蹄形卡环　　　(d) 柱子绑扎用活络卡环自动脱钩示意图

图 5-16　卡环型式及柱子绑扎自动脱钩示意图

(3) 绳卡

绳卡(图 5-17)也叫线盘、夹线盘、钢丝卡子、钢丝绳轧头、卡子等。绳卡的 U 形螺栓宜用 Q235C 碳素结构钢制造,螺母可用 Q235D 碳素结构钢制造。

(4) 钢丝绳用套环

钢丝绳用套环又称索具套环、三角圈,为钢丝绳

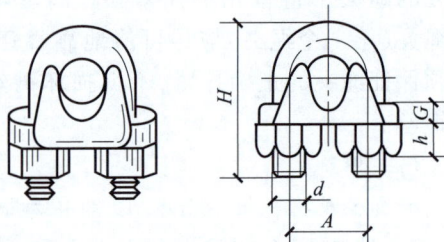

图 5-17　绳卡

的固定连接附件。当钢丝绳与钢丝绳或其他附件间连接时,钢丝绳一端嵌在套环的凹槽中,形成环状,保护钢丝绳弯曲部分受力时不易折断。钢丝绳用套环规格和型式如图 5-18 所示。

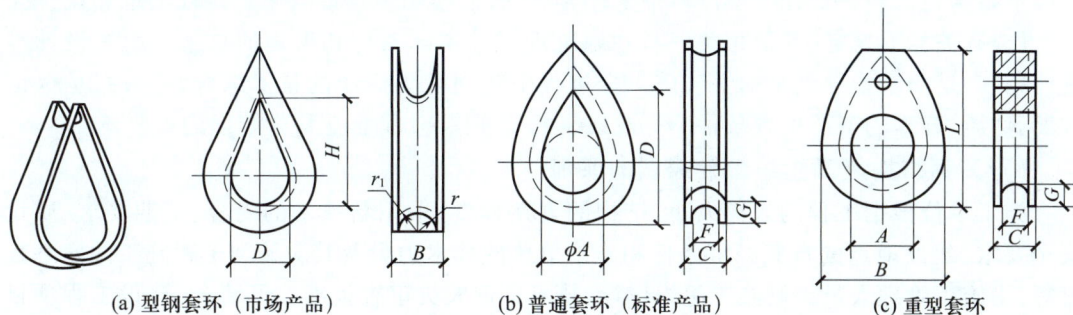

(a) 型钢套环(市场产品)　　　(b) 普通套环(标准产品)　　　(c) 重型套环

图 5-18　钢丝绳用套环

二、职业活动训练

活动一　认知起重机械实物

1. 目的　通过钢结构安装公司工程师的现场讲解,认知钢结构安装的起重机械实物。

2. 能力标准和要求　能正确说出起重设备的名称、性能和应用,能在施工中正确选用这些机械设备。

3. 活动条件　已安装起重机械实物的现场。

4. 步骤提示

(1) 组织学生到已安装起重机械实物的现场学习,结合课堂讲解内容,通过钢结构安装公司工程师的现场讲解,认知钢结构安装的起重机械实物。

(2) 结合课堂讲解的内容分析现场具体情况,说出现场使用的起重设备的名称、性能和应用范围。

活动二　认知简易起重设备、索具和其他

1. 目的　通过钢结构安装公司工程师的现场讲解,认知钢结构安装的简易起重机械实物。

2. 能力标准和要求　能正确说出简易起重设备、索具的名称、性能和应用,能在施工中正确选用这些机械设备。

3. 活动条件　已安装简易起重设备、索具等的现场。

4. 步骤提示

(1) 组织学生到已安装简易起重设备、索具等的现场学习,结合课堂讲解内容,通过钢结构安装公司工程师的现场讲解,认知钢结构安装的简易起重设备、索具等设备。

(2) 结合课堂讲解内容并分析现场具体情况,说出现场使用的简易起重设备或其他相关设备的名称、性能和应用范围。

项目二　钢结构施工组织设计

学习目标　钢结构施工组织设计编制的原则和内容。

能力标准及要求　能编制钢结构安装施工组织设计。

一、应知部分

钢结构施工组织设计一般以单位工程为对象,根据初步设计或施工设计图纸和设计技术文件,有关标准规定、其他相关资料和施工现场的实际条件和工程的总施工组织设计等进行编制,是用来指导钢结构安装施工全过程中各项施工活动的技术综合性文件,是保证按期、优质、合理的资源配置条件下完成安装的重要措施,是企业科学管理的重要环节。

(一) 钢结构施工组织设计编制的原则

施工单位根据工程的规模大小、结构的复杂程度、采用新技术的内容、工期要求、质量安全要求、建设地点的自然经济条件和施工单位的技术力量及其对该类工程施工的熟悉程度等,由施工管理人员编制施工组织设计,技术负责人员审查批准。可结合《建设工程项目管理规范》(GB/T 50326—2016)的要求进行编写。

施工组织设计编制应在充分研究工程的客观情况和施工特点的基础上,科学合理地组织安排建筑工程生产的主要因素——人力(man)、设备(machine)、材料(material)、施工工艺(method)和环境(environment),即 4M1E,使之在一定时间和空间内实现有组织、有计划、有节奏地施工。在确定施工方法(方案)时,宜进行多方案比较,使之优化,并核算经济效益,以选用最合理的方案。

编制施工组织设计应考虑以下原则:

① 严格遵循国家工程建设的政策和法规;遵守合同规定及工程竣工、交付时间,认真执行工程建设程序。

② 遵循钢结构安装施工的规律;合理安排施工程序和顺序,施工组织设计应该与施工方法相一致;符合施工组织的要求。

③ 选用先进的施工组织方法(如采用流水作业法、网络计划技术安排进度)以及其他现代管理方法,组织工程有节奏、均衡、连续、文明地施工。

④ 采用先进施工技术和新的施工工艺、机具、材料,科学地确定施工方案,以节省劳力,加快进度,保证质量,降低工程成本。

⑤ 认真执行工厂预制和现场预制相结合的方针,扩大工厂化施工,提高工业化程度,减少现场工作量。

⑥ 科学地安排冬期和雨期施工项目,保证全年施工的均衡性和连续性。

⑦ 充分挖掘发挥现有机械设备潜力,扩大机械化施工程度,不断改善劳动组织,提高劳动生产率。

⑧ 合理安置临时设施工程,尽量利用现场原有和附近及拟建的房屋设施,以减少各种暂设工程,节省费用。

⑨ 尽量利用当地或附近资源,合理安排运输、装卸和储存作业,减少物资运输量,避免二次倒运;科学地规划施工平面,节约施工用地,不占或少占农田。

⑩ 实施目标管理与施工项目管理相结合,贯彻技术规程;严格认真进行质量控制;遵循现行的各项安全技术规程、劳动保护条例和防火、环境保护有关规定,符合工程施工质量、环境和职业健康安全和文明施工的要求;适应外部提供的条件和施工现场实际。

(二) 钢结构施工组织设计的内容

① 工程概况、施工特点和施工难点分析。对工程的建筑、结构特征、工程的性质、规模、

建筑地点、地质状况,以及现场水、电及运输条件、施工力量,如材料及构件的来源及供应条件,施工机械的配备及劳动力的情况、合同对工期和质量等的要求,现场施工条件和钢结构安装工程施工的特点作简单的介绍,分析施工难点,对于工程所在地的气候情况,尤其是雨水、台风情况进行详细的说明,以便于在工期允许的情况下避开不利的气候条件进行施工,以保证工程质量,在台风季节到来前做好施工安全应对措施。

② 编制依据。建筑图、基础图、钢结构施工图、其他相关图纸和设计文件、执行的标准规范和企业的标准、工法等。

③ 施工部署和对业主、监理单位、设计单位、其他施工单位的协调和配合,施工总平面布置、能源、道路及临时建筑设施等的规划。

施工平面图是施工组织设计的主要组成部分和重要内容。施工平面图的设计步骤如下:

a. 根据施工现场的条件和吊装工艺,布置构件和起重机械。

b. 合理布置施工材料和构件的堆场以及现场临时仓库。

c. 布置现场运输道路。

d. 根据劳动保护、保安、防火要求布置现场行政管理及生活用临时设施。

e. 布置施工用水、用电、用气管网。

f. 用 1:500~1:200 比例尺绘制工程施工平面图。

④ 施工方案。是施工组织设计的核心。它包括施工顺序、施工组织和主要分部、分项工程的施工方法,施工流程图、测量校正工艺、螺栓施拧工艺、焊接工艺、冬期施工工艺等和采用的新工艺、新技术等。安装程序应保证结构的稳定性和不会导致产生塑性变形。

编制施工方案时,应决定以下几个主要问题:

a. 确定整个结构安装工程应划分成几个施工阶段以及每一个阶段选用的安装机械及其布置和开行路线。

b. 确定工程中大型构件的拼装、吊装方案(考虑所吊构件的体积、重量、吊装高度、单件吊装或组合吊装等)及施工阶段中配备多少劳动力和设备。

c. 确定各专业、各工种的配合和协作单位。

d. 确定施工总工期及分部、分项工程的控制日期。

e. 确定主要施工过程中采用的新工艺及新技术的实施方法。

⑤ 主要吊装机械的布置和吊装方案。在施工组织设计中,应该对钢结构的吊装方案进行详细的描述,画出主要的吊装机械的平面布置图。

⑥ 构件的运输方法、堆放及场地管理

a. 根据构件的特点、钢材厚度、行车路线和运输车辆的性能等,编制运输方案。

b. 构件的运输顺序及堆放排列,应满足构件的吊装顺序的要求,尽量减少和避免二次倒运。

c. 运输和装卸构件时,应采取措施防止构件产生永久的变形和损伤,特别是板材和冷弯薄壁钢的吊运,应该先起吊后移动,防止板面摩擦、碰撞。

d. 构件的堆放场地应平整、坚实、无水坑并有排水措施;构件按照种类和安装顺序分区堆放;构件底层的垫块要有足够的支撑面,防止支点下沉;相同类型的构件叠放时,各层构件的支点要在同一垂直线上,防止构件压坏和变形。重心高的构件堆放时,需要设置临时支撑,绑扎牢固,防止倾倒。

e. 安装前校正构件产生的变形,补涂损坏的涂层。

⑦ 施工进度计划　　施工进度计划能够保证在规定的工期内有计划地完成工程任务,并为计划部门提供编制月计划及其他职能部门调配材料、供应构件、机械及调配劳动力提供依据。按照合同对工期的要求,编制施工进度计划,编制时,要充分考虑钢结构到达现场的时间,土建交付安装的时间,所需要的劳动力、施工机具等资源的合理配置,施工进度计划可采用网络图、横道图等形式,根据工程具体情况选择合适的施工进度计划表示方法。

编制施工进度计划时,要考虑下列因素:

a. 保证重点,兼顾一般。安排开工、竣工时间和进度要分清主次,抓住重点。优先安排影响其他工序的工程。

b. 能够满足连续均衡施工的要求。安排进度计划时,应尽量使各工种施工人员和施工机械连续均衡施工,使人员、机具、测量、检测设备和器具等资源能在工地充分使用,避免某个时期人员、施工机械等资源的使用峰值,提高生产率和经济效益。

c. 全面考虑各种不利条件的限制和影响,为缓解或消除不利影响做准备。如考虑设计单位未能够及时提供施工图纸、土建工程的计划安排和施工进度延误的影响,施工期间由于运输、交通管制、资金、施工力量等原因造成的延误,施工期间的不利气候条件等。

d. 留有一些后备工程,以便在施工过程中平衡调剂安排。

e. 业主、当地政府有关部门的支持和监理、设计、相关施工单位等相关方的支持和配合。

施工进度计划构成部分和编制方法如下:

a. 施工进度计划编制的主要依据有工程的全部施工图纸,规定的开竣工日期,施工图预算,劳动定额,主要施工过程中的施工方案、劳动力安排,以及材料、构件和施工机械的配备情况。

b. 确定工程项目及计算工程量。

c. 确定机械台班数量及劳动力数量。

d. 确定各分部、分项工程的工作日。

e. 编制进度计划表或施工进度网络图。

f. 编制劳动力、材料、构件、机械等需要量计划表。

⑧ 施工资源总用量计划　　施工资源总用量计划包括劳动力组合和用工计划,主要材料、部件进场计划,主要施工机具及施工用料计划,主要测量、检测设备和器具需用计划等。

编制施工资源总用量计划时,在保证总工期的条件下,要考虑资源的综合平衡,计划应有一定的前瞻性,以便于施工资源的调配。

⑨ 施工准备工作计划　　施工准备工作包括:

a. 熟悉、审查图纸及有关设计资料。

b. 编制施工组织设计及施工详图预算。

c. 搞好现场"三通一平"(修通道路,接通施工用水、用电,平整施工场地)。

d. 物质准备工作　　提出施工材料的规格、数量及材料分期分批进场的要求;提出构件的订货及加工的要求;根据施工组织设计中施工总平面图的要求,合理布置起重机械及构件二次堆场;现场施工大临设施的合理布置。

e. 根据施工总进度的安排,作好冬期、雨期施工的准备工作。

⑩ 质量、环境和职业健康安全管理、现场文明施工的策划和保证措施。

按照企业质量、环境和职业健康安全管理体系的要求,对工程的分部、分项进行划分,明确主要质量控制点和质量检验的方法、控制指标等,识别重大环境因素和重大危险源,编制重大环境因素和重大危险源的管理方案,编制施工现场安全生产应急响应预备方案,按照施工所在地政府的要求,对现场文明施工进行策划。

质量方面根据国家有关规范或行业标准、ISO9001 质量管理体系的要求,制定质量管理或全优工程规划。

安全方面应根据国家劳动保护法和行业安全操作规程制定具体的安全保证措施。一般应做好以下几个方面的工作:

a. 安全栏杆及安全网的设置以及个人保护用品的配置。

b. 吊具的设计　对所采用的吊装用具,如吊索、吊耳、销子、横吊梁等必须通过计算以保证有足够的强度。

c. 吊点的选择应能保证结构件的吊装强度。对于大型超重构件需采用双机抬吊时,每台起重机械的起重量应根据该机的性能乘以折减系数。折减系数一般为 0.7~1。

d. 为保证工人高空作业的安全,应设置高空用操作台和悬挂式爬梯。设计安装用操作台时,一般应满足下述要求:操作台宜为工具式,且通用性大;操作台要求自重轻,装拆要安全方便;操作台上的荷载主要是工人与工具的质量(一般按 2 kN/m² 计算或按 1~2 个 $F=1$ kN 的竖向集中荷载处于最不利位置时计算);操作台的宽度一般为 0.8~1.0 m,但不得小于 0.6 m;操作台宜设置在低于安装接头 1~2 m 处。

⑪ 雨期和冬期、台风和大风常发期的施工技术安全保证措施。

⑫ 施工工期的保证措施。

(三) 钢结构季节性施工要点

当出现雨、雪、大风或其他临时性停工的情况时,必须临时支撑或拉索,以保证结构的整体稳定性。

1. 风雨期施工要点

① 准备工作。安排专人每天关注天气预报和恶劣天气警报,及时做好气象情况的记录工作,一旦获悉有风雨等异常天气信息时,及时向项目应急机构成员汇报,并密切跟踪最新进展,定期报告。为项目应急指挥提供及时、准确的信息。项目总指挥根据情况进展,适时组织人员值班和应急响应准备,并派人检查准备的落实情况。

② 针对不同情况,在该季节来临前,对于塔吊、屋面、带电设备、高处物体的接地等工作提前做好准备。

③ 对于现场人员做好三防教育和应急处理措施学习,确保人员清楚应急机构的设置和联系办法。

④ 事先考虑人员、设备等的应急撤离方案。

⑤ 上料或吊装施工时,施工用塔吊应有可靠的避雷接地措施,应测定接地电阻小于或等于 4 Ω;雨后及时检查塔吊的基础情况,大雨、暴雨以及大风天气要停止吊装作业;雨后进行吊装作业的高空施工人员,要注意防滑;要穿胶底鞋,不得穿硬底鞋进行高空操作;对施工现场内可能坠落的物体,一律事先拆除或加以固定,以防止物体坠落伤人。

⑥ 脚手架。雨期施工期间要特别注意架子搭设的质量和安全要求,应经常进行检查,发现问题及时整改;立杆下设通长木方,架子设扫地杆,斜撑以及剪刀撑,并与建筑物拉结牢固;上人马道的坡度要适当,脚手板上绑扎防滑条;台风、暴雨后要及时检查脚手架的安全情况,如有问题,及时纠正。

⑦ 材料堆放。遇有雨风天气必须提前覆盖,并用铁丝固定。

⑧ 机电设备。雨期必须做好机电设备的防雨、防潮、防淹、防霉烂、防锈蚀、防漏电、防雷击等项措施,要管理好、用好施工现场的机电设备。

露天放置的机电设备要注意防雨、防潮,对机械的转动部分要经常加油,并定期让其转动以防锈蚀。所有的机电设备都得有漏电保护装置。

施工现场比较固定的机电设备(如卷扬机、对焊机、电锯、电刨等)要搭设防雨棚或对电机加以保护。

施工现场的移动机电设备(如电焊机等)用完后应放回工地库房或加以遮盖防雨,不得露天淋雨,不得放在坑内或地势低洼处,以防止雨水浸泡、淹没。

机电设备的安装、电气线路的架设,必须严格按照有关规定执行。

施工用的电气开关要有防雨防潮措施,使用的电动工具应采取双保险装置,即漏电保护装置和操作者使用的防触电保护用具,同时还应检查导线的绝缘层是否老化、破损、漏电、导线接头是否完好。导线不得浸泡在水中,也不得拴在钢筋、钢管等金属导电体上,要防止导线被踩、压、挤坏,以免发生触电伤亡事故。

各种机电设备要及时检修,如有异常及时处理。

2. 其他特殊状况下的措施

(1) 高温天气施工措施

① 对于现场的各种材料,尤其是高温下易变形的材料更应妥善保存。

② 施工现场要有冷开水供应并配置一定的降温药品,保证现场工作人员的身体素质,生活区域要设置一定的降温措施,保证工人休息的安定。

③ 施工时间应早上提前,合理延长夜晚的施工时间,避开中午高温。

④ 通过对天气情况的掌握,及时安排好高温季节施工的连续性,防止因高温带来质量与安全事故,从而使工程的工期、质量和安全得到有效的保证。

(2) 工地临时停水

为避免由于其他客观原因而造成的工地临时停水对工程施工产生重大影响,应提前做好准备,特别是人员饮食用水、日常用水。

(3) 工地临时停电

要提前考虑措施,除同总包联系应急用电外,要妥善安排人员进行其他非用电工作开展,以保证工程工期。

(4) 冬期和低温条件下施工

碳素结构钢在环境温度低于-16 ℃、低合金结构钢在环境温度低于-12 ℃时,不得进行冷矫正和冷弯曲,或用钢楔子、冲钉和链式手拉葫芦等强行使构件就位;热切割后不能立即将构件移动位置或捶打,焊接时采取必要的预热和后热措施。

二、职业活动训练

活动　某钢结构施工组织设计编制实训

1. 目的　通过钢结构施工组织设计编制实训,掌握钢结构施工组织设计的编制内容和要求。

2. 能力标准和要求　能进行钢结构施工组织设计的编制。

3. 步骤提示

(1) 提供一份编制好的钢结构施工组织设计,针对其讲解钢结构施工组织设计的编制原则及包括的内容。

(2) 通过实例的讲解,要求能够独立完成一份内容简单的钢结构施工组织设计的编制。

项目三　主体钢结构安装

学习目标　钢结构安装前的准备工作,一般单层钢结构安装要点,高层及超高层钢结构安装要点,大跨度空间网架结构的安装要点、高强度螺栓的施工。

能力标准及要求　通过本项目的学习,掌握钢结构安装的要点,能够进行钢结构的安装。

教学课件
主体钢结构
安装

一、应知部分

(一)钢结构安装前的准备

钢结构安装前准备工作的内容包括技术准备、安装用机具设备的准备、材料准备、作业条件准备等。

动画
某钢框架结
构施工安装

1. 技术准备

技术准备包括编制施工组织设计、现场基础的验收等。

(1) 编制施工组织设计

由专业人员完成。

(2) 基础准备

① 根据测量控制网对基础轴线、标高进行技术复核。如果地脚螺栓预埋在钢结构施工前是由土建单位完成的,还须复核每个螺栓的轴线、标高,对超出规范要求的,必须采取相应的补救措施。如加大柱底板尺寸,在柱底板上按实际螺栓位置重新钻孔(或设计认可的其他措施)。

② 检查地脚螺栓的轴线、标高和地脚螺栓的外露情况,若有螺栓发生弯曲、螺纹损坏的,必须进行修正。

③ 将柱子就位轴线弹在柱子基础的表面,对柱子基础标高进行找平。

混凝土柱基础标高浇筑一般预留 $50 \sim 60$ mm(与钢柱底设计标高相比),在安装时用钢垫板或提前采用坐浆承板找平。

当采用钢垫板做支承板时,钢垫板的面积应根据基础混凝土的抗压强度、柱脚底板下二次灌浆前柱底承受的荷载和地脚螺栓的紧固拉力计算确定。垫板与基础面和柱底面的

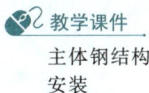

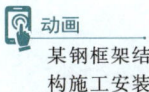

接触应平整、紧密。

采用坐浆承板时应采用无收缩砂浆,柱子吊装前砂浆垫块的强度应高于基础混凝土强度一个等级,且砂浆垫块应有足够的面积以满足承载的要求。

2. 安装用机具设备的准备

单层钢结构安装工程的普遍特点是面积大、跨度大,一般情况选择可移动式起重设备,如汽车式起重机、履带式起重机等。对于重型单层钢结构安装工程一般选用履带式起重机,对于较轻的单层钢结构安装工程可选用汽车式起重机。单层钢结构安装工程其他常用的施工机具有电焊机、栓钉机、卷扬机、空压机、倒链、滑轮、千斤顶、高强度螺栓、电动扳手等。

3. 材料准备

材料准备包括钢构件的准备、普通螺栓和高强度螺栓的准备、焊接材料的准备等。

（1）钢构件的准备

钢构件的准备包括钢构件堆放场的准备、钢构件的检验。

① 钢构件堆放场的准备　钢构件通常在专门的钢结构加工厂制作,然后运至现场直接吊装或经过组拼装后进行吊装。钢构件力求在吊装现场就近堆放,并遵循"重近轻远"（即重构件摆放的位置离吊机近一些,反之可远一些）的原则。对规模较大的工程需另设立钢构件堆放场,以满足钢构件进场堆放、检验、组装和配套供应的要求。

钢构件在吊装现场堆放时一般沿吊车开行路线两侧按轴线就近堆放。其中钢柱和钢屋架等大件放置,应依据吊装工艺作平面布置设计,避免现场二次倒运困难。钢梁、支撑等可按吊装顺序配套供应堆放,为保证安全,堆垛高度一般不超过 2m 和三层。钢构件堆放应以不产生超出规范要求的变形为原则。

② 钢构件的验收　安装前应按构件明细表核对构件的材质、规格,按施工图的要求,查验零部件的技术文件,如合格证、试验、测试报告,以及设计文件（包括设计要求,结构试验结果的文件）;对照构件明细表按数量和质量进行全面检查。对设计要求构件的数量、尺寸、水平度、垂直度及安装接头处的尺寸等进行逐一检查。对钢结构构件进行检查,其项目包含钢结构构件的变形、钢结构构件的标记、钢结构构件的制作精度和孔眼位置等。对于制作中遗留的缺陷及运输中产生的变形,超出允许偏差时应进行处理。并应根据预拼装记录进行安装。

所有构件,必须经过质量和数量检查,全部符合设计要求,并经办理验收、签认手续后,方可进行安装。

钢结构构件在吊装前应将表面的油污、冰雪、泥沙和灰尘等清除干净。

（2）高强度螺栓的准备

钢结构设计用高强度螺栓连接时,应根据图纸要求分规格统计所需高强度螺栓的数量并配套供应至现场。应检查其出厂合格证、扭矩系数或紧固轴力（预拉力）的检验报告是否齐全,并按照规定进行紧固轴力或扭矩系数复验。

对钢结构连接件摩擦面的抗滑移系数进行复验。

（3）焊接材料的准备

钢结构焊接施工之前应对焊接材料的品种、规格、性能进行检查,各项指标应符合现行国家标准和设计要求。检查焊接材料的质量合格证明文件、检验报告及中文标志等。对重要钢结构采用的焊接材料应进行抽样复验。

（4）拼装平台

拼装平台应具有适当的承重刚度和水平度，水平度误差不应超过 2~3 mm。

（二）一般单层钢结构安装要点

单层钢结构安装主要有钢柱安装、吊车梁安装、钢屋架安装等。安装工艺流程如图 5-19 所示。

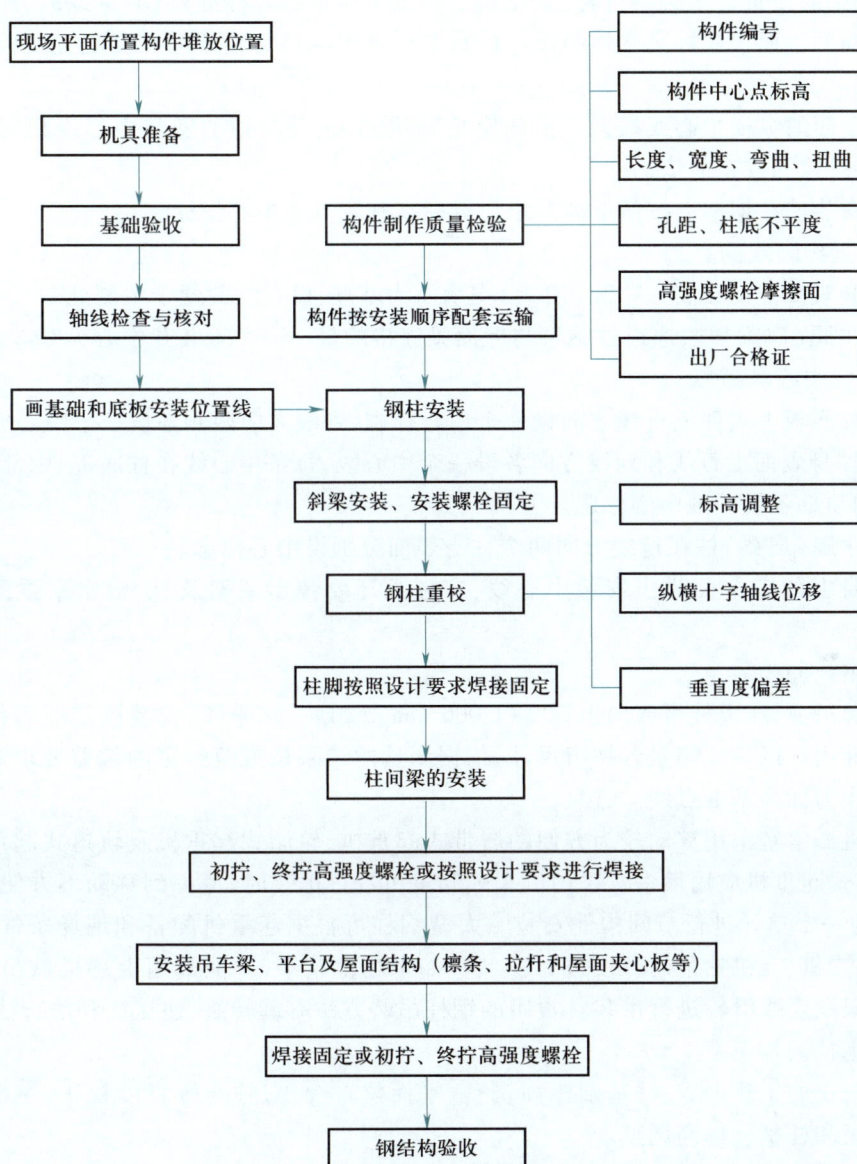

```
现场平面布置构件堆放位置              构件编号
        │                          构件中心点标高
     机具准备                       长度、宽度、弯曲、扭曲
        │                          孔距、柱底不平度
     基础验收       构件制作质量检验    高强度螺栓摩擦面
        │              │             出厂合格证
   轴线检查与核对   构件按安装顺序配套运输
        │              │
 画基础和底板安装位置线 → 钢柱安装
                         │
                 斜梁安装、安装螺栓固定       标高调整
                         │
                      钢柱重校          纵横十字轴线位移
                         │
                柱脚按照设计要求焊接固定      垂直度偏差
                         │
                     柱间梁的安装
                         │
           初拧、终拧高强度螺栓或按照设计要求进行焊接
                         │
       安装吊车梁、平台及屋面结构（檩条、拉杆和屋面夹心板等）
                         │
              焊接固定或初拧、终拧高强度螺栓
                         │
                     钢结构验收
```

图 5-19 单层钢结构安装工艺流程

单层钢结构安装通常采用单件流水法吊装柱子、柱间支撑和吊车梁，一次性将柱子安装并校正后，再安装柱间支撑、吊车梁等构件。安装时，先安装竖向的构件，后安装平面构件，以减少建筑物的纵向长度的安装累计误差。竖向构件的吊装顺序为柱（混凝土、钢）、连

续梁、柱间钢支撑、吊车梁、制动桁架、托架等,单种构件吊装流水专业,既能保证体系纵列形成排架,稳定性好,又能提高生产效率。

1. 钢柱的安装

钢柱的类型很多,断面形状有口、工、十、O、Ⅱ、Ⅲ等。

(1) 基础检查及放线

根据土建的基础测量资料和钢柱安装资料,对所有柱子的基础和对已到现场的钢柱进行复查,基础的质量要求必须符合《钢结构工程施工质量验收标准》(GB 50205—2020)的规定。按基础的表面实际标高和柱的设计标高至柱底实际尺寸相差的高度配置垫板,并用水平仪测量。

基础平面的纵横中心线根据厂房的定位轴线测出,并与柱的安装中心线相对应,作为柱的安装、对位和校正的依据。

钢柱安装前在钢柱上按照下列要求设置标高观测点和中心线标志:

① 设置标高观测点

a. 标高观测点的设置以牛腿(肩梁)支承面为基准,设在柱的便于观测处。

b. 无牛腿(肩梁)柱,应以柱顶端与屋面梁连接的最上一个安装孔中心为基准。

② 设置中心线标志

a. 在柱底板上表面上行线方向设一个中心标志,列线方向两侧各设一个中心标志。

b. 在柱身表面上行线和列线方向各设一个中心线,每条中心线在柱底部、中部(牛脚或肩梁部)和顶部各设一处中心标志。

c. 双牛腿(肩梁)柱在行线方向两个柱身表面分别设中心标志。

在柱身上的三个面弹出安装中心线,在柱顶还要弹出屋架及纵、横水平梁的安装中心线。

(2) 钢柱的吊装

钢柱起吊前,在离柱板底向上 500~1 000 mm 处,划一水平线,安装固定前后作复查平面标高基准用。以该线测量各柱肩尺寸,依据测量的结果按规范给定的偏差要求对该线进行修正后作为标高基准点线。

吊装机械常常采用移动较为方便的履带式起重机、轮胎式起重机及轨道式起重机吊装柱子,履带式起重机应用最多。采用汽车式起重机进行吊装时,考虑到移动不方便可以 2~3 个轴线为一个单元进行节间构件安装。大型钢柱可根据起重机配备和现场条件确定,可采用单机、二机、三机抬吊的方法进行安装。如果场地狭窄,不能采用上述机械吊装,可采用桅杆或架设走线滑轮进行吊装。常用的钢柱吊装方法有旋转法、递送法和滑行法。

(3) 钢柱的校正

钢柱校正的工作内容:柱基础标高调整、平面位置校正、柱身垂直度校正,主要内容为垂直度校正和柱基础标高调整。

柱校正时,先校正偏差大的一面,后校正偏差较小的一面;柱子的垂直度在两个方向校好后,再复查一次平面轴线和标高,符合要求后,打紧柱子四周的八个楔子,八个楔子的松紧要一致,以防止柱子在风力的作用下向楔子松的一侧倾斜。

① 柱基础标高调整。根据钢柱实际长度、柱底平整度、钢牛腿顶部距柱底部的距离,控制基础找平标高,如图 5-20 所示。重点要保证钢牛腿顶部标高值。

调整方法：柱安装时，在柱子底板下的地脚螺栓上加一个调整螺母，把螺母上表面的标高调整到与柱底板标高齐平，放上柱子后，利用底板下的螺母控制柱子的标高，精度可达±1 mm以内。柱子底板下面预留的空隙，用无收缩砂浆以捻浆法填实。

② 平面位置校正。钢柱底部制作时，在柱底板侧面，用钢冲打出互相垂直的十字线上的四个点，作为柱底定位线。在起重机不脱钩的情况下，将柱底定位线与基础定位轴线对准缓慢落至标高位置，就位后，若有微小的偏差，用钢楔子或千斤顶侧向顶移动校正。

预埋螺杆与柱底板螺孔有偏差时，适当将螺孔加大，上压盖板后焊接。

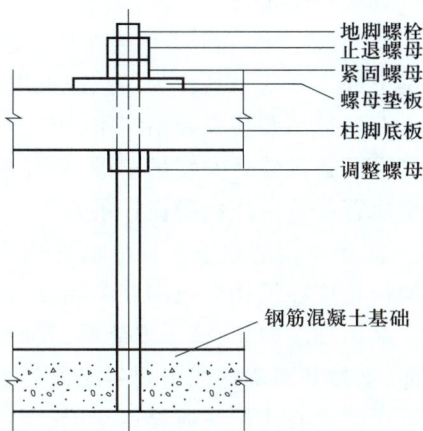

图 5-20　柱基础标高调整示意图

③ 柱身垂直度校正。柱身的垂直度校正可采用两台经纬仪测量，也可采用线坠测量。柱身校正的方法有用千斤顶校正法、撑杆校正法、缆风绳校正法等。

（4）钢柱子的固定

在校正过程中不断调整柱底下螺母，直至校正完毕，将柱底上面的2个螺母拧上，柱身呈自由状态，再用经纬仪复核，如有小偏差，调整下螺母，无误，将上螺母拧紧。

地脚螺栓的紧固力一般由设计规定，地脚螺栓紧固轴力见表5-1。

表 5-1　钢柱地脚螺栓紧固轴力

地脚螺栓直径/mm	紧固轴力/kN
30	60
36	90
42	150
48	160
56	240
64	300

地脚螺栓螺母一般用双螺母。

有垫板安装的柱子，用赶浆法或压浆法进行二次灌浆。

2. 钢梁的安装

（1）钢吊车梁的安装

① 测量准备。用水准仪测出每根钢柱上标高观测点在柱子校正后的标高实际变化值，做好实际测量标记。根据各钢柱上搁置吊车梁的牛腿面的实际标高值，定出全部钢柱上搁置吊车梁的牛腿面的统一标高值，以一标高值为基准，得出各钢柱上搁置吊车梁的牛腿面的实际标高差，根据各个标高差值和吊车梁的实际高差来加工不同厚度的钢垫板，同一牛腿面上的钢垫板应分成两块加工。吊装吊车梁前，将垫板点焊在牛腿面上。

在进行安装以前应将吊车梁的分中标记引至吊车梁的端头，以利于吊装时按柱牛腿的定位轴线临时定位。

② 吊装。钢吊车梁吊装在柱子最后固定、柱间支撑安装完毕后进行。吊装时，一般利用梁上的工具式吊耳作为吊点或捆绑法进行吊装。

在屋盖吊装前安装吊车梁，可采用单机吊、双机抬吊等各种吊装方法。

在屋盖吊装后安装吊车梁，最佳的吊装方法是利用屋架端头或柱顶拴滑轮组来抬吊，或用短臂起重机或独脚桅杆吊装。

③ 吊车梁的校正。钢吊车梁的校正包括标高调整、纵横轴线和垂直度的调整。钢吊车梁的校正应在结构形成刚度单元以后才能进行。

纵横轴线校正：柱子安装后，及时将柱间支撑安装好形成排架。用经纬仪在柱子纵列端部，把柱基正确轴线引到牛腿顶部水平位置，定出正确轴线距吊车梁中心线的距离，在吊车梁顶面中心线拉一通长钢丝（或用经纬仪均可），逐根将梁端部调整到位。为方便调整位移，吊车梁下翼缘一端为正圆孔，另一端为椭圆孔，用千斤顶和手拉葫芦进行轴线位移，将铁楔再次调整、垫实。

当两排吊车梁纵横轴线无误时复查吊车梁跨距。

吊车梁的标高和垂直度的校正可通过对钢垫板的调整来实现。吊车梁的垂直度的校正应和吊车梁轴线的校正同时进行。

（2）轻型钢结构斜梁的安装

门式钢架斜梁跨度大，侧向刚度小，为了降低劳动强度，提高生产效率，安装时，根据起重设备的吊装能力和现场实际，尽可能在地面进行拼装，拼装后用单机二点（图 5-21）或三点、四点法吊装或用铁扁担吊装，或用双机抬吊，减少索具对斜梁的压力，防止斜梁侧向失稳。为了防止构件在吊点部位产生局部变形或损坏，钢丝绳绑扎时可放加强肋板或用木方进行填充。

选择安装顺序时，要保证结构能形成稳定的空间体系，防止结构产生永久变形。

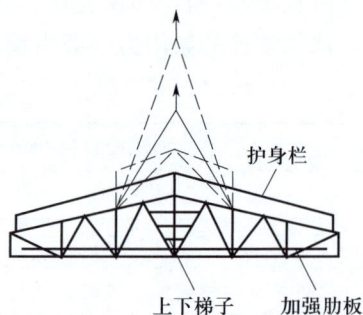

图 5-21　钢屋架吊装示意图

3. 钢屋架的安装

钢屋架吊装前，必须对柱子横向进行复测和复校，钢屋架的侧向刚度较差，安装前需要加固。单机吊（一点或二~三~四点加铁扁担办法）要加固下弦，双机起吊要加固上弦。吊装时，保证屋架下弦处于受拉状态，试吊至离地面 50 cm 检查无误后再继续起吊。

屋架的绑扎点，必须绑扎在屋架节点上，以防构件在吊点处产生弯曲变形。其吊装流程如下：

第一榀钢屋架起吊时，在松开吊钩前，做初步校正，对准屋架基座中心线和定位轴线就位。就位后，在屋架两侧设缆风绳固定。如果端部有挡风柱校正后可与挡风柱固定，调整屋架的垂直度，检查屋架的侧向弯曲情况。第二榀钢梁起吊就位后，不要松钩，用绳索临时与第一榀钢屋架固定，安装支撑系统及部分檩条，每坡用一个屋架间调整器，进行屋架垂直度校正，固定两端支座处（螺栓固定或焊接），安装垂直支撑、水平支撑、检查无误，成为样板间，以此类推。

为减少高空作业,提高生产效率,在地面上将天窗架预先拼装在屋架上,并将吊索两面绑扎,把天窗架夹在中间,以保证整体安装的稳定。钢屋架垂直度校正法如下:在屋架下弦一侧拉一根通长钢丝,同时在屋架上弦中心线反出一个同等距离的标尺,用线坠校正,也可用经纬仪进行校正,如图 5-22 所示。也可用一台经纬仪,放在柱顶一侧,与轴线平移 a 距离,在对面柱子上同样有一距离为 a 的点,从屋架中线处用标尺挑出 a 距离,三点在一条线上,即可使屋架垂直,在图 5-22 中将线坠和通长钢丝换成钢丝绳即可。

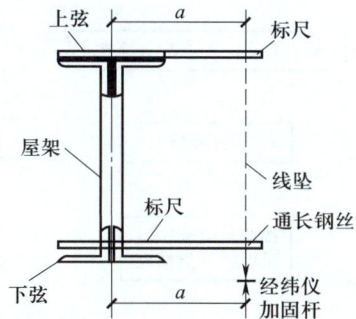

图 5-22　钢屋架垂直度校正示意图

4. 平面钢桁架结构的安装

平面钢桁架结构形式多样,跨度大,自重超过一般范围。常用的安装方法有单榀吊装法、组合吊装法、整体吊装法、顶升法等。常常根据现场条件、起重设备能力、结构的刚性及支撑结构的承载能力等综合选择安装方法。

(三) 高层及超高层钢结构安装要点

在高层及超高层钢结构现场施工中,合理划分流水作业区段,选择适当的构件的安装顺序和吊装机具、吊装方案、测量监控方案、焊接方案,是保证工程顺利进行的关键。

高层及超高层钢结构的安装工艺流程如图 5-23 所示。

1. 总平面规划

编制施工组织设计时,做好总平面规划,包括结构平面纵横轴线尺寸、塔式起重机的布置及其工作范围、机械开行的路线,配电箱和焊接设备的布置,施工现场的道路、消防通道、排水系统、构件的堆放位置等,施工现场构件的堆放位置不足时,考虑中转场地。

吊装在分片、分区的基础上,多采用综合吊装法,对称吊装、对称固定:构件安装平面从中间或某一对称节间(中间核心区)开始,以一个节间的柱网为一个吊装单元,按照钢柱→钢梁→支撑的顺序进行吊装,并向四周扩展;垂直方向由下至上逐件安装,吊装完毕,立即进行测量、校正、高强度螺栓初拧等工序,组成稳定结构后,分层安装次要结构,待几个节间安装完毕,再对整个钢结构进行测量、校正、高强度螺栓终拧、焊接等工序,如此一节间一节间钢结构、一层楼一层楼地安装完。采用对称吊装、对称固定的安装工艺,可消除安装误差的积累和减少节点的焊接变形。

2. 钢构件的配套供应

安装现场构件的吊装根据吊装流水顺序进行,钢构件应按照安装的需要保证供应。为了充分利用施工场地和吊装设备,必须制定出详细的构件进场和吊装周、日计划,保证进场的构件满足吊装周、日计划并配套。

构件进场后,及时检查构件的数量、规格和质量,对制作超过规范要求或在运输过程中产生变形的构件,在地面修复完毕,减少高空作业。进场的构件,按照现场平面布置的要求堆放,堆放点尽可能设在起重机的回转半径内,以减少二次搬运。构件在吊装前,必须清理干净,接触面和摩擦面的铁锈和污物用钢丝刷进行清理。

3. 柱基础和预埋螺栓的检查

螺栓连接钢结构和钢筋混凝土基础,预埋应严格按施工方案执行。按国家标准预埋螺

```
构件运至中转仓库 ──────┐        施工准备 ──────────────┐  检查吊装设备和工具数量及
                    │         │                    │  其完好情况
        ↓            │         ↓                    │
构件分类、检查配套部件 ────┤    放线、复核轴线和标高         ├  高强度螺栓及其摩擦面复查
        ↓                      ↓                    │  特殊工种复试：焊工、探伤工、
   构件检修 ────────────┐   钢柱标高处理及分中检查       ├  起重工、测量工、塔吊等
        ↓              │        ↓                    │
按照吊装顺序运至          │    标识构件中心及标高            └  焊接工艺评定试验
现场分类堆放            │        ↓
                       └→ 安装钢柱、梁核心框架 ←────────── 安装操作吊栏及通道
调整标高、轴线、                    ↓
坐标、垂直度（用 ──────→  初拧、终拧高强度螺栓 ──────→ 提出校正复测记录，对超差
全站仪、经纬仪）                   ↓                      进行校正
                         焊接柱与柱节点 ←──────────── 碳弧气刨
框架整体校正 ─────────→           ↓
                         焊接梁与柱、梁与梁节点 ←──────  焊接顺序：
                                  ↓                      上层→下层→中层
                            超声波探伤 ──────── 不合格
                            合格  ↓
                       安装零星构件（支撑）←──────────────┘
                                  ↓
                            安装压型钢板
                                  ↓
                            焊接栓钉、螺栓
                                  ↓
                            塔式起重机爬升
                                  ↓
                       下一节流水作业段准备工作
```

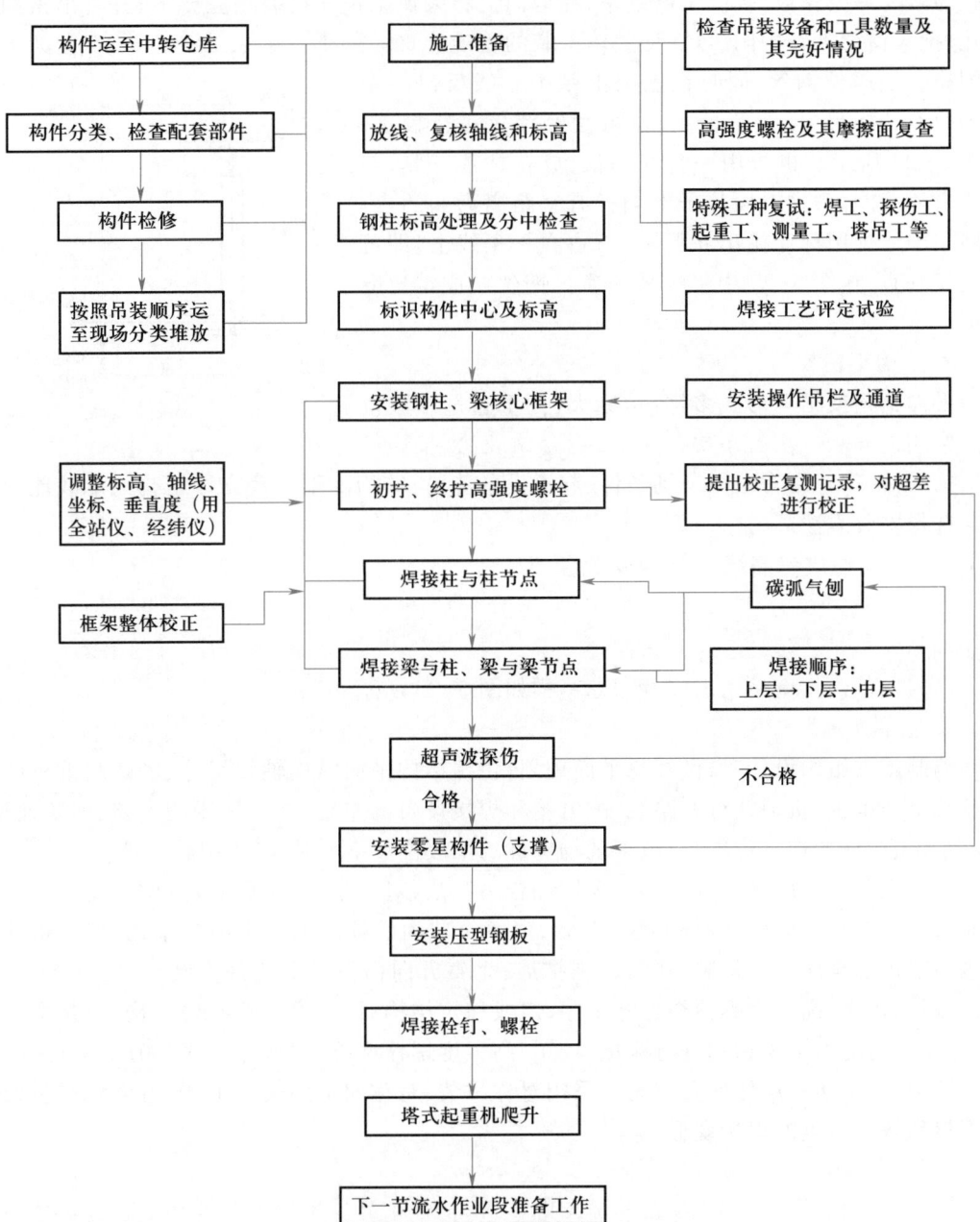

图 5-23 高层及超高层钢结构安装工艺流程

栓标高偏差控制在+5 mm 以内,定位轴线的偏差控制在±2 mm。

基础检查按照《钢结构工程施工质量验收标准》(GB 50205—2020)的规定进行。

4. 钢柱吊装和校正

起吊时钢柱必须垂直,尽量做到回转扶直。起吊回转过程中,应避免同其他已安装的构件相碰撞,吊索应预留有效高度。钢柱起吊扶直前将登高爬梯和挂篮等挂设在钢柱预定位置,并绑扎牢固;就位后,临时固定地脚螺栓,校正垂直度;柱接长时,上节钢柱对准下节

钢柱的顶中心,然后用螺栓固定钢柱两侧的临时固定用连接板;钢柱安装到位,对准轴线,临时固定牢固,才能松钩。

钢柱校正主要控制钢柱的水平标高、十字轴线位置和垂直度。测量是关键,在整个施工过程中,以测量为主。校正工作比普通单层钢柱的校正更复杂,施工过程中,对每根下节柱都要进行多次重复校正和观测垂直度偏差。

钢柱垂直度校正的重点是对钢柱有关尺寸预检,对影响钢柱垂直的因素进行控制。如下层钢柱的柱顶垂直度偏差就是上节钢柱的底部轴线、位移量、焊接变形、日照影响、垂直度校正及弹性变形等的综合影响。可采取预留垂直度偏差值消除部分误差。预留值大于下节柱积累偏差值时,只预留累计偏差值,反之则预留可预留值,其方向与偏差方向相反。

多层、高层房屋钢结构的垂直度校正不能完全靠最下一节柱柱脚下钢垫板来调整,施工时还应考虑安装现场焊接的收缩量和荷载使柱产生的压缩变形值等诸多因素,对每根下节柱进行垂直偏移值测量和多次校正。

5. 标准框架体的安装

为确保整体安装质量,在每层选择一个标准框架结构体(或剪力筒),从标准框架结构体向外依次安装,选择标准框架结构体要便于其他柱安装及流水作业段的划分。

标准化框架体[25]是指在建筑物核心部分或对称中心,由框架柱、梁、支撑组成刚度较大的框架结构,作为安装的基本单元,其他单元依此扩展。

采用相互垂直放置的两台经纬仪对钢柱及钢梁进行垂直度观测。在钢柱偏斜方向的一侧打入楔块或千斤顶(图 5-24)。在保证单节柱垂直度不超过规范的前提下,将柱顶偏移控制到零,最后拧紧连接板上的高强度螺栓至额定扭矩值。

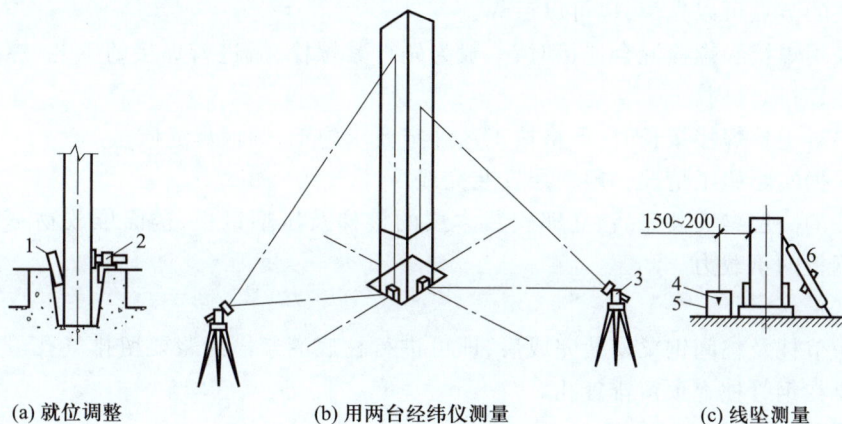

(a) 就位调整   (b) 用两台经纬仪测量   (c) 线坠测量

图 5-24 钢柱校正示意图
1—楔块;2—螺纹千斤顶;3—经纬仪;4—线坠;5—水桶;6—调整螺杆千斤顶

柱校正后,安装标准框架体的梁。先安装上层梁,再安装中、下层梁,安装过程会影响柱垂直度,采用钢丝绳缆索(只适宜跨内柱)、千斤顶、钢楔和手拉葫芦进行调整,如图 5-25 所示。其他框架柱从标准框架体向四周安装扩张。

6. 框架梁的安装

框架梁和柱的连接一般采用上下翼板焊接、腹板螺栓连接,或者全焊接、全栓接的连接方式。

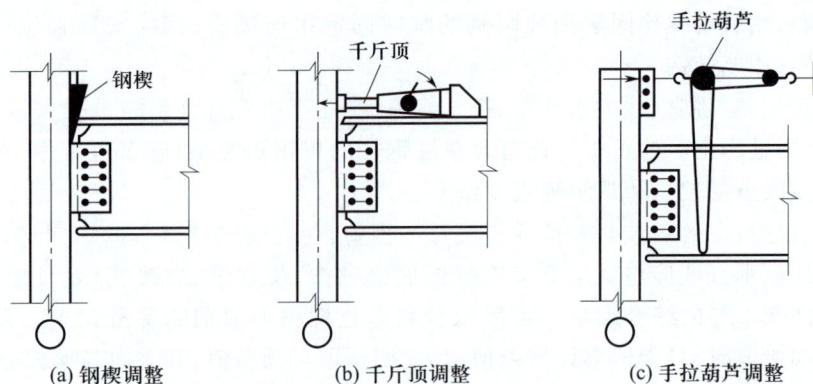

(a) 钢楔调整   (b) 千斤顶调整   (c) 手拉葫芦调整

图 5-25   标准框架体垂直度的校正

采用专用吊具两点绑扎吊装钢梁,吊升过程中必须保证钢梁处于水平状态。一机吊多根钢梁时,绑扎要牢固、安全,便于逐一安装。

一节柱上一般有 2~4 层梁,由于柱上部和周边都处于自由状态,横向构件安装由上向下逐层进行,便于安装和控制质量。一般情况下,同一列柱的钢梁从中间跨开始对称地向两端扩展安装,同一跨钢梁,先安装上层梁,后中下层梁。

在安装柱与柱之间的主梁时,必须跟踪测量校正柱与柱之间的距离,并预留安装余量,特别是节点焊接收缩量,达到控制变形,减小或消除附加应力的目的。

柱与柱节点和梁与柱节点的连接,采用对称施工,互相协调。

节点采用焊接连接时,一般先焊接一节柱的顶层梁,再从下向上焊接各层梁与柱的节点。柱与柱的节点可以先焊,也可以后焊。

节点采用焊接和螺栓混合连接时,一般为先拧紧螺栓,后进行焊接的工艺,螺栓连接从中心轴开始,对称拧固。

钢管混凝土桩焊接接长时,严格按工艺评定要求施工,确保焊缝质量。

次梁根据实际施工情况一层一层安装完成。

一节柱的一层梁安装完后,立即安装本层的楼梯及压型钢板,楼面堆放物不能超过钢梁和压型钢板的承载力。

7. 柱底灌浆

在第一节柱及柱间钢梁安装完成后,即可进行柱底灌浆。灌浆要留排气孔。钢管混凝土施工也要在钢管柱上预留排气孔。

8. 测量监控工艺

多层与高层钢结构安装阶段的测量放线工作,包括平面轴线控制点的竖向投递、柱顶平面放线、传递标高、平面形状复杂钢结构坐标测量、钢结构安装变形的监控等,施工时要根据场地情况及设计与施工的要求,合理布置钢结构平面控制网和标高控制网。

为达到符合精度要求的测量成果,全站仪、经纬仪、水平仪、铅直仪、钢尺等必须经计量部门检定。除按规定周期进行检定外,在检定周期内的全站仪、经纬仪、铅直仪等主要有关仪器,还应每 2~3 个月定期校验。

为减少不必要的测量误差,从钢结构制作、基础放线到构件安装,应该使用统一型号、经过统一校核的钢尺。

（1）测量控制网的建立与传递

根据业主提供的测量网基准控制体系,使用全站仪将其引入施工现场,设置现场控制基准点。坐标点设置可用长度 2 m 的 DN50 钢管或∟ 50×5 的角钢打桩,顶部焊一块 200 mm×200 mm×10 mm 的钢板,周边浇筑 600 mm×600 mm 深 800 mm 以上的混凝土与钢板平齐,做成永久性的控制点;在钢板上用划针划出十字线,其交点即为基准点,用红角标注,坐标点应设置 2~3 个。标高点设置方法与坐标点设置基本相同,需在钢板上加焊一个半圆头栓钉,混凝土浇筑半圆头平面,其圆头顶部即为标高控制点,标高点只需设置一组。

测量基准点设置方法有外控法和内控法,外控法将测量基准点设在建筑物外部,根据建筑物平面形状,在轴线延长线上设立控制点,控制点一般距建筑物 $(0.8~1.5)H$(H 为建筑物高度)处。每点引出两条交汇的线,组成控制网,并设立半永久性控制桩,建筑物垂直度的传递都从该控制桩引向高空,适用于场地开阔的工地。内控法是将测量控制基准点设在建筑物内部,它适用于场地狭窄、无法在场外建立基准点的工地。控制点的多少根据建筑物平面形状决定。当从地面或底层把基准线点引至高空楼面时,遇到楼板要留孔洞,最后修补该孔洞。

采取一定的措施(如砌筑砖井)对测量基准点进行围护,并记录所设置的测量基准点数值。

各基准控制点、轴线、标高等都要进行三次或以上的复测,以误差最小为准。控制网的测距相对误差应小于 1/25 000,测角中误差应小于 2″。

（2）平面轴线控制点的竖向传递

地下部分可采用外控法,建立井字形控制点,组成一个平面控制格网,并测量设出纵横轴线。

地上部分控制点的竖向传递采用内控法,投递仪器采用激光铅直仪。在地下部分钢结构工程施工完成后,利用全站仪,将地下部分的外控点引测到 ±0.000 m 层楼面,在 ±0.000 m 层楼面形成井字形内控点。在设置内控点时,为保证控制点间相互通视和向上传递,应避开柱、梁位置。在把外控点向内控点的引测过程中,其引测必须符合国家标准工程测量规范中相关规定。地上部分控制点的向上传递过程是:在控制点架设激光铅直仪,精密对中整平;在控制点的正上方,在传递控制点的楼层预留孔 300 mm×300 mm 上放置一块用有机玻璃做成的激光接收靶,通过移动激光接收靶将控制点传递到施工作业楼层上;然后,在传递好的控制点上架设仪器,复测传递好的控制点须符合国家标准工程测量规范中的相关规定。

（3）柱顶轴线（坐标）测量

利用传递上来的控制点,通过全站仪或经纬仪进行平面控制网放线,把轴线(坐标)放到柱顶上。

（4）悬吊钢尺传递标高

① 利用标高控制点,采用水准仪和钢尺测量的方法引测。

② 多层与高层钢结构工程一般用相对标高法进行测量控制。

③ 根据外围原始控制点的标高,用水准仪引测水准点至外围框架钢柱处,在建筑物首层外围钢柱处确定 ±1.000 m 标高控制点,并做好标记。

④ 从做好标记并经过复测合格的标高点处,用 50 m 标准钢尺垂直向上量至各施工层,

在同一层的标高点应检测相互闭合,闭合后的标高点则作为该施工层标高测量的后视点并做好标记。

⑤ 当超过钢尺长度时,另布设标高起始点,作为向上传递的依据。

（四）大跨度空间网架结构的安装要点

网架结构常用形式有:

① 由平面桁架系组成的两向正交正放网架、两向正交斜放网架、两向斜交斜放网架、三向网架、单向折线形网架。

② 由四角锥体组成的正放四角锥网架、正放抽空四角锥网架、棋盘形四角锥网架、斜放四角锥网架、星形四角锥网架。

③ 由三角锥体组成的三角锥网架、抽空三角锥网架、蜂窝形三角锥网架。

网架结构的节点和杆件,在工厂内制作完成并检验合格后,运至现场,拼装成整体。大型网架的安装方法有高空散装法、分条或分块安装法、高空滑移法、整体吊装法、整体提升法、整体顶升法。安装方法根据网架受力情况、结构选型、网架刚度、外形特点、支撑形式、支座构造等,在保证质量安全、进度和经济效益的要求下,结合施工现场实际条件、技术和装备水平综合选择。

网架的安装方法及适用范围见表5-2。

表 5-2　网架的安装方法及适用范围

安装方法	安装内容	适用范围
高空散装法	单件杆拼装	螺栓连接节点的各种类型网架,并宜采用少支架的悬挑施工方法。焊接球节点的网架也可采用
	小拼单元拼装	
分条或分块安装法	条状单元组装	分割后刚度和受力状况改变较小的网架,如两向正交、正放四角锥、正放抽空四角锥等网架,分条或分块的大小根据起重能力而定
	块状单元组装	
高空滑移法	单条滑移法	正放四角锥、正放抽空四角锥、两向正交正放等网架。滑移时滑移单元应保证成为几何不变体系
	逐条积累滑移法	
整体吊装法	单机、多机吊装	各种类型的网架,吊装时可在高空平移或旋转就位
	单根、多根桅杆吊装	
整体提升法	在桅杆上悬挂千斤顶提升	周边支承及多点支承网架,可用升板机、液压千斤顶等小型机具进行施工
	在结构上安装千斤顶、升板机提升	
整体顶升法	利用网架支撑柱作为顶升时的支撑结构	支点较少的多点支承网架
	在原支点处或其附近设置临时顶升支架	

注:未注明连接节点构造的网架,指各类连接节点网架均适用。

（1）高空散装法

高空散装法是指运输到现场的小拼单元体（平面桁架或锥体）或散件（单根杆件及单个节点），直接用起重机械吊升到高空设计位置，对位拼装成整体结构的方法。适用于螺栓球或高强度螺栓连接节点的网架结构。高空散装法在开始安置时，在刚开始安装的几个网格处搭满堂脚手架，脚手架高度随网架圆弧而变化，网架安装先从地面两条轴线网墙开始安装，待网架的两个柱距安装完后，网架自然成为一个稳定体系，拆除脚手架，由该稳定体系按照一定的顺序向外扩展。

在拼装过程中始终有一部分网架悬挑着，当网架悬挑拼接成稳定体系后，不需要设置任何支架来承受其自重和施工荷载。当跨度较大，拼接到一定悬挑长度后，设置单肢柱或支架，支承悬挑部分，以减少或避免因自重和施工荷载而产生的挠度。

高空散装法脚手架用量大，高空作业多，工期较长，需占建筑物场内用地，且技术上有一定难度。

（2）分条或分块安装法

分条或分块安装法，是指把网架分成条状或块状单元，分别用起重机吊装至高空设计位置就位搁置，然后再拼装成整体的安装方法。分条或分块安装法是高空散装的组合扩大。

条状单元，指网架沿长跨方向分割为若干区段，而每个区段的宽度可以是一个网格至三个网格，其长度则为短跨的 $1/2 \sim 1$ 倍跨度，适用于分割后刚度和受力状况改变较小的网架。

块状单元指网架沿纵横方向分割后的单元形状为矩形或正方形的单元。

每个单元的重量以保证现有起重机的吊装能力为限。

用分条或分块安装法安装网架，大部分焊接、拼装工作量在地面进行，减少了高空作业，有利于保证焊接和组装质量，省去大部分拼装支架；所需起重设备较简单，不需大型起重设备；可利用现有起重设备吊装网架，可与室内其他工种平行作业，缩短总工期、用工省、劳动强度低、施工速度快、有利于降低成本。

分条或分块安装法安装网架需搭设一定数量的拼装平台，拼装容易造成轴线的积累偏差，一般要采取试拼、套拼、散件拼装等措施来控制。为保证网架顺利拼装，在条与条或块与块合拢处，可采用安装螺栓等措施；设置独立的支承点或拼装支架时，支架上支承点的位置应设在节点处；支架应验算其承载能力，必要时可进行试压，以确保安全可靠。支架支座下应采取措施，防止支座下沉。合拢时可用千斤顶将网架单元顶到设计标高，然后进行总拼连接。

分条或分块安装法适于分割后刚度和受力状况改变较小的各种中、小型网架，如双向正交正放、正放四角锥、正放抽空四角锥等网架和场地狭小或跨越其他结构、起重机无法进入网架安装区域的场合。分条或分块安装法经常与其他安装法相配合使用，如高空散装法、高空滑移法等。

（3）高空滑移法

高空滑移法是指把分条的网架单元在事先设置的滑轨上单条滑移到设计位置，拼接成整体的安装方法。安装时，在网架端部或中部设置局部拼装架（或利用已建结构物作为高空拼装平台）；在地面或支架上扩大拼装条状单元，将网架条状单元用起重机提升到预定高度后,利用安装在支架或圈梁上的专用滑行轨道,用牵引设备将网架滑移到设计位置,拼装成整体网架。

在起重设备吊装能力不足或其他情况下,可用小拼单元甚至散件在高空拼装平台上拼成条状单元。高空支架一般设在建筑物的一端,滑移时网架的条状单元由一端滑向另一端。

（4）整体吊装法

网架整体吊装法,是指网架在地面总拼后,采用单根或多根桅杆、一台或多台起重机进行吊装就位的施工方法。整体吊装法适用于各种类型的网架结构,吊装时可在高空平移或旋转就位。

总拼及焊接顺序:从中间向四周或从中间向两端进行。

当场地条件许可时,可在场外地面总拼网架,然后用起重机抬吊至建筑物上就位,这时虽解决了室内结构拖延工期的问题,但起重机必须负重行驶较长距离。

网架整体吊装法,不需要搭设高的拼装架,高空作业少,易于保证接头焊接质量,但需要起重能力大的设备,吊装技术也复杂,按照建设部有关规定,重大吊装方案需要专家审定。

吊装前对总拼装的外观及尺寸等应进行全面检查,应符合设计要求和《钢结构工程施工质量验收标准》(GB 50205—2020)规定。

整体吊装可采用单根或多根拔杆起吊,亦可采用一台或多台起重机起重就位,各吊点提升及下降应同步,提升及下降各点的升差值可取吊点间距离的 1/400,且不宜大于 100 mm,或通过验算确定。

（5）整体提升法

动画
整体提升法

整体提升法是指在结构柱上安装提升设备提升网架。本方法近年来在国内比较有影响的如北京西客站钢门楼 1 800 t 钢结构整体吊装、广州新白云机场等工程中采用,取得了非常好的效果。

整体提升法有两个特点:一是网架必须按高空安装位置在地面就位拼装,即高空安装位置和地面拼装位置必须要在同一投影面上;二是周边与柱子(或连系梁)相碰的杆件必须预留,待网架提升到位后再进行补装(补空)。

大跨度网架整体提升有三种基本方法,即在桅杆上悬挂千斤顶提升网架,在结构上安装千斤顶提升网架,在结构上安装升板机提升网架。

采用安装千斤顶提升时:根据网架形式、重量,选用不同起重能力的液压穿心式千斤顶、钢绞线(螺杆)、泵站等进行网架提升,又可分为:

① 单提网架法。网架在设计位置就地总拼后,利用安装在柱子上的小型设备(穿心式液压千斤顶)将网架整体提升到设计标高上,然后下降就位、固定。

② 网架提升法。网架在设计位置就地总拼后,利用安装在网架上的小型设备(穿心式液压千斤顶)提升锚点固定在柱上或桅杆上,将网架整体提升到设计标高,就位、固定。

③ 升梁抬网法。网架在设计位置就地总拼,同时安装好支承网架的装配式圈梁(提升前圈梁与柱断开,提升网架完成后再与柱连成整体),把网架支座搁置于此圈梁中部,在每个柱顶上安装好提升设备,这些提升设备在升梁的同时,抬着网架升至设计标高。

④ 滑模提升法。网架在设计位置就地总拼,柱是用滑模施工,网架提升是利用安装在柱内钢筋上的滑模用液压千斤顶,一面提升网架一面滑升模板浇筑混凝土。

（6）整体顶升法

网架整体顶升法是把网架在设计位置的地面拼装成整体,然后用支承结构和千斤顶将网架整体顶升到设计标高。

网架整体顶升法可利用原有结构柱作为顶升支架,也可另设专门的支架或枕木垛垫高。需要的设备简单,不用大型吊装设备,顶升支承结构可利用结构永久性支承柱,拼装网架不需搭设拼装支架,可节省大量机具和脚手、支墩费用,降低施工成本;操作简便、安全,但顶升速度较慢,对结构顶升的误差控制要求严格,以防失稳。适于安装多支点支承的各种四角锥网架屋盖安装。

动画
整体顶升法

二、职业活动训练

活动一　一般单层钢结构安装

1. 目的　通过单层钢结构安装施工的现场教学或采用课件(录像)形式使学生掌握一般单层钢结构安装的施工要点。

2. 能力标准及要求　能进行一般单层钢结构的安装施工。

3. 活动条件　单层钢结构安装施工的现场或关于单层钢结构安装施工的课件(录像)。

4. 步骤提示

（1）通过钢结构安装施工的现场教学或采用课件(录像)形式,掌握钢柱安装、吊车梁安装、钢屋架安装等的安装要点。

（2）通过现场学习,针对钢结构安装易出现施工问题的地方,着重讲解解决方法,进一步加深对一般单层钢结构的安装施工要点的掌握。

动画
方案比较
与选定

动画
方钢管桁架
模拟选型

活动二　高层及超高层钢结构安装

1. 目的　通过高层及超高层钢结构安装施工的现场教学或采用课件(录像)形式使学生掌握高层及超高层钢结构安装的施工过程及要点。

2. 能力标准及要求　能进行高层及超高层钢结构的安装。

3. 活动条件　高层及超高层钢结构安装施工的现场或关于高层及超高层钢结构安装施工的课件(录像)。

4. 步骤提示

（1）在活动一的基础上,结合施工现场具体情况,着重讲解划分流水作业区段、选择的构件的安装顺序和吊装机具、吊装方案、测量监控方案、焊接方案等内容。

（2）完成练习　假设几种不同的施工方案,分析其可能出现的情况(对施工质量和进度等的影响),说明所参观的施工现场选择的方案的理由。

动画
方钢管桁架
模拟施工

活动三　大跨度空间网架结构的安装

1. 目的　通过大跨度空间网架结构安装的施工现场教学或采用课件(录像)形式使学生掌握大跨度空间网架结构安装的施工过程及要点。

2. 能力标准及要求　能进行大跨度空间网架结构的安装。

3. 活动条件　大跨度空间网架结构安装施工的现场或关于大跨度空间网架结构施工的课件(录像)。

4. 步骤提示

（1）现场讲解大跨度空间网架结构安装的施工过程及要点。

（2）通过现场学习，结合课堂讲解内容，能够指出现场所采用的施工方法，说明使用该方法的理由。

教学课件
钢结构围护
结构的安装

项目四　钢结构围护结构的安装

学习目标　通过本项目的学习，掌握围护结构的构造和连接件，掌握屋面泛水件的安装。

能力标准及要求　通过本项目的学习，能进行钢结构的围护结构安装。

一、应知部分

（一）围护结构材料

工业与民用建筑的围护结构（屋面、墙面）与组合楼板等工程钢结构围护结构，主要采用压型金属板、用各种紧固件和各种泛水配件组装而成。

1. 压型金属板

压型金属板根据其波型截面可分为：

高波板：波高大于 75 mm，适用于屋面板。

中波板：波高 50~75 mm，适用于楼面板及中小跨度的屋面板。

低波板：波高小于 50 mm，适用于墙面板。

压型金属板根据金属类别可分为压型钢板和压型铝板。还可以根据使用途径分为屋面板、墙面板、非保温板、保温板等。

2. 连接件

围护结构的压型金属板间除了板间搭接外，还需要使用连接件。连接件分为两类，一类为结构连接件，将板与承重构件相连的连接件；另一类为构造连接件，将板与板、板与配件、配件与配件等相连的连接件。

（1）结构连接件

结构连接件是将建筑物的围护板材与承重结构连接成整体的重要部件，用以抵抗风的吸力、下滑力、地震力等。一般需要进行承载力验算设计。

视频
拉铆螺栓

结构连接件有以下种类：自攻螺钉，用自攻螺钉直接将板与钢檩条连在一起；挂钩板或扣压板，通过连接支座上的挂钩板或扣压板与板材相连，支座通过自攻螺钉固定在钢檩条上；单向连接螺栓。

（2）构造连接件

构造连接件将各种用途（如防水、密封、装饰等）的压型金属板连接成整体，构造连接件有铝合金拉铆钉、自攻螺钉和单向连接螺栓等，常用的连接件见表 5-3。

表 5-3　常用的连接件

名称	规格及图例	性能	用途
单向固定螺栓	凸形金属垫圈　硬质塑料垫圈 密封垫圈　M8螺栓 套管 12　35 58	抗剪力 27 kN 抗拉力 15 kN	屋面高波压型金属板与固定支架的连接
单向连接螺栓	硬质塑料套管　密封垫圈 开花头　凸形金属垫圈 M8螺栓　M8螺母 11　32 60	抗剪力 13.4 kN 抗拉力 8 kN	屋面高波压型金属板侧向搭接部位的连接
连接螺栓	平板金属垫圈　密封垫圈 M6螺母　凸形金属垫圈 M6螺栓 6　30 35		屋面高波压型金属板与屋面檐口挡水板、封檐板的连接
自攻螺钉（二次攻）	6　13	表面硬度： 50~80HRC	墙面压型金属板与墙梁的连接
钩螺栓	>25　M6螺母 凸形金属垫圈 6　密封垫圈 >20　50		屋面低波压型金属板与檩条的连接,墙面压型金属板与墙梁的连接

续表

名称	规格及图例	性能	用途
铝合金拉铆钉	铝合金铆钉 芯钉	抗剪力 2 kN 抗拉力 3 kN	屋面低波压型金属板、墙面压型金属板侧向搭接部位的连接,泛水板之间,包角板之间或泛水板、包角板与压型金属板之间搭接部位的连接

3. 围护结构配件

压型金属板配件分为屋面配件和墙面配件、水落管等。屋面配件有屋脊件、封檐件、山墙封边件、高低跨泛水件、天窗泛水件、屋面洞口泛水件等。墙面配件有转角件、板底泛水件、板顶封边件、门窗洞口包边件等。这些配件一般采用与压型金属板相同的材料,用弯板机进行加工。配件因所在位置、用途、外观要求不同而被设计成各种形状,很难定型。有些屋面或墙面板的专用泛水件已成为定型产品,与板材配套供应。

4. 密封材料

压型金属板围护结构配套使用的密封材料分为防水密封材料和保温隔热密封材料两种。

(1) 防水密封材料

防水密封材料有建筑密封膏、泡沫塑料堵头、三烷乙丙橡胶垫圈、密封胶和密封胶条等,应具有良好的耐老化性能、密封性能、黏结性能和施工性能。

密封胶为中性硅酮胶,包装多为筒装,并用推进器(挤膏枪)挤出;也有软包装,用专用推进器,价格比筒装的低。

密封胶条是一种双面有胶粘剂的带状材料,多用于彩板与彩板之间的纵向缝搭接。

(2) 隔热密封材料

主要有软泡沫材料、玻璃棉料、聚苯乙烯泡沫板、岩棉材料,以及聚氨酯现场发泡封堵材料。这些材料主要用于封堵保温房屋的保温板材或卷材不能达到的位置。

5. 采光板

在大跨和多跨建筑中,由于侧墙采光不能满足建筑的自然采光要求,在屋面上需设置屋面采光板。彩色钢板建筑的屋面防水为装配式构造防水。

采光板按材料不同分为玻璃纤维增强聚酯采光板、聚碳酸酯制成的蜂窝状或实心板、钢化玻璃、夹胶玻璃等。

按采光板的形状不同分为与屋面板波形相同的玻璃纤维增强聚酯采光板(简称玻璃钢采光瓦)和平面或曲面采光板。

(二) 围护结构构造

1. 连接构造

压型金属板之间、压型金属板与龙骨(屋面檩条、墙模、平台梁等)之间,均需要连接件进行连接,常用的连接方式见表 5-4。

表 5-4　压型金属板间、压型金属板与龙骨间常用的连接方式

名称	连接方式	特点
自攻螺钉连接	采用自带钻头的螺钉直接将压型金属板与龙骨连接	施工方便,速度快,连接刚度较好,龙骨的板厚不能太厚,一般不超过 6 mm
拉铆钉连接	在单面使用拉铆枪(手动、电动、气动)将拉铆钉与连接件铆接成一个整体	主要用于压型金属板之间,或压型金属板与泛水板、包角板等搭接连接。施工简单,连接刚度差,防水性能较差
扣件连接	在檩条上安装固定扣件,然后通过压型金属板的板型构造,将压型板与扣件扣接在一起,靠压型板的弹性及与扣件间的摩擦连接	压型板长度无限制,可以避免纵向搭接,表面不出现螺钉,可以最大限度地防止漏雨。连接可靠性较差,压型板质量不稳定,在台风地区尤为突出
咬合连接	在扣接的基础上,再在压型板之间的搭接部位,采用 180°或 360°机械咬合	该连接一般和扣件连接一起使用,既保留了扣件连接的优点,又在一定程度上克服了扣件连接的缺点,基本可以避免漏雨等现象,是目前应用越来越多的连接
栓钉连接	通过栓钉将压型钢板穿透焊在支承梁上表面,起到将压型板与钢梁连接的作用	多用于组合楼板中的压型钢板连接

（1）压型板板间连接

压型板是装配式围护结构,板间的拼接缝成为渗漏雨水的直接来源。板间连接有压型金属板侧向连接(沿着压型槽长度方向,又称横向连接)、长向连接(垂直于压型槽长度方向,又称纵向连接),压型金属板与采光板的连接等,一般采用搭接,以提高其防水功能。

① 侧向连接。搭接方向应与主导风向一致,搭接形式有四种:自然扣合式、防水空腔式、扣盖式、咬口卷边式,如图 5-26 所示。

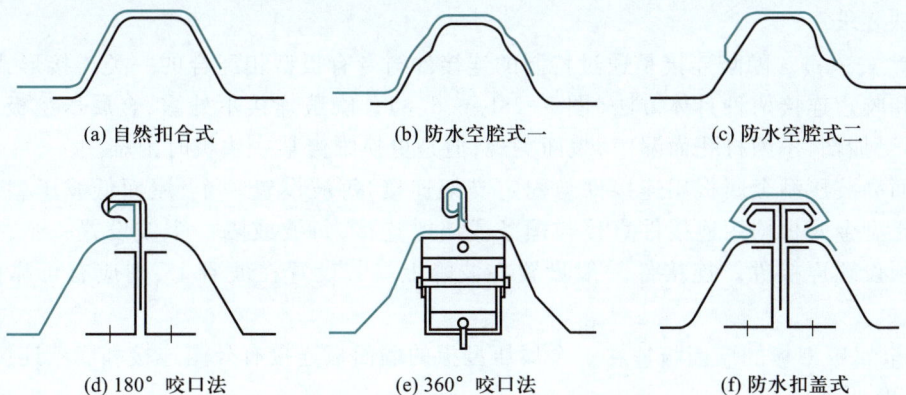

(a) 自然扣合式　　　　(b) 防水空腔式一　　　　(c) 防水空腔式二

(d) 180° 咬口法　　　　(e) 360° 咬口法　　　　(f) 防水扣盖式

图 5-26　板型接缝构造示意图

搭接处的密封宜采用双面粘贴的密封带,密封条应该靠近紧固位置,不能采用密封胶。若采用密封胶,由于两板搭接处空隙很小,连接后的密封胶被挤压后的厚度很小,且其固化时间较长,在这段时间里由于施工人员的走动造成搭接处的搭接板间开合频繁,使密封胶失效,故在一般情况下搭接处不采用密封胶进行密封。

搭接部位连接件设置分两种情况:高波压型金属板的侧向搭接部位必须设置连接件,其间距一般为700~800 mm;低波压型金属板的侧向搭接部位,必要时可设置连接件,其间距一般为300~400 mm。

② 长向连接。屋面及墙面压型金属板的长向连接均采用搭接连接,长向搭接部位一般设在支承构件上,搭接区段的板间设置防水密封带。

搭接连接采用两种方法:直接连接法和压板挤紧法。

直接连接法是将上下两块板间设置两道防水密封条,在防水密封条处用自攻螺钉或拉铆钉将其紧固在一起,如图5-27a所示。

压板挤紧法是最新的上下板搭接连接的方法,是将两块彩板的上面和下面设置两块与压型金属板板型相同的厚镀锌钢板,其下设防水胶条,用紧固螺栓将其紧密挤压连接在一起,这种方法零配件较多,施工工序多,但是防水可靠,如图5-27b所示。

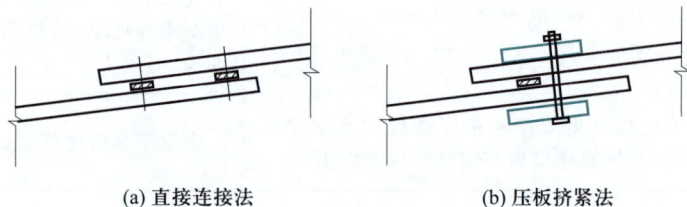

(a) 直接连接法　　　　　　　　　(b) 压板挤紧法

图 5-27　长向搭接连接方法

（2）压型钢板与檩条（墙梁）的连接

① 金属压型板的屋面连接。板与檩条和墙梁的连接有外露连接和隐蔽连接两类。

a. 外露连接。外露连接采用在压型板上用自攻自钻的螺钉将板材与屋面轻型钢檩条或墙梁连在一起（图5-28a）。凡是外露连接的紧固件必须配以寿命长、防水可靠的密封垫、金属帽和装饰彩色盖。这种连接为单面施工,操作方便,简单易行,连接可靠,对钢板材质无特殊要求。

b. 隐蔽连接。隐蔽连接是通过特制的连接件与专有板型相配合的一类连接形式,有压板连接和咬边连接两种具体方法（图5-28b、c、d、e）。隐蔽连接不外露,金属压型板表面不打孔,不受损伤,不因打孔而漏雨,表面美观,但是更换维修某一块板时困难。

屋面高波压型金属板用连接件与固定支架连接,每波设置一个;屋面低波压型金属板及墙面压型金属板均用连接件直接与檩条或墙梁连接,每波或隔一个波设置一个,但搭接波处必须设置连接件。连接件一般设置在波峰上。若设置在波谷上,则应有可靠的防水措施。

② 金属压型板的墙面板连接。金属压型板的墙面板连接有外露连接和隐蔽连接两种,如图5-29所示。

a. 外露连接是将连接紧固件在波谷上将板与墙梁连接在一起,使紧固件的头处在墙面凹下处,比较美观;在一些波距较大的情况下,也可将连接紧固件设在波峰上。

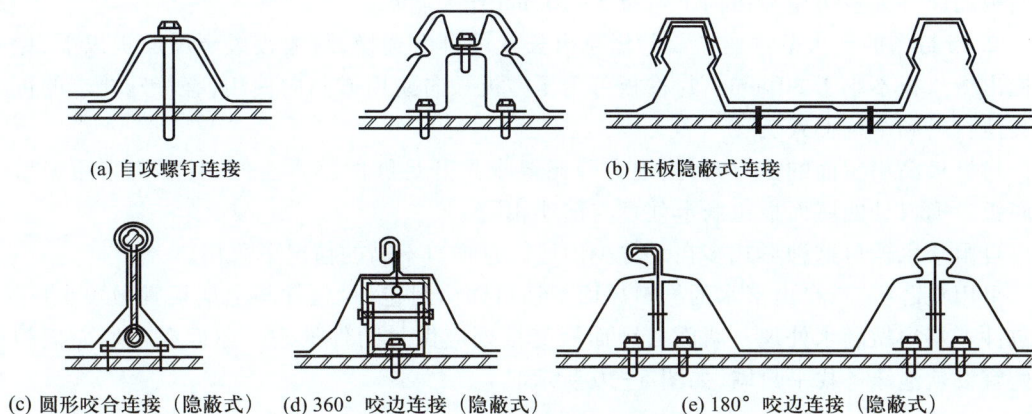

(a) 自攻螺钉连接   (b) 压板隐蔽式连接

(c) 圆形咬合连接（隐蔽式）   (d) 360°咬边连接（隐蔽式）   (e) 180°咬边连接（隐蔽式）

图 5-28 金属压型板屋面连接的典型方法

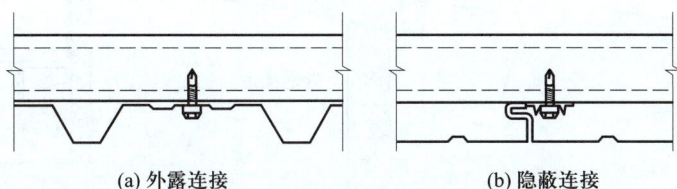

(a) 外露连接   (b) 隐蔽连接

图 5-29 金属压型板墙面连接方式

b. 墙面隐蔽连接的板型覆盖面较窄,它是将第一块板与墙面连接后,将第二块板插入第一块板的板边凹槽口中,起到抵抗负风压的作用。

无论墙面板或屋面板的隐蔽连接方法,在大量的上下板的搭接处,屋面的屋脊处、山墙泛水处、高低跨的交接处,以及墙面的门窗洞口处、墙的转角处等需要包边、泛水等配件覆盖的位置都不可能完全避免外露连接。这些外露连接有的是板与墙梁或檩条的连接,也有金属压型板间的连接。

（3）其他结构连接

泛水板之间、包角板之间的连接均采用搭接连接,其搭接长度不小于 60 mm。泛水板、包角板与压型金属板搭接部位均应设置连接件。在支承构件处,泛水板、包角板用连接件与支承构件连接。

屋脊板、高低跨相交处的泛水板与屋面压型金属板的连接也采用搭接连接,其搭接长度不小于 200 mm。搭接部位设置挡水板和堵头板或设置防水堵头材料。屋脊板之间搭接部位的连接件间距不大于 50 mm。

2. 檐口构造

檐口是金属压型板围护结构中较复杂的部位,可分外排水天沟檐口、内排水天沟檐口和自由落水檐口三种形式。

（1）自由落水檐口

自由落水檐口有无封檐、带封檐两种形式。

① 无封檐的自由落水檐口。这种檐口金属压型板自墙面向外挑出,伸出长不少于 300 mm。墙板与屋面板间产生的锯齿形空隙用专用板型的挡水件封堵。当屋面坡度小于 1/10 时,

屋面板的波谷处板边用夹钳向下弯折 5~10 mm 作为滴水。

② 带封檐的自由落水檐口。封檐挑出长度可自由选择,封檐板置于屋面板以下,屋面板挑出檐口板不小于 30 mm。封檐板可用压型板长向使用或侧向使用,有特殊要求的可采用其他材料和结构形式。

封檐板高出屋面的檐口时,按地方降雨要求拉开足够的排水空间,且不宜采用檐口下封底板。檐口处的屋面板边滴水处理与前述相同。

自由落水檐口这种形式多在北方少雨地区且檐口不高的情况下采用。

采用夹芯板时,自由落水的檐口屋面板切口面应封包,封包件与上层板宜做顺水搭接。封包件下端须做滴水处理。墙面与屋面板交接处应做封闭件处理。屋面板与墙面板相重合处宜设软泡沫条找平封墙,如图 5-30 所示。

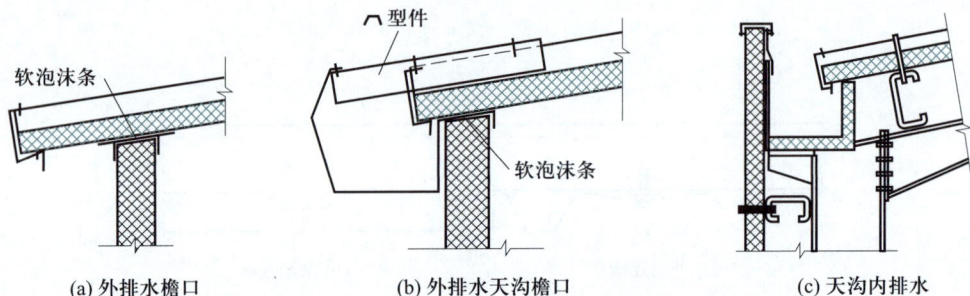

(a) 外排水檐口　　　　(b) 外排水天沟檐口　　　　(c) 天沟内排水

图 5-30　夹芯板檐口做法示意图

（2）外排水天沟檐口

外排水天沟分为不带封檐的和带封檐的两类,如图 5-31 所示。

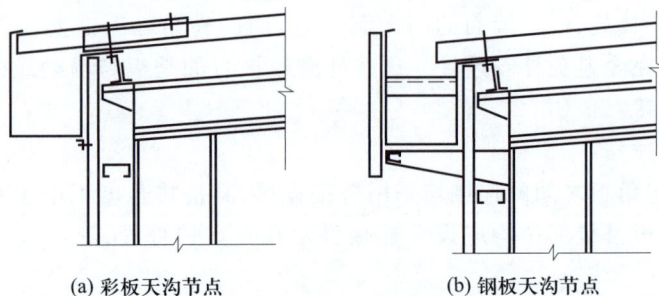

(a) 彩板天沟节点　　　　(b) 钢板天沟节点

图 5-31　外排水天沟檐口

① 不带封檐的外排水天沟檐口。这种檐口的天沟可用金属压型板或焊接钢板。一般情况下,多用金属压型板天沟,不需专门的支承结构,沟壁内侧多与外墙板相贴近,在墙板上设支承件,在屋面板上伸出连接件挑在天沟的外壁上,各段天沟相互搭接,采用拉铆钉连接和密封胶密封。天沟设置在室外,如出现缝隙漏雨,影响不大。

采用钢板天沟时,各段天沟用焊接连接。这种天沟需在屋面梁上伸出支承件,并需对天沟作内外防腐和外装饰油漆。檐口防水可靠,施工不如前者方便。

② 带封檐的外排水天沟檐口。这种檐口多采用钢板天沟,为固定封檐,需设置固定支架。封檐的大小各异,需在梁上挑出牛腿,在牛腿上支承天沟和封檐支架。屋面板挑出天

沟内壁不小于 50 mm,其端头应用压型金属板封包并做出滴水。屋面采用夹芯板时,采用这种形式。

（3）内排水天沟檐口

内排水天沟檐口分为连跨内天沟和檐口内天沟两种,两种构造形式基本一致。尽量选用外天沟排水,由于建筑造型的需要不得不采用檐口内排水时,应注意以下问题:

① 天沟上应设置溢水口,避免下水口堵塞时雨水倒灌。

② 天沟应采用钢板天沟,密焊连接,并应作好防腐处理,有条件的选用不锈钢天沟。

③ 天沟外壁宜高过屋面板在檐口处的高度,避免雨水冲击而引起漏水。

④ 天沟与屋面板之间的锯齿形空隙应封闭。

⑤ 屋面板挑出檐口不少于 50 mm,并应用工具将金属压型板边沿的波谷部分弯成滴水,避免爬水现象。

⑥ 应作好外墙板与外天沟壁之间的封闭,避免墙内壁漏雨。

⑦ 天沟找坡宜采用天沟自身找坡的方法。

屋面采用夹芯板时,天沟用 3 mm 厚以上钢板制作,天沟外壁高出屋面板端头高度,并在墙板内壁做泛水。天沟的两个端头做出溢水口,天沟底部用夹芯板做保温(外保温)。天沟内保温的方法较复杂,防水层不易做好,一旦渗漏,不易发现,将可能腐蚀钢板。

建筑物高跨雨水不能直接排放到低跨屋面压型金属板上,可在低跨屋面压型金属板上设置引水槽,沿着引水槽将雨水引至低跨屋面排水天沟(图 5-32)。

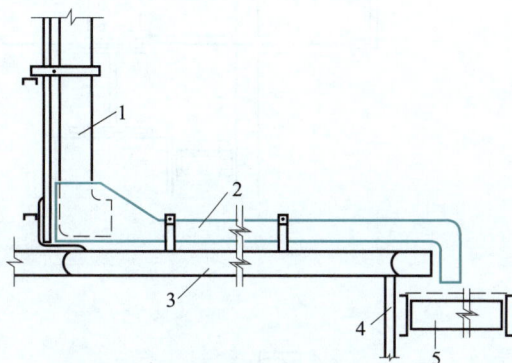

图 5-32　低跨屋面压型金属板上的引水槽
1—高跨屋面雨水管;2—引水槽;3—屋面压型金属板;
4—墙面压型金属板;5—天沟

3. 屋脊构造

屋脊有两种做法。

一种是在屋脊处的压型钢板不断开,屋面板从一个檐口直接到另一檐口,在屋脊处自然压弯,这种方法多用在跨度不大、屋面坡度小于1/20时。其优点是构造简单,防水可靠,节省材料,如图 5-33 所示。

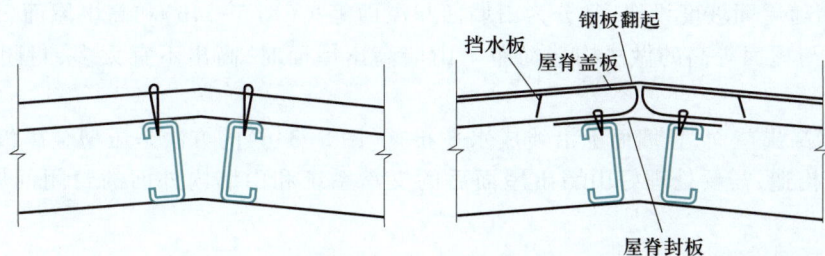

图 5-33　屋脊做法示意图

另一种是屋面板只铺到屋脊处,这是一种常用的方法。这种做法必须设置上屋脊、下屋脊、挡水板、泛水翻边(高波时应有泛水板)等多种配件,以形成严密的防水构造。由于各种屋面板的板型不同,其构造各不相同,但是订货时供应商应配套供应。采用临时措施解决是不可取的。

屋脊板与屋面板的搭接长度不宜小于 200 mm。

屋面采用夹芯板时,构造无变化,缝间的孔隙用保温材料封填。

4. 山墙与屋面构造

山墙与屋面交接处的结构可分为三类:山墙处屋面板出檐、山墙随屋面坡度设置和山墙高出屋面且墙面上沿线成水平线。

① 山墙处屋面板出檐,多用于侧墙处屋面板外挑时,这种方法构造简单,防水可靠,施工方便(图 5-34a)。

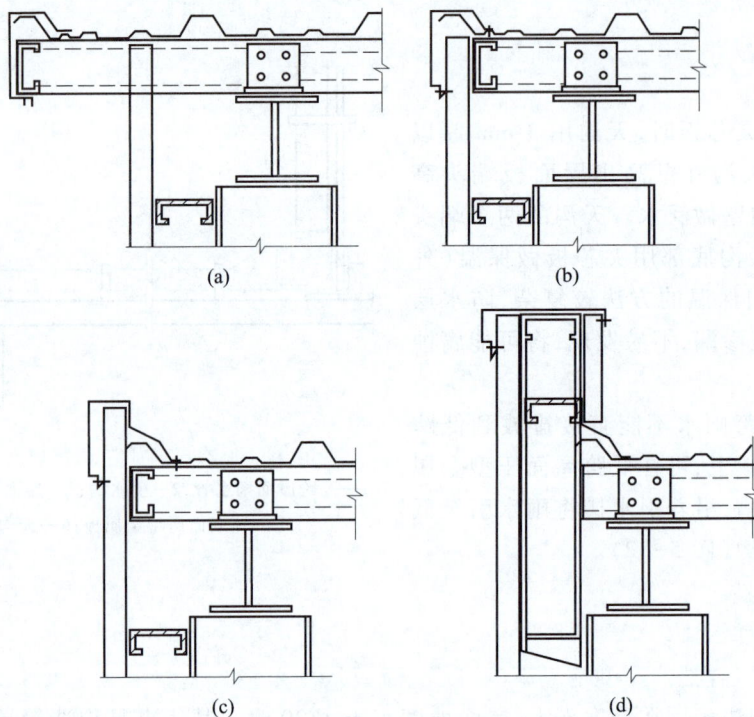

图 5-34　山墙与屋面交接处构造

② 山墙随屋面坡度设置,又分为山墙面与屋面等高(图 5-34b)和高出屋面(图 5-34c)两种。山墙与屋面等高的做法构造简单。山墙高出屋面时,高出不宜太多,封闭构造可简单一些。

③ 山墙高出屋面,且墙面上沿线成水平布置(图 5-34d)的方法是压型金属板围护结构中较复杂的构造,需要处理好山墙出屋面后的支承系统和山墙内外面的封闭问题,一般不设为好。

5. 高低跨处的构造

高低跨处理不好会出现漏雨水的现象,一般情况下要避免设置高低跨。当不可避免需要设置高低跨时,对于双跨平行的高低跨,将低跨设计成单坡,从高跨处向外坡下,这时的高低跨处理最简单,高低跨之间用泛水连接,低跨处的构造要求与屋脊构造处理相似。

　　高跨处的泛水高度应大于 300 mm,如图 5-35 所示。屋面采用夹芯板时,构造也无变化,缝间的孔隙用保温材料封填。

6. 外墙底部做法

　　彩钢外墙底部在与地坪或矮墙交接处会形成一道装配构造缝,为防止墙面自上面流下的雨水从该缝渗流到室内,交接处的地坪或矮墙应高出压型金属板墙的底端 60~120 mm(图 5-36),采用图 5-36a、b 两种做法时,压型金属板底端与砖混围护墙两种材料间应留出 20 mm 以上的净空,避免底部浸入雨水中,造成对压型金属板根部的腐蚀环境;外墙安装在底表面抹灰找平后进行,防止雨水被封入两种材料的缝隙内,导致雨水向室内渗入。

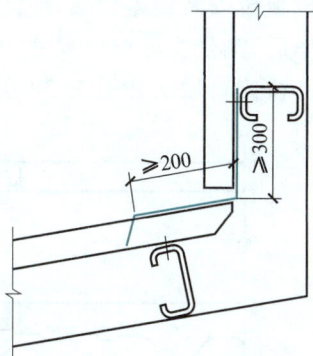

图 5-35　高低跨处的构造

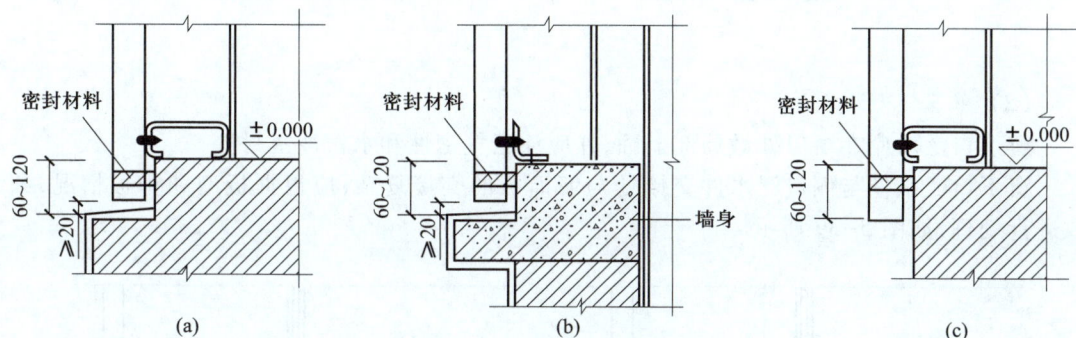

(a)　　　　　　　　　　(b)　　　　　　　　　　(c)

图 5-36　外墙底部做法

　　压型金属板墙面底部与砖混围护结构相贴近处,它们间的锯齿形空隙用密封条密封。

7. 外墙门窗洞口做法

　　压型金属板建筑的门窗多布置在墙面檩条上,窗口的封闭构造比较复杂。需要特别处理好窗(门)口四面泛水的交接,注意四侧泛水件的规格协调,把雨水导出到墙外侧。

(1) 窗上口与侧口做法

　　窗上口的做法种类较多,图 5-37 是两种常用的做法。图 5-37a 做法简单,容易制作和安装,窗口四面泛水易协调,在外观要求不高时使用。图 5-37b 做法外观好,构造较复杂,

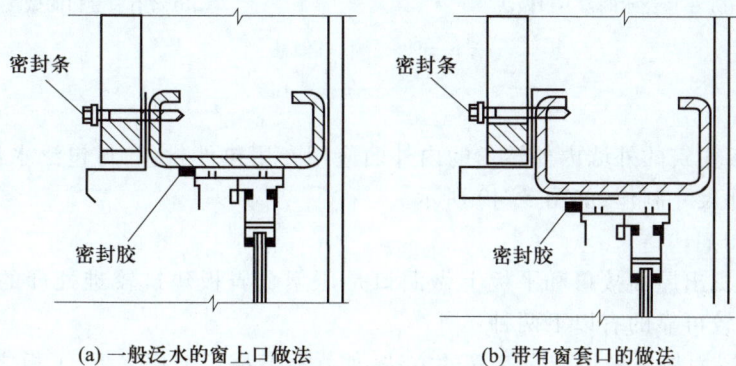

(a) 一般泛水的窗上口做法　　　　　　(b) 带有窗套口的做法

图 5-37　窗上口做法

窗侧口与窗上下口的交接处泛水处理应细致设计,必要时要做出转角处的泛水件交接示意图。可预做专门的转角件,以达到配合精确,外观漂亮。这种做法往往因为施工安装偏差造成板位安装偏差积累,使泛水件不能正确就位,因此应精确控制安装偏差,并在墙面安装完毕后,测量实际窗口尺寸,并修改泛水形状和尺寸后制作安装。

窗侧口做法如图 5-38 所示。

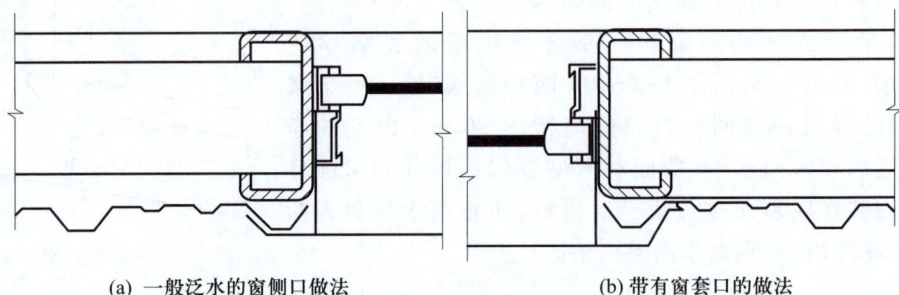

(a) 一般泛水的窗侧口做法   (b) 带有窗套口的做法

图 5-38 窗侧口做法

（2）窗下口做法

窗下口泛水应在窗口处做局部上翻,并应注意气密性和水密性密封。

窗下口泛水件与侧口泛水件交接处与墙面板的交接复杂,应根据板型和排板情况,细致进行处理,如图 5-39 所示。

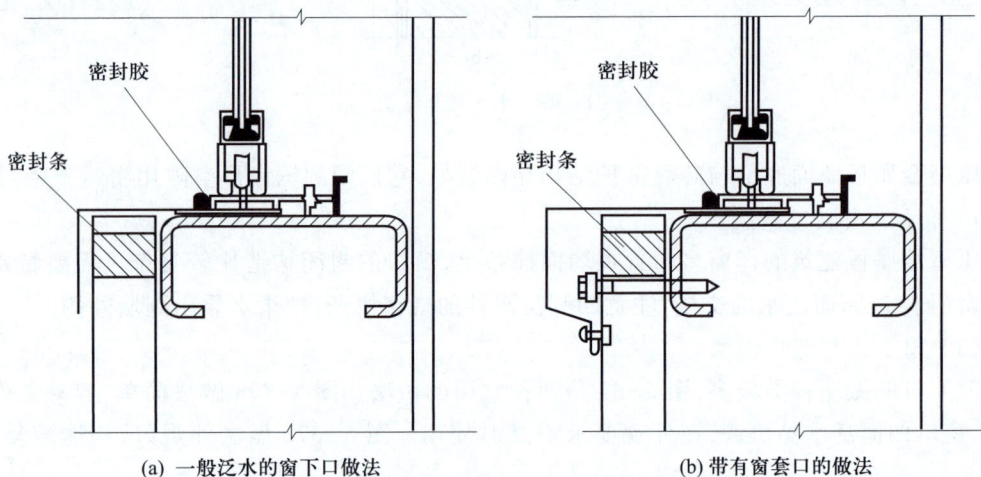

(a) 一般泛水的窗下口做法   (b) 带有窗套口的做法

图 5-39 窗下口做法

8. 外墙转角做法

压型金属板建筑的外墙内外转角的内外面应用专用包件封包,封包泛水件尺寸宜在安装完毕后按实际尺寸制作,如图 5-40 所示。

9. 管道出屋面构造

管道、通风机出屋面接口和平板上做洞口是压型金属板建筑较难处理的部位,防水解决方法有多种,较可靠的有以下两种:

① 在波形屋面板上做焊接水簸箕的方法,使水簸箕搭于上板之下,下板之上,两侧板之

上,并在洞口处留出泛水口,这种水簸箕可用铝合金或不锈钢等材料焊接制成,如图 5-41a 所示。

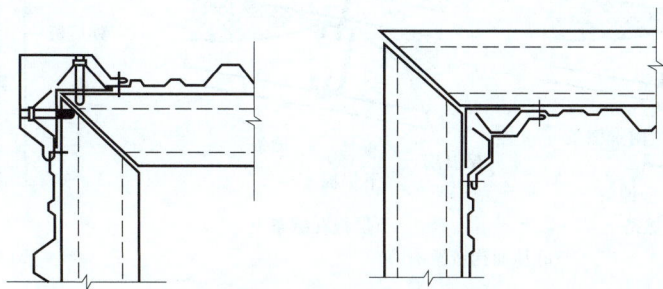

图 5-40　外墙转角做法示意图

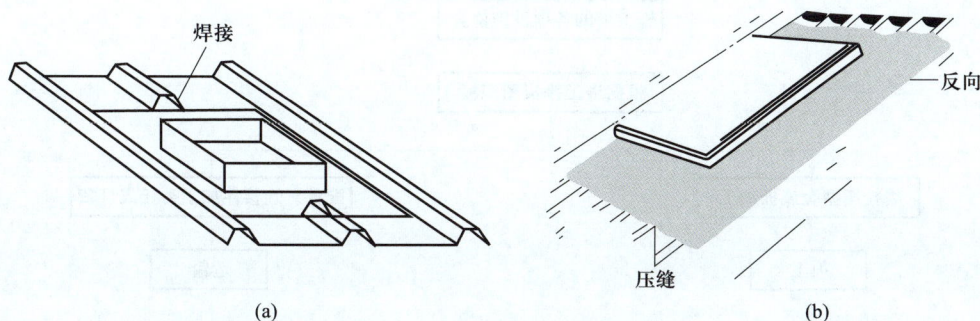

(a)　　　　　　　　　　　　　　　　　(b)

图 5-41　管道出屋面构造

② 使用得泰盖片和成套防水件防水,可以随波就型,密封可靠,如图 5-41b 所示。

10. 现场组装保温围护结构的构造

现场组装的保温围护结构是指将单层压型钢板、保温的卷材(或板材)分层安装在屋面上,保温层不起任何承力作用。有单层压型板加保温层和双层压型板中间放置保温层两类。

(1) 单层压型板加保温层的围护结构

这种围护结构的标准较低,多用于工厂、仓库或有吊顶的建筑中,保温层为连续的保温棉(毡),棉毡下面贴有加筋贴面层,加筋为玻璃纤维。玻璃棉毡的下面需加镀锌钢丝或不锈钢丝承托网。

(2) 双面压型板保温层的围护结构

这种围护结构内观整齐、美观,使用较多,但造价较前者高。

其构成方式有两种,一是下层压型板装在屋面檩条以上,二是下层压型板在屋檩条以下。对墙面而言为双层压型板分别在墙面檩条两侧,如图 5-42 所示。

(三) 压型金属板围护结构的安装工艺流程

压型金属板非保温围护结构的安装工艺流程如图 5-43 所示。

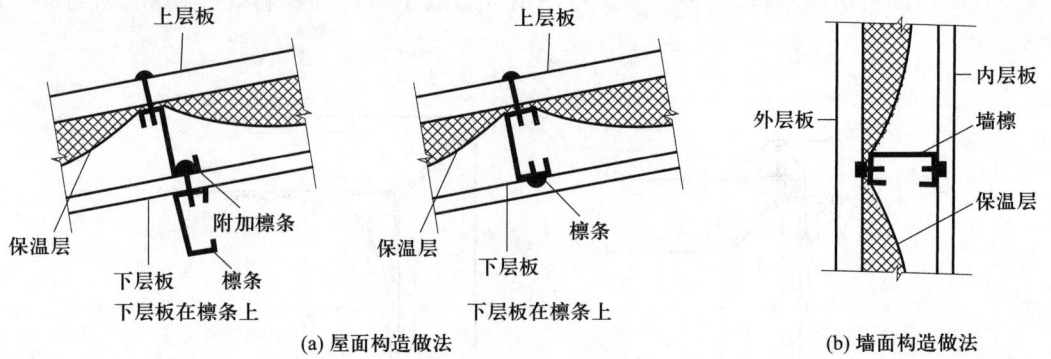

图 5-42 现场双面压型板保温屋的围护结构

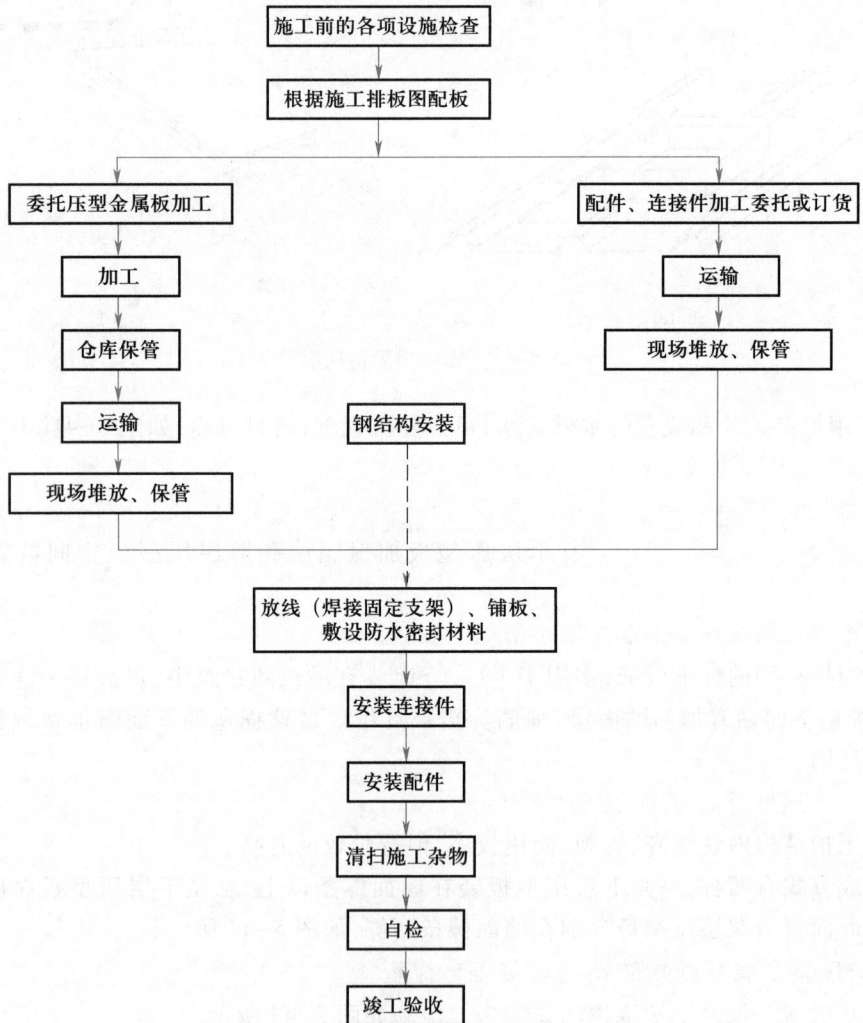

图 5-43 压型金属板非保温围护结构施工流程

二、职业活动训练

活动一　钢结构围护结构的构造和连接件

1. 目的　通过围护结构构造和连接件的现场教学或课件(录像)演示,掌握钢结构围护结构的安装要点。

2. 能力标准和要求　能进行钢结构围护结构的安装。

3. 活动条件　围护结构的安装现场或课件(录像)。

4. 步骤提示

(1)课堂讲解钢结构围护结构安装的主要构造要求。

(2)针对各部分构造要求,现场学习钢结构围护结构的安装,掌握钢结构围护结构的安装要点。

活动二　钢结构泛水件的安装

1. 目的　通过钢结构泛水件安装的现场教学或课件(录像)演示,掌握钢结构泛水件的安装要点。

2. 能力标准和要求　能进行钢结构泛水件的安装。

3. 活动条件　钢结构泛水件的安装现场或课件(录像)。

4. 步骤提示

(1)在现场学习中,分辨出哪些是泛水件。

(2)在活动一的基础上,进一步掌握钢结构泛水件的安装要点。

📄 文档

钢结构安装
职业活动训练

■ 单 元 小 结 ■

一、钢结构安装的常用吊装机具和设备

1. 钢结构安装时,常用的吊装机械有各种自行式起重机、轨道塔式起重机、自制桅杆式起重机和小型吊装机械等。各种起重吊装机械的构造、性能、应用和选择条件是本项目的知识点。

2. 简易起重设备(千斤顶、卷扬机、滑轮及滑轮组、葫芦)、索具(棕绳、钢丝绳)以及其他设备(卡环、花篮螺栓、铁扁担或横吊梁)的构造、性能、应用和选择条件也是本项目的知识点。

3. 通过掌握以上这些知识点,能够在施工中正确选用这些机械设备。

二、钢结构施工组织设计

1. 钢结构施工组织设计一般以单位工程为对象,简单概括钢结构施工组织设计编制的原则,即钢结构施工组织设计应根据初步设计或施工设计图纸和设计技术文件,有关标准规定、其他相关资料、施工现场的实际条件和工程的总施工组织设计等进行编制。

2. 钢结构施工组织设计的内容包括:工程概况、施工特点和施工难点分析,施工部署和对业主、监理单位、设计单位、其他施工单位的协调和配合,施工总平面布置、能源、道路及临时建筑设施等的规划,施工方案,主要吊装机械的布置和吊装方案,构件的运输方法、堆放及场地管理,施工进度计划,施工资源总用量计划,施工准备工作计划,质量、环境和职业健康安全管理,现场文明施工的策划和保证措施,雨期和冬期、台风和大风常发期的施工技术安全保证措施,施工工期的保证措施等。

3. 了解钢结构季节性施工及其他特殊状况下所采用的施工措施,掌握其施工要点。

三、主体钢结构安装

1. 钢结构安装前的准备工作包括技术准备、安装用机具设备的准备、材料准备、拼装平台等。

2. 单层钢结构安装主要有钢柱安装、吊车梁安装、钢屋架安装等。安装顺序一般为先安装竖向的构件,后安装平面构件,这样既能保证体系纵列形成排架,稳定性好,又能提高生产效率。

3. 高层及超高层钢结构安装同样包括钢柱安装、吊车梁安装、钢屋架安装等。在高层及超高层钢结构现场施工中,合理划分流水作业区段,选择适当的构件的安装顺序和吊装机具、吊装方案、测量监控方案、焊接方案是保证工程顺利进行的关键。

4. 大型网架的安装方法有高空散装法、分条或分块安装法、高空滑移法、整体吊装法、整体提升法、整体顶升法。安装方法根据网架受力情况、结构选型、网架刚度、外形特点、支撑形式、支座构造等,在保证质量、安全、进度和经济效益的要求下,结合施工现场实际条件、技术和装备水平综合选择。

四、钢结构围护结构的安装

1. 围护结构常用的材料有各种压型金属板,紧固件和泛水配件等。

2. 围护结构的构造重点是连接、檐口、屋脊、山墙和屋面、高低跨处、外墙底部、外墙转角及门窗洞口处等的构造。

3. 掌握围护结构构造、连接件和泛水配件的安装要点。

■ 复习思考题 ■

1. 常用的吊装机械有哪些? 分别说明其应用范围。

2. 钢结构施工组织设计的编制,具体包括哪些内容?

3. 简述一般单层钢结构安装的流程。

4. 大跨度空间网架结构有几种安装方法? 分别说明其适用范围。

5. 简述围护结构的外墙构造要求。

单元六

钢结构施工验收

■ **单元概述** ·······································

　　钢结构工程质量控制与验收(隐蔽工程、分项工程、分部工程、单位工程的施工质量控制与验收),工程文件归档与备案。

■ **单元目标** ·······································

　　通过本单元的学习,初步掌握钢结构施工验收的步骤与方法。了解钢结构隐蔽工程、分项工程验收、分部工程验收、单位工程验收的程序和要求,并掌握钢结构施工验收资料的整理、归档和移交的程序。

一、应知部分

(一)隐蔽工程验收

　　隐蔽工程[26]是指在施工过程中上一工序的工作结束后被下一工序所掩盖,而无法进行复查的部位。隐蔽工程在下一工序施工以前,现场监理人员应按设计要求和施工规范,采用必要的检查工具,对其进行检查与验收。如果符合设计要求及施工规范规定,应及时签署隐蔽工程记录手续,以便施工单位继续下一工序施工,同时将隐蔽工程记录交施工单位归入技术资料档案。如不符合有关规定,应以书面形式通知施工单位,令其处理。处理符合要求后,再进行隐蔽工程验收。

　　1. 基础工程

　　隐蔽验收的内容包括槽底打钎,槽底土质发生情况,地槽尺寸和地槽标高,槽底井、坑和橡皮土等的处理情况,地下水的排除情况,排水暗沟、暗管设置情况,土的更换情况,试桩和打桩记录等。

文档
验收规范

教学课件
钢结构施工
验收

2. 地面工程

隐蔽验收内容包括已完成的地面下的地基,各种防护层以及经过防腐处理的结构或配件。如符合,可签"符合设计和规范要求",否则不予签字。

3. 保温、隔热工程

① 隐蔽验收内容包括将被覆盖的保温层和隔热层。

② 检查保温、隔热材料是否满足设计对导热系数的要求及保温层的厚度是否达到设计要求,保温材料是否受潮。如符合,可签"符合设计和规范要求"。

4. 防水工程

① 隐蔽验收内容包括将被土、水、砌体或其他结构所覆盖的防水部位及管道、设备穿过的防水层处。

② 检查找平层的厚度、平整度、坡度及防水构造节点处理的质量情况。检查组成结构或各种防水层的原料、制品及配件是否符合质量标准,结构和各种防水层是否达到设计要求的抗渗性、强度和耐久性。如符合,可签"符合设计要求"。

5. 建筑采暖卫生与煤气工程

① 隐蔽验收内容包括各种暗装、埋地和保温的管道、阀门、设备等。

② 检查管道的管径、走向、坡度,各种接口、固定架、防腐保温质量情况及水压和灌水试验情况。如符合,可签"符合施工验收规范和设计要求"。

6. 建筑电气安装工程

① 隐蔽验收内容包括各种电气装置的接地及铺设在地下、墙内、混凝土内、顶棚内的照明、动力、弱电信号,高低压电缆和(重)型灯具及吊扇的预埋件、吊钩、线路在经过建筑物的伸缩缝及沉降缝处的补偿装置等。

② 检查接地的规格、材质、埋设深度、防腐做法;垂直与水平的接地体的间距;接地体与建筑物的距离,接地干线与接地网的连接;检查各类暗设电线管路的规格、位置、标高,功能要求;接头焊接质量;检查直埋电缆的埋深、走向、坐标、起止点、电缆规格型号、接头位置、埋入方法;检查埋设件吊钩的材质、规格、锚固方法;补偿装置的规格、形状等。如符合,可签"符合施工验收规范和设计要求"。

7. 通风与空调工程

① 隐蔽验收内容包括各类暗装和保温的管道、阀门、设备等。

② 检查管道的规格、材质、位置、标高、走向、防腐保温,阀门的型号、规格、耐压强度和严密性试验结果、位置、进口方向等。如符合,可签"符合施工验收规范和设计要求"。

8. 电梯安装工程

隐蔽验收内容包括曳引机基础、导轨支架、承重梁、电气盘柜基础等。电气装置部分隐蔽验收内容与建筑电气安装工程相同。如符合,可签"符合施工验收规范和设计要求"。

9. 隐蔽工程验收的要求

① 隐蔽工程验收时,应详细填写验收的分部分项工程名称,被验收部分轴线、规格和数量。如有必要,应画出简图或作出说明。

② 每次检查验收的项目,一定要详细填写隐蔽验收内容,在检查意见栏内填上"符合设计要求"或"符合施工验收规范要求"或"符合施工验收规范和设计要求",不得使用"基

本符合"或"大部分符合"等不肯定用语,也不能无检查意见。

③ 如果在检查验收中,发现有不符合施工验收规范和设计要求之处,应立即进行纠正,并在纠正后,再进行验收,经验收仍不合格者,不得进行下道工序的施工。

(二)分项工程验收

对于分项工程,应按照工程合同的质量等级要求,根据该分项工程实际情况,参照质量评定标准进行验收。

1. 焊接分项工程验收

(1)焊接材料进场

焊接材料的品种、规格、性能等应符合现行国家标准的规定和设计要求。

焊接材料外观不应有药皮脱落、焊芯生锈等缺陷。焊剂不应受潮结块。

(2)焊接材料复验

重要钢结构采用的焊接材料应进行抽样复验,复验结果应符合现行国家标准的规定和设计要求。

(3)材料匹配

焊条、焊丝、焊剂、电渣焊熔嘴等焊接材料与母材的匹配应符合设计要求及现行国家标准《钢结构焊接规范》(GB 50661—2011)的规定。焊条、焊剂、药芯、焊丝、熔嘴等在使用前,应按其产品说明书及焊接工艺文件的规定进行烘焙和存放。

(4)焊工证书

焊工必须经考试合格并取得合格证书。持证焊工必须在其考试合格项目及其认可范围内施焊。

(5)焊接工艺评定

施工单位对其首次采用的钢材、焊接材料、焊接方法、焊后热处理等,应进行焊接工艺评定,并应根据评定报告确定焊接工艺。

(6)内部缺陷

焊缝内部缺陷用无损探伤(超声波或 X 射线、γ 射线)确定。质量等级及缺陷分级应符合规范的规定。

(7)焊缝表面缺陷

焊缝表面不得有裂纹、焊瘤等缺陷。一级、二级焊缝不得有表面气孔、夹渣、弧坑、裂纹、电弧擦伤等缺陷。并且一级焊缝不得有咬边、未焊满、根部收缩等缺陷。

(8)预热和后热处理

对于需要焊接前预热或焊后热处理的焊缝,其预热温度或后热温度应符合现行国家标准和行业标准相关的规定或通过工艺试验确定。预热区在焊道两侧,每侧宽度均应不大于焊件厚度的 1.5 倍以上,且不应小于 100 mm;后热处理应在焊后立即进行,保温时间应根据板厚每 25 mm 为 1 h 确定。

(9)焊缝外观质量

二级、三级焊缝外观质量标准应符合规范的规定。三级对接焊缝应按二级焊缝标准进行外观质量检验。

(10)焊缝尺寸偏差

焊缝尺寸允许偏差应符合规范的规定。

（11）凹形角焊缝

焊成凹形的角焊缝,焊缝金属与母材间距应平稳过渡;加工成凹形的角焊缝,不得在其表面留下切痕。

2. 普通紧固件连接分项工程验收

（1）成品进场

普通螺栓、铆钉、自攻螺钉、拉铆钉、射钉、锚栓（膨胀型和化学试剂型）、地脚锚栓等紧固准件及螺母、垫圈等标准配件,其品种、规格、性能等符合现行国家产品标准和设计要求。

（2）螺栓实物复验

普通螺栓作为永久性连接螺栓使用时,当设计有要求或对其质量有疑义时,应进行螺栓实物最小拉力载荷复验,其结果应符合现行国家标准《紧固件机械性能　螺栓、螺钉和螺柱》（GB 3098.1）的规定。

（3）匹配及间距

连接薄钢板采用的自攻螺钉、拉铆钉、射钉等其规格尺寸应与被连接钢板的材料相匹配,其间距、边距等应符合设计要求。

（4）螺栓紧固

永久性普通螺栓紧固应牢固、可靠,外露螺纹不应少于2道。

（5）外观质量

自攻螺钉、钢拉铆钉、射钉等与连接钢板应紧固密贴,外观排列整齐。

3. 高强度螺栓连接分项工程验收

（1）成品进场

钢结构连接用高强度大六角头螺栓连接副、扭剪型高强度螺栓连接副,以及钢网架用高强度螺栓的品种、规格和性能等,应符合现行国家标准的规定和设计要求。

（2）扭矩系数和预拉力复验

应按规范的规定检验其扭矩系数,其检验结果应符合规范的规定。扭剪型高强度螺栓连接副应按规范的规定检验预拉力,其检验结果应符合规范的规定。

（3）抗滑移系数试验

钢结构的制作和安装单位,应按规范的规定分别进行高强度螺栓连接摩擦面的抗滑移系数试验和复验,现场处理的构件摩擦面应单独进行摩擦面抗滑移系数试验,其结果应符合规范的要求。

（4）终拧扭矩

高强度大六角头螺栓连接副终拧完成1 h后,48 h内应进行终拧扭矩检查,检查结果应符合规范的规定。扭剪型高强度螺栓连接副终拧后,除因构造原因无法使用专用扳手终拧掉梅花头者外,未在终拧中拧掉梅花头的螺栓数不应大于该节点螺栓数的5%。对所有梅花头未拧掉的扭剪型高强度螺栓连接副应采用扭矩法或转角法进行终拧并做标记,且按规范的规定进行终拧扭矩检查。

（5）成品包装

高强度螺栓连接副应按包装箱配套供货,包装箱上应标明批号、规格、数量及生产日期。螺栓、螺母、垫圈外观表面应涂油保护,不应出现生锈和沾染脏物,螺纹不应损伤。

（6）表面硬度试验

对建筑结构安全等级为一级、跨度 40 m 及其以上的螺栓球节点钢网架结构，其连接高强度螺栓应进行表面硬度试验。

（7）初拧、复拧扭矩

高强度螺栓连接副的施拧顺序和初拧、复拧扭矩应符合设计要求和国家现行标准《钢结构高强度螺栓连接技术规程》（JGJ 82）的规定。

（8）连接外观质量

高强度螺栓连接副终拧后，螺栓螺纹外露应为 2 至 3 道，其中允许有 10% 的螺栓螺纹外露 1 道或 4 道。

（9）摩擦面外观

高强度螺栓连接摩擦面应保持干燥、整洁，不应有飞边、毛刺、焊接飞溅物、焊疤、氧化铁皮、污垢等，除设计要求外摩擦面不应涂漆。

（10）扩孔

高强度螺栓应自由穿入螺栓孔。高强度螺栓孔不应采用气割扩孔，扩孔数量应征得设计单位同意，扩孔后的孔径不应超过 $1.2d$（d 为螺栓直径）。

4. 零件及部件加工分项工程验收

（1）材料进场

钢材、钢铸件的品种、规格、性能等应符合现行国家标准的规定和设计要求。进口钢材产品的质量应符合设计和合同规定标准的要求。

（2）钢材复验

抽样复验结果应符合现行国家标准的规定和设计要求。

（3）切面质量

钢材切割面或剪切面应无裂纹、夹渣、分层和大于 1 mm 的缺棱。

（4）边缘加工

气割或机械剪切的零件，需要进行边缘加工时，其刨削量不应小于 2.0 mm。

（5）螺栓球、焊接球加工

螺栓球成型后，不应有裂纹、叠皱、过烧。钢板压成半圆球后，表面不应有裂纹、褶皱；焊接球的对接坡口应采用机械加工，对接焊缝表面应打磨平整。

（6）制孔

A、B 级螺栓孔（Ⅰ类孔）应具有 H12 的精度，孔壁表面粗糙度 Ra 不应大于 12.5 μm。其孔径的允许偏差应符合规范的规定。C 级螺栓孔（Ⅱ类孔），孔壁表面粗糙度 Ra 不应大于 25 μm，其允许偏差应符合规范的规定。

（7）材料规格尺寸

钢板厚度及允许偏差应符合其产品标准的要求。型钢的规格尺寸及允许偏差应符合其产品标准的要求。

（8）钢材表面质量

钢材的表面外观质量除应符合现行有关国家标准的规定外，尚应符合规范的规定。

（9）切割精度

气割的允许偏差应符合规范的规定。机械剪切的允许偏差应符合规范的规定。

（10）矫正质量

矫正后的钢材表面,不应有明显的凹面或损伤,钢材矫正后的允许偏差应符合规范的规定。

（11）边缘加工精度

边缘加工允许偏差应符合规范的规定。

（12）螺栓球、焊接球加工精度

螺栓球加工的允许偏差应符合规范的规定。焊接球加工的允许偏差应符合规范的规定。

（13）管件加工精度

钢网架(桁架)用钢管杆件加工的允许偏差应符合规范的规定。

（14）制孔精度

螺栓孔孔距的允许偏差应符合规范的规定。螺栓孔孔距的允许偏差超过规范规定的允许偏差时,应采用与母材材质相匹配的焊条补焊后重新制孔。

5. 构件组装分项工程检验质量验收

（1）吊车梁(桁架)

吊车梁和吊车桁架不应下挠。

（2）端部铣平精度

端部铣平的允许偏差应符合规范的规定。

（3）外形尺寸

钢构件外形尺寸主控项目的允许偏差应符合规范规定。

（4）焊接 H 型钢的接缝

焊接 H 型钢的翼缘板拼接缝和腹板拼接缝的间距不应小于 200 mm。翼缘板拼接宽度不应小于 300 mm,长度不应小于 600 mm。

（5）焊接 H 型钢精度

焊接 H 型钢的允许偏差应符合规范的规定。

（6）焊接组装精度

焊接组装的允许偏差应符合规范的规定。

（7）顶紧接触面

顶紧接触面应有 75% 以上的面积紧贴。

（8）轴线交点错位

桁架结构杆件轴线交点错位的允许偏差不得大于 3.0 mm,允许偏差应符合规范的规定。

（9）焊缝坡口精度

安装焊缝坡口的允许偏差应符合规范的规定。

（10）铣平面保护

外露铣平面应有防锈保护。

（11）外形尺寸

钢构件外形尺寸一般项目的允许偏差应符合规范的规定。

6. 预拼装分项工程验收

（1）多层板叠螺栓孔

高强度螺栓和普通螺栓连接的多层板叠,应采用试孔器进行检查,并应符合规范规定。

（2）预拼装精度

预拼装的允许偏差应符合规范的规定。

7. 单层结构安装分项工程验收

（1）基础验收

建筑物的定位轴线、基础轴线和标高、地脚螺栓的规格及其紧固应符合设计要求。基础顶面直接作为柱的支承面和基础顶面预埋钢板或支座作为柱支承面时，其支承面、地脚螺栓（锚栓）位置的允许偏差应符合规范的规定。采用坐浆垫板时，坐浆垫板的允许偏差应符合规范的规定。采用杯口基础时，杯口尺寸的允许偏差应符合规范的规定。

（2）构件验收

钢构件应符合设计要求和规范的规定。运输、堆放和吊装等造成的钢构件变形及涂层脱落应进行矫正和修补。

（3）顶紧接触面

设计要求顶紧的节点，接触面不应少于70%紧贴，且边缘最大间隙不应大于0.8 mm。

（4）垂直度和侧弯曲

钢屋（托）架、桁架、梁的垂直度和侧向弯曲的允许偏差应符合规范的规定。

（5）主体结构尺寸

主体结构的整体垂直度和整体平面弯曲的允许偏差应符合规范的规定。

（6）地脚螺栓精度

地脚螺栓（锚栓）尺寸的偏差应符合规范的规定。地脚螺栓（锚栓）的螺纹应受到保护。

（7）标记

钢柱等主要构件的中心线及标高基准点等标记应齐全。

（8）桁架、梁安装精度

当钢桁架（或梁）安装在混凝土柱上时，其支座中心对定位轴线的偏差不应大于10 mm；当采用大型混凝土屋面板时，钢桁架（或梁）间距的偏差不应大于10 mm。

（9）钢柱安装精度

钢柱安装的允许偏差应符合规范的规定。

（10）吊车梁安装精度

钢吊车梁或直接承受动力荷载的类似构件，其安装的允许偏差应符合规范的规定。

（11）檩条等安装精度

檩条、墙架等次要构件安装的允许偏差应符合规范的规定。

（12）平台等安装精度

钢平台、钢梯、栏杆安装等应符合现行国家标准《固定式钢梯及平台安全要求　第1部分：钢直梯》（GB 4053.1）、《固定式钢梯及平台安全要求　第2部分：钢斜梯》（GB 4053.2）和《固定式钢梯及平台安全要求　第3部分：工业防护栏杆及钢平台》（GB 4053.3）的规定。钢平台、钢梯和防护栏杆安装的允许偏差应符合规范的规定。

（13）现场组对精度

现场焊缝组对间隙的允许偏差应符合规范的规定。

（14）结构表面

钢结构表面应干净,结构主要表面不应有疤痕、泥沙等污垢。

8. 多层及高层结构安装分项工程验收

多层及高层结构安装分项工程验收内容及标准基本同单层结构安装分项工程的验收内容和标准。

9. 网架结构安装分项工程验收

（1）焊接球

焊接球及制造焊接球所采用的原材料,其品种、规格、性能等应符合现行国家标准的规定和设计要求。焊接球焊缝应进行无损检验,其质量应符合设计要求,当设计无要求时应符合规范规定的二级质量标准。

（2）螺栓球

螺栓球及制造螺栓球节点所采用的原材料,其品种、规格、性能等应符合现行国家标准的规定和设计要求。螺栓球不得有过烧、裂纹及皱褶。

（3）封板、锥头、套筒

封板、锥头和套筒及制造封板、锥头和套筒所采用的原材料,其品种、规格、性能等应符合现行国家标准的规定和设计要求。封板、锥头、套筒外观不得有裂纹、过烧及氧化皮。

（4）橡胶垫

钢结构用橡胶垫的品种、规格、性能等应符合现行国家标准的规定和设计要求。

（5）基础验收

钢网架结构支座定位轴线的位置、支座锚栓的规格应符合设计要求。支承面顶板的位置、标高、水平度及支座锚栓位置的允许偏差应符合规范的规定。

（6）支座

支承垫块的种类、规格、摆放位置和朝向,必须符合设计要求和现行有关国家标准的规定。橡胶垫块与刚性垫块之间或不同类型刚性垫块之间不得互换使用。网架支座锚栓的紧固应符合设计要求。

（7）拼装精度

小拼单元的允许偏差应符合规范的规定。中单元的允许偏差应符合规范的规定。

（8）节点承载力试验

对建筑结构安全等级为一级,跨度40 m及其以上的公共建筑钢网架结构,且设计有要求时,应进行节点承载力试验,其结果应符合规范的规定。

（9）结构挠度

钢网架结构总拼完成后及屋面工程完成后应分别测量其挠度值,且所测的挠度值不应超过相应设计值的1.15倍。

（10）焊接球精度

焊接球直径、圆度、壁厚减薄量等尺寸及允许偏差应符合规范的规定。焊接球表面应无明显波纹及局部凹凸不平不大于1.5 mm。

（11）螺栓球精度

螺栓球直径、圆度、相邻两螺栓孔中心线夹角等尺寸及允许偏差应符合规范的规定。

（12）螺栓球螺纹精度

螺栓球螺纹尺寸应符合现行国家标准《普通螺纹　基本尺寸》(GB/T 196)中粗牙螺纹的规定,螺纹公差必须符合现行国家标准《普通螺纹　公差》(GB/T 197)中 6H 级精度的规定。

（13）锚栓精度

支座锚栓尺寸的偏差应符合规范的规定。支座锚栓的螺栓应受到保护。

（14）结构表面

钢网架结构安装完成后,其节点及杆件表面应干净,不应有明显的疤痕、泥沙和污垢。螺栓球节点应将所有接缝用油腻子填嵌严密,并应将多余螺孔封口。

（15）安装精度

钢网架结构安装完成后,其安装的允许偏差应符合规范的规定。

10. 压型金属板安装分项工程验收

（1）压型金属板进场

压型金属板及制造压型金属板所采用的原材料,其品种规格、性能等应符合现行国家产品标准和设计要求。压型金属泛水板、包角板和零配件的品种、规格以及防水密封材料的性能应符合现行国家标准的规定和设计要求。

（2）基板裂纹

压型金属板成型后,其基板不应有裂纹。

（3）涂（镀）层缺陷

有涂层、镀层的压型金属板成型后,涂、镀层不应有肉眼可见的裂纹、剥落和擦痕等缺陷。

（4）现场安装

压型金属板、泛水板和包角板等应固定可靠、牢固,防腐涂料涂刷和密封材料敷设完好,连接件数量、间距应符合设计要求和现行有关的国家标准规定。

（5）搭接

压型金属板应在支承构件上可靠搭接,搭接长度应符合设计要求且不应小于规范所规定的数值。

（6）端部锚固

组合楼板中压型钢板与主体结构(梁)的连接,其锚固支承长度应符合设计要求且不应小于 50 mm,端部锚固件连接应可靠,设置位置应符合设计要求。

（7）压型金属板精度

压型金属板的规格尺寸及允许偏差、表面质量、涂层质量等应符合设计要求和规范的规定。

（8）轧制精度

压型金属板的尺寸允许偏差应符合规范的规定。压型金属板施工现场制作的允许偏差应符合规范的规定。

（9）表面质量

压型金属板成型后,表面应干净,不应有明显的凹凸和皱褶。

（10）安装质量

压型金属板安装应平整、顺直,板面不应有施工残留物和污物。檐口和墙面下端应呈直线,不应有未经处理的错钻孔洞。

（11）安装精度

压型金属板安装的允许偏差应符合规范的规定。

11. 防腐涂料涂装分项工程验收

（1）产品进场

钢结构防腐涂料、稀释剂和固化剂等材料的品种、规格、性能等应符合现行国家产品标准和设计要求。

（2）表面处理

涂装前钢材表面除锈应符合设计要求和国家现行有关标准的规定。处理后的钢材表面不应有焊渣、焊疤、灰尘、油污、水和毛刺等。当设计无要求时，钢材表面除锈等级应符合规范的规定。

（3）涂层厚度

涂料、涂装遍数、涂层厚度均应符合设计要求。当设计对涂层厚度无要求时，涂层干漆膜总厚度：室外应为 150 μm，室内应为 125 μm，其允许偏差为 -25 μm，每遍涂层干漆膜厚度的允许偏差为 -5 μm。

（4）产品质量

防腐涂料的型号、名称、颜色及有效期应与其质量证明文件相符。防腐涂料开启后，不应存在结皮、结块、凝胶等现象。

（5）表面质量

构件表面不应误涂、漏涂，涂层不应有脱皮和返锈等。涂层应均匀，无明显皱皮、流坠、孔眼和气泡等。

（6）附着力测试

当钢结构处在有腐蚀介质环境或外露且设计有要求时，应进行涂层附着力测试，在检测范围内，当涂层完整程度达到 70% 以上时，涂层附着力达到合格质量标准的要求。

（7）标识

涂装完成后，构件的标识、标记和编号应清晰完整。

12. 防火涂料涂装分项工程验收

（1）产品进场

钢结构防火涂料的品种和技术性能应符合设计要求，并应经过具有资质的检测机构的检测，符合现行有关的国家标准规定。

（2）涂装基层验收

防火涂料涂装前钢材表面除锈及防锈底漆涂装应符合设计要求和现行有关的国家标准规定。

（3）强度试验

钢结构防火涂料的黏结强度、抗压强度应符合《钢结构防火涂料应用技术规程》（T/CECS 24—2020）的规定。检验方法应符合《建筑构件用防火保护材料通用要求》（XF/T 110—2013）的规定。

（4）涂层厚度

薄涂型防火涂料的涂层厚度应符合有关耐火极限的设计要求。厚涂型防火涂料涂层厚度，80% 及其以上面积应符合有关耐火极限的设计要求，且最薄处厚度不应低于设计要求的 85%。

（5）表面裂纹

薄涂型防火涂料涂层表面裂纹宽度不应大于 0.5 mm;厚涂型防火涂料涂层表面裂纹宽度不应大于 1 mm。

（6）产品质量

防火涂料的型号、名称、颜色及有效期应与其质量证明文件相符。防火涂料开启后,不应存在结皮、结块、凝胶等现象。

（7）基层表面

防火涂料涂装基层不应有油污、灰尘和泥沙等污垢。

（8）涂层表面质量

防火涂料不应有误涂、漏涂,涂层应闭合,无脱层、空鼓、明显凹陷、粉化松散和浮浆等外观缺陷,乳突已剔除。

13. 分项工程质量验收记录

钢结构分项工程质量验收记录见表 6-1。

表 6-1　钢结构分项工程检验批质量验收记录

编号:

单位（子单位）工程名称			分部（子分部）工程名称		分项工程名称		
施工单位			项目负责人		检验批容量		
分包单位			分包单位项目负责人		检验批部位		
施工依据				验收依据			
验收项目			设计要求及标准规定	最小/实际抽样数量	检查记录		检查结果
主控项目	1						
	2						
	3						
一般项目	1						
	2						
	3						
施工单位检查结果				专业工长: 项目专业质量检查员: 　　　　　年　月　日			
监理单位验收结论				专业监理工程师: 　　　　　年　月　日			

（三）分部（子分部）工程验收

钢结构分部（子分部）工程的验收，应在分部工程中所有分项工程验收合格的基础上，增加三项检查项目：质量控制资料和文件检查；有关安全及功能的检验和见证检测；有关观感质量检验。

根据现行国家标准《建筑工程施工质量验收统一标准》（GB 50300）的规定，钢结构作为主体结构之一应按子分部工程竣工验收；当主体结构均为钢结构时应按分部工程竣工验收。大型钢结构工程可划分成若干个子分部工程进行竣工验收。

（1）钢结构子分部工程合格质量标准应符合下列规定：

① 各分项工程质量均应符合合格质量标准。

② 质量控制资料和文件应完整。

③ 有关安全及功能的检验和见证检测结果应符合以上相应合格质量标准的要求。

④ 有关观感质量应符合以上相应合格质量标准的要求。

（2）钢结构子分部工程竣工验收时，应提供下列文件和记录：

① 钢结构工程竣工图纸及相关设计文件。

② 施工现场质量管理检查记录。

③ 有关安全及功能的检验和见证检测项目检查记录。

④ 有关观感质量检验项目检查记录。

⑤ 分部工程所含各分项工程质量验收记录。

⑥ 分项工程所含各检验批质量验收记录。

⑦ 强制性条文检验项目检查记录及证明文件。

⑧ 隐蔽工程检验项目检查验收记录。

⑨ 原材料、成品质量合格证明文件、中文标志及性能检测报告。

⑩ 不合格项的处理记录及验收记录。

⑪ 重大质量、技术问题实施方案及验收记录。

⑫ 其他有关文件和记录。

（3）钢结构工程质量验收记录应符合下列规定：

① 施工现场质量管理检查记录可按现行国家标准《建筑工程施工质量验收统一标准》（GB 50300）进行。

② 分项工程检验批验收记录可按本节各分项工程检验批质量验收记录表记录。

③ 分项工程验收记录可按现行国家标准《建筑工程施工质量验收统一标准》（GB 50300）进行。

④ 分部（子分部）工程验收记录可按现行国家标准《建筑工程施工质量验收统一标准》（GB 50300）进行。

钢结构分部（子分部）工程施工质量验收记录，以及有关安全、功能检验和见证检测项目记录见表6-2。

表6-2　钢结构分部（子分部）工程验收记录表

工程名称		结构类型	
施工单位		项目经理	
监理单位		总监理工程师	

续表

设计单位		项目负责人	
项目技术负责人		项目质检员	

序号	分项工程名称	检验批数	检验评定意见	备注
1				
2				
3				
4				
5				
质量控制资料与文件				
安全和功能检验及见证检测				
观感质量检验				

验收意见	施工单位 　　　　项目经理：　　　　　　　年　月　日
	设计单位 　　　　项目负责人：　　　　　　年　月　日
	监理（建设）单位 　　　　总监理工程师：　　　　　　年　月　日 　　　　　（建设单位项目负责人）

（四）单位工程验收

1. 单位工程验收标准

单位工程包括房屋建筑工程、设备安装工程和室外管线工程。其验收标准如下：

（1）房屋建筑工程

① 交付竣工验收的工程，均按施工图的设计规定全部施工完毕，并经过施工单位预验和监理初验，已符合设计、施工及验收规范要求。

② 建筑设备（室内上下水、采暖、通风、电气照明等管道、线路敷设工程）经过试验，均已达到设计和使用要求。

③ 建筑物室内外清洁，室外 2 m 以内清理完毕，施工渣土已全部运出现场。

④ 应交付的竣工图和其他技术资料均已齐全。

（2）设备安装工程

① 设备安装工程的设备基础、机座、支架、工作台和梯子等属于建筑工程部分已全部施工完毕，经检验符合设计和设备安装要求。

② 需要的工艺设备、动力设备和仪表等已按设计和技术说明书要求安装完毕，经检验其质量符合施工及验收规范要求，并经试压、检测和单体或联动试车，符合质量要求，具备

形成设计规定的生产能力。

③ 设备出厂合格证、技术性能和操作说明书,以及试车记录和其他技术资料齐全。

（3）室外管线工程

室外管线工程主要指室外管道安装工程和电气线路敷设工程。

① 全部按设计要求施工完毕,经检验符合项目设计、施工及验收规范要求。

② 室外管道安装工程已通过闭水试验、试压和检测合格。

③ 室外电气线路敷设工程已通过绝缘耐压材料检验,并已全部合格。

2. 单项工程竣工验收标准

（1）工业单项工程

① 初步设计规定的工程,包括建筑工程、设备安装工程、配套工程和附属工程等,均已全部施工完毕,经检验符合设计、施工及验收规范,符合设备技术说明书要求,并形成设计规定的生产能力。

② 设备安装经过单体试车、无负荷联动试车和有负荷联动试车均合格,能够生产合格。

③ 项目生产准备已基本完成,能够连续生产。

（2）民用单项工程

① 全部单项工程均已施工完毕,达到竣工验收标准,并能够交付使用。

② 对住宅工程,除达到房屋建筑工程竣工验收标准外,还要求按设计文件规定,与住宅配套的室外给排水、供热及供燃气管道工程、电气线路敷设工程等全部施工完毕,而且连同住宅全部都具备了交付使用条件,并达到竣工验收标准。

3. 工程文件归档、备案

（1）工程文件归档

钢结构分部工程竣工验收时,应提供以下文件和记录:

① 钢结构工程竣工图纸及相关设计文件。

② 施工现场质量管理检查记录。

③ 有关安全及功能的检验和见证检测项目检查记录。

④ 有关观感质量检验项目检查记录。

⑤ 分部工程所含各分项工程质量验收记录。

⑥ 分项工程所含各检验批质量验收记录。

⑦ 强制性条文检验项目检查记录及证明文件。

⑧ 隐蔽工程检验项目检查验收记录。

⑨ 原材料、成品质量合格证明文件、中文标识及性能检测报告。

⑩ 不合格的处理记录及验收记录;重大质量、技术问题实施方案及验收记录;其他有关文件和记录。

（2）验收备案文件

建设单位应当自工程竣工验收合格之日起 15 日内,向工程所在地的县级以上地方人民政府建设行政主管部门的备案机关备案。

建设单位办理工程竣工验收备案应当提交下列文件:

① 工程竣工验收备案表。

② 工程竣工验收报告。竣工验收报告应当包括工程报建日期,施工许可证号,施工图设计文件审查意见,勘察、设计、施工、工程监理等单位分别签署的质量合格文件及验收人员签署的竣工验收原始文件,市政基础设施的有关质量检测和功能、性能试验资料及备案机关认为需要提供的有关资料。

③ 法律、行政法规规定应当由规划、公安消防、环保等部门出具的认可文件或者准许使用文件。

④ 施工单位签署的工程质量保修书。

⑤ 法规、规章规定必须提供的其他文件。

商品住宅还应当提交《住宅质量保证书》和《住宅使用说明书》。

（3）验收备案手续

备案部门收到建设单位报送的竣工验收备案文件和建设工程质量监督部门签发的"工程质量监督报告"后,验证文件齐全,应当在工程竣工验收备案表上签署文件收讫。

工程竣工验收备案表一式两份,一份由建设单位保存,一份在备案部门存档。

二、职业活动训练

活动一　隐蔽工程验收

1. 目的　通过隐蔽工程验收实训,掌握隐蔽工程验收的程序、要求、资料记录等验收要点。

2. 能力标准和要求　能进行钢结构隐蔽工程验收。

3. 活动条件　隐蔽工程验收施工现场及相应的资料收集。

4. 步骤提示（以土方工程施工质量验收为例）

（1）土方工程施工前应进行挖、填方的平衡计算,综合考虑土方运距最短、运程合理和各个工程项目的合理施工程序等,做好土方平衡调配,减少重复挖运。土方平衡调配应尽可能与城市规划和农田水利相结合,将余土一次性运到指定弃土场,做到文明施工。

（2）当土方工程挖方较深时,施工单位应采取措施,防止基坑底部土的隆起并避免危害周边环境。

（3）在挖方前,应做好地面排水和降低地下水位工作。

（4）平整场地的表面坡度应符合设计要求,如设计无要求时,排水沟方向的坡度不应小于 2%。平整后的场地表面应逐点检查。检查点每 $100\sim400$ m² 取 1 点,但不应少于 10 点;长度、宽度和边坡均为每 20 m 取 1 点,每边不应少于 1 点。

（5）土方工程施工,应经常测量和校核其平面位置、水平标高和边坡坡度。平面控制桩和水准控制点应采取可靠的保护措施,定期复测和检查。土方不应堆在基坑边缘。

（6）对雨期和冬期施工还应遵守现行有关的国家标准。

5. 土方工程施工质量验收

（1）土方开挖施工质量验收

① 土方开挖前应检查定位放线、排水和降低地下水位系统,合理安排土方运输车的行走路线及弃土场。

② 施工过程中应检查平面位置、水平标高、边坡坡度、压实度、排水、降低地下水位系统,并随时观测周围的环境变化。

③ 临时性挖方的边坡值应符合《建筑地基基础工程施工质量验收标准》(GB 50202—2018)表 9.2.4 的规定。

④ 土方开挖工程的质量检验标准应符合《建筑地基基础工程施工质量验收标准》表 9.2.5 的规定。

（2）土方回填施工质量验收

① 土方回填前应清除基底的垃圾、树根等杂物，抽除坑穴积水、淤泥，验收基底标高。如在耕植土或松土上填方，应在基底压实后再进行。

② 对填方土料应按设计要求验收后方可填入。

③ 填方施工过程中检查排水措施，每层填筑厚度、含水量控制、压实程度。填筑厚度及压实遍数应根据土质、压实系数及所用机具确定。如无试验依据，应符合《建筑地基基础工程施工质量验收标准》中表 9.5.2 的规定。

④ 填方施工结束后，应检查标高、边坡坡度、压实程度，检验标准应符合《建筑地基基础工程施工质量验收标准》中表 9.5.4 的规定。

活动二　分项工程验收

1. 目的　通过分项工程验收实训，掌握分项工程验收的程序、要求、资料记录等验收要点。

2. 能力标准和要求　能进行钢结构分项工程验收。

3. 活动条件　钢结构分项工程验收施工现场及相应的资料收集。

4. 步骤提示（以焊接工程为例）

（1）全数检查，检查质量证明书和烘焙记录。

（2）全数检查，检查焊工合格证及其认可范围、有效期。

（3）全数检查，检查焊接工艺评定报告。

（4）全数检查，检查超声波或射线探伤记录。

（5）观察检查，用焊缝量规抽查测量。资料全数检查；同类焊缝抽查 10%，且不应少于 3 条。T 形接头、十字接头、角接接头等要求熔透的对接和角对接焊缝，其焊脚尺寸不应小于 $t/4$；设计有疲劳验算要求的吊车梁或类似构件的腹板与上翼缘连接焊缝的焊脚尺寸 $t/2$，且不应大于 10 mm。焊脚尺寸的允许偏差为 0~4 mm。

（6）观察检查或使用放大镜、焊缝量规和钢尺检查，当存在疑义时，采用渗透或磁粉探伤检查。每批同类构件抽查 10%，且不应少于 3 件；被抽查构件中，每一类型焊缝按条数抽查 5%，且不应少于 1 条；每条检查一处，总抽查数不应少于 10 处。焊缝表面不得有裂纹、焊瘤等缺陷。一级、二级焊缝不得有表面气孔、夹渣、弧坑裂纹、电弧擦伤等缺陷。且一级焊缝不得有咬边、未焊满、根部收缩等缺陷。

活动三　分部工程验收

1. 目的　通过分部工程验收实训，掌握分部工程验收的程序、要求、资料记录等验收要点。

2. 能力标准和要求　能进行钢结构分部工程验收。

3. 活动条件　钢结构分部工程验收施工现场及相应的资料收集。

4. 步骤提示

（1）钢结构分部工程有关安全及功能的检验和见证检测项目应按《钢结构工程施工质

量验收标准》（GB 50205—2020）的附录 F 进行，检验应在其分项工程验收合格后进行。

（2）钢结构分部工程有关观感质量检验应按《钢结构工程施工质量验收标准》的附录 G 进行。

（3）钢结构分部工程合格质量标准应符合下列规定：

① 各分项工程质量均应符合合格质量标准。

② 质量控制资料和文件应完整。

③ 有关安全及功能的检验和见证检测结果应符合本规范相应合格质量标准的要求。

④ 有关观感质量应符合《钢结构工程施工质量验收标准》相应合格质量标准的要求。

（4）分部工程竣工验收时，应提供下列文件和记录：

① 钢结构工程竣工图纸及相关设计文件。

② 施工现场质量管理检查记录。

③ 有关安全及功能的检验和见证检测项目检查记录。

④ 有关观感质量检验项目检查记录。

⑤ 分部工程所含各分项工程质量验收记录。

⑥ 分项工程所含各检验批质量验收记录。

⑦ 强制性条文检验项目检查记录及证明文件。

⑧ 隐蔽工程检验项、钢结构项目检查验收记录。

⑨ 原材料、成品质量合格证明文件、中文标志及性能检测报告。

⑩ 不合格项的处理记录及验收记录。

⑪ 重大质量、技术问题实施方案及验收记录。

⑫ 其他有关文件和记录。

（5）钢结构分部工程质量验收记录应符合下列规定：

① 施工现场质量管理检查记录可按现行国家标准《建筑工程施工质量验收统一标准》（GB 50300）中附录 A 进行。

② 分项工程检验批验收记录可按《钢结构工程施工质量验收标准》附录 H 进行。

③ 分项工程验收记录可按现行国家标准《建筑工程施工质量验收统一标准》中附录 E 进行。

④ 分部（子分部）工程验收记录可按现行国家标准《建筑工程施工质量验收统一标准》中附录 F 进行。

活动四　单位工程验收

1. 目的　通过单位工程验收实训，掌握单位工程验收的程序、要求、资料记录等验收要点。

2. 能力标准和要求　能进行钢结构单位工程验收。

3. 活动条件　单位工程验收施工现场及相应的资料收集。

4. 步骤提示

（1）单位工程完工后，施工单位应自行组织有关人员进行检查评定，并向建设单位提交工程验收报告。

（2）建设单位收到工程验收报告后，应由建设单位（项目）负责人组织施工（含分包单位)、设计、监理等单位(项目)负责人进行单位(子单位)工程验收。

（3）单位工程有分包单位施工时,分包单位对所承包的工程项目应按本标准规定的程序检查评定,总包单位应派人参加。分包工程完成后,应将工程有关资料交总包单位。

（4）当参加验收各方对工程质量验收意见不一致时,可请当地建设行政主管部门或工程质量监督机构协调处理。

（5）单位工程质量验收合格后,建设单位应在规定时间内将工程竣工验收报告和有关文件,报建设行政管理部门备案。

（6）单位(子单位)工程质量验收合格应符合下列规定:

① 单位(子单位)工程所含分部(子分部)工程的质量均应验收合格。

② 质量控制资料应完整。

③ 单位(子单位)工程所含分部工程有关安全和功能的检测资料应完整。

④ 主要功能项目的抽查结果应符合相关专业质量验收规范的规定。

⑤ 观感质量验收应符合要求。

（7）单位(子单位)工程质量验收记录格式见《建筑工程施工质量验收统一标准》。

文档
钢结构施工
验收职业
活动训练

■ 单 元 小 结 ■

验收是施工中的最后一个环节,也是最后一道关卡,必须在各类建筑交付客户之前将所有问题解决。通过本单元的学习后,可以对施工验收中的各种问题有一个大概的了解,但要完全掌握这些内容还应通过一定的实践,通过经验的积累会对这一部分的内容有更深的了解。

一、隐蔽工程验收

常见的隐蔽工程有:基础工程,地面工程,保温、隔热工程,防水工程,建筑采暖卫生和煤气工程,建筑电气安装工程,通风与空调工程,电梯安装工程等。对于隐蔽工程施工时,现场监理人员应在下一工序施工之前,按照相关的设计要求和施工规范,采用必要的检查工具,对其进行检查与验收。

二、分项工程验收

钢结构常见的分项工程有:焊接、普通紧固件连接、高强度螺栓连接、零件及部件加工、构件组装、预拼装、单层结构安装、多层及高层结构安装、网架结构安装、压型金属板安装、防腐或防火涂料涂装。对每一分项工程,应按照工程合同的质量等级要求,根据该分项工程的实际情况,参照质量评定标准进行验收,并作验收记录。

三、分部(子分部)工程验收

分部(子分部)工程的验收,应在分部工程中所有分项工程验收合格的基础上,增加三项检查项目:质量控制资料和文件检查;有关安全及功能的检验和见证检测;有关观感质量检验。

四、单位工程验收

单位工程包括房屋建筑工程、设备安装工程和室外管线工程。

■ 复习思考题 ■

1. 钢结构隐蔽工程验收中有哪些注意事项？
2. 如何进行分项工程验收？
3. 简述分部工程验收的步骤。
4. 单位工程验收有哪些程序和要求？
5. 进行一次施工验收资料的整理。

单元七

钢结构施工安全

■ **单元概述** ·· ■

安全是任何建筑活动得以实施的基础,必须加强安全管理,以克服各种麻痹思想。本单元通过对钢结构施工的安全隐患、钢结构施工要点、安全作业要求、安全管理、施工现场消防要点的介绍,力求解决钢结构施工安全的实践问题。

■ **单元目标** ·· ■

通过本单元的学习,掌握钢结构施工安全的要点、安全作业要求,能进行钢结构施工安全管理。

一、应知部分

(一) 钢结构施工安全隐患

生产和安全共处一体,哪里有生产,哪里就有安全问题存在,而建筑施工过程是各类安全隐患和事故的多发场所之一。保护职工在生产过程中的安全和健康,是我国的一项重要国策,是建筑施工企业不可缺少和忽视的重要工作,是各级领导的不可推卸的神圣职责,同时也是广大职工的切身需要和要求。认真贯彻"安全第一、预防为主、综合治理"的安全生产方针,及时消除安全隐患和避免安全意外事故发生,有赖于不断地健全与完善安全管理工作,进一步发展安全技术和提高广大职管人员安全工作素质。

在施工中能够引发安全意外事件和伤亡事故的现存问题称为"安全隐患"。[27]

(1) 安全隐患的构成

在安全意外事故的 5 个基本要素中,"致害物"和"伤害方式"只有在事故发生时才能表现出来。因此,有不安全状态、不安全行为和起因物存在时,就构成了安全的隐患。其构成

教学课件
钢结构施工
安全

文档
钢结构安装
防护装置

方式有 3 种情况,见表 7-1。

表 7-1 安全隐患的构成方式

类别	安全隐患的构成方式
第一种	不安全状态+起因物
第二种	不安全行为+起因物
第三种	不安全状态+不安全行为+起因物

（2）安全隐患的分类

国家有关安全主管部门还未对安全隐患的分类作出明确的规定和解释,但在一些相关文件中提到了"重大安全隐患"。因此,可以把安全隐患大致分为三级:重大安全隐患、严重安全隐患和一般安全隐患,见表 7-2。

表 7-2 安全隐患的分类

分类	解释
重大安全隐患	可能导致重大伤亡事故发生的隐患,包括在工程建设中可能导致发生二级以上工程建设重大事故的安全隐患
严重安全隐患	可能导致死亡事故发生的安全隐患,包括在工程建设中可能导致发生四级至二级工程建设重大事故的安全隐患
一般安全隐患	可能导致发生重伤以下事故的安全隐患,包括未列入工程建设重大事故的各类安全意外事故

钢结构的缺陷有先天性的材质缺陷和后天性设计、加工制作、安装和使用缺陷。无论工作怎样精益求精,缺陷也是在所难免的。但缺陷有大小之分,当缺陷超过了有关规范的要求时,缺陷将对钢结构的各项性能构成有害影响,成为事故的潜在隐患,因此必须对缺陷进行处理和预防。

（二）钢结构施工安全要点

钢结构建筑施工,安全问题十分突出,必须采用有力措施保障安全施工。现将要点列于以下。

① 在柱、梁安装后而未设置浇筑楼板用的压型钢板时,为便于柱子螺栓施工的方便,需在钢梁上铺设适当数量的走道板。

② 在钢结构吊装时,为防止人员、物料和工具坠落或飞出造成安全事故,需铺设安全网平网和竖网。

安全平网设置在梁面以上 2 m 处,当楼层高度小于 4.5 m 时,安全平网可隔层设置。安全平网要求在建筑平面范围内满铺。

安全竖网铺设在建筑物外围,防止人和物飞出造成安全事故。竖网铺设的高度一般为两节柱高。

③ 为便于接柱施工,在接柱处要设操作平台。平台固定在下节柱的顶部。

④ 钢结构施工需要许多设备,如电焊机、空压机、氧气瓶、乙炔瓶等,这些设备需随着结

构安装而逐渐升高。为此，需在刚安装的钢梁上设置存放设备用的平台。设置平台的钢梁，不能只投入少量临时螺栓，而需将紧固螺栓全部投入并加以拧紧。

⑤ 为便于施工登高，吊装柱子前要先将登高钢梯固定在钢柱上。为便于进行柱梁节点紧固高强螺栓和焊接，需在柱梁节点下方安装挂篮脚手。

⑥ 施工用的电动机械和设备均须接地，绝对不允许使用破损的导线和电缆，严防设备漏电。施工用电器设备和机械的电缆必须集中在一起，并随楼层的施工而逐节升高。每层楼面必须分别设置配电箱，供每层楼面施工用电需要。

⑦ 高空施工，当风速为 10 m/s 时，如未采取措施吊装工作应当停止。当风速达到 15 m/s 时，所有工作均必须停止。

⑧ 施工时还应该注意防火，提供必要的灭火设备和消防人员。

（三）钢结构安全作业要求

实施安全的施工作业和操作的基本要求是规范和实施安全行为，避免发生不安全行为，以减少安全意外事故发生的重要手段。

1. 钢结构安全作业要求

（1）防止落物、掷物伤害

在交叉作业，特别是多层垂直交叉作业的情况下，由于操作者行为上的不慎，极易发生因落物或掷物造成的伤害，因此，应特别注意做好以下几点：

① 防止工具和零件掉落　作业工人应使用工具袋或手提的工具盒（箱），将工具和小零件等放入工具袋（盒、箱）中，随用随取，避免在架上乱放。

② 防止架上材料物品掉落　作业层面上的材料应堆放整齐和稳固，易发生散落的材料，可视其情况采用捆扎或使用专用夹具、盛器，使其不会发生掉落。此外，作业层满铺脚手板并在其外侧加设挡板，是防止材料物品掉落的另一有效措施。

③ 防止施工中的废弃物（块）料掉落　可在作业层上铺设胶合板、铁皮、油毡等接住施工中掉落的砖块、灰浆、混凝土等，然后将施工废弃料收入袋中或容器中吊运。

④ 禁止抛掷物料　往架上供应材料物品或是由架上清走材料物品，都应当采用安全的传递和运输方式，禁止上下抛掷。

（2）防止碰撞伤害

在交叉施工中，由于人员多、作业复杂，极易在搬运材料和施工操作之中出现各种形式的碰撞伤害或损害，包括碰撞人、脚手架、支撑架、设备和正在施工中的工程。为了避免发生碰撞伤（损）害，应注意以下几点：

① 施工中所用的较大、较重和较长的材料物品，宜安排在施工间歇期间或在场人员较少时进行。在运输的方式和人力、机械的安排上应能保证运输的安全，避免出现把持不住、晃动、拖带等易导致发生碰撞的状态出现。

② 供应工作应有条不紊、避免匆忙混乱　在施工中常会发生因待料或紧急需要而提出的急供要求，此时供料者会只顾尽快地运上去而忽视发生碰撞的情况，因此要求越急越要沉着稳重，才能避免忙中出事。

③ 在运输材料时，应注意及时请在场人员配合，必要时可设专门指挥、开路人员。

（3）防止作业伤害

这里是指作业者在操作时对别人造成的意外伤害。例如焊工突然引弧电焊，使在近处和通过的人员受电弧光伤害,木工用力撬拆模板和支撑时撞到别的人员,挥动长的工具脱手时伤及别人等,此类情况常以各种形式发生,因此,应当注意以下几点:

① 在进行作业操作时,应先环顾周围人员情况,必要时,可请别人暂时躲避一下,以免发生误伤事故。

② 采取必要的防护措施,例如设置电焊作业时的挡弧光围挡等。

③ 安全地进行作业操作。

2. 钢结构机械设备安全作业要求

在钢结构施工生产中将会较多地使用机械设备。工程施工中需要解决的任何技术课题和要求,最终都将化为对工艺、材料和机械这三方面的要求。因此,建筑施工机械设备安全使用是安全施工和管理的重要组成部分。

机械使用安全操作的基本要求为:

(1) 解决满足机械安全使用要求的有关条件,这是使用机械的首要问题。其要求条件一般包括以下方面:

① 运行和工作场地。

② 基础和固定、停靠要求。

③ 机械运(动)作范围内无障碍要求。

④ 动力电源和照明条件要求。

⑤ 辅助和配合作业要求。

⑥ 对操作工人的要求。

⑦ 配件和维修要求。

⑧ 对停电和天气变化等事态出现时的要求。

⑨ 指挥和协调要求。

由于施工工地的现有条件不一定都能满足上述各项要求,因此必须采取相应措施和办法加以解决。有时常会因此而出现一些困难甚至是较大的困难,但一定要解决,并且不能降低机械安全运行和使用的要求;否则,将极易引发事故、损坏机械,从而导致远远超过必要投入的经济损失。

(2) 对进场的所有施工机械设备进行认真的检查和验收,这是确保机械设备安全运行的基础。其检查验收项目一般包括:

① 查验机械设备的产品生产许可证、合格证、保修证、使用和维修说明书、操作规程(定)、维修合格证、有主管部门验收合格证明以及有关图纸和其他资料。这些资料不仅是机械完好的证明材料,也是编制措施和安全使用的依据资料,要求齐全和真实有效。不属施工项目管理的租赁和分包单位的机械则由租赁和分包单位进行查验并负管理责任。

② 审验进场机械的安全装置和操作人员的资质证明,不合格的机械和人员不得进入施工现场。

③ 大型的机械设备如塔吊、搅拌站、固定式混凝土输送设备等,在安装前,工程项目应根据设备提供的设置要求和资料数据进行基础及有关设施的设计与施工,经验收合格后,交有资质的设备安装单位进行安装和调试,调试合格后办理验收、移交和允许使用手续。所有的机械设备的产品、维修和验收资料应由企业或项目的机械管理部门(或人员)统一管理并交安全管理部门 1 份备案。

（3）了解和掌握施工生产对该机械设备作业的技术要求。

（4）严格按照机械设备的操作规程（定）规定的程序和操作要求进行操作。在运行中还应严格地执行定时检查和日常检查制度，以确保机械设备的正常运行。

（5）提高操作技术水平和处理作业中出现问题的能力。发现问题时，应立即停机（车、设备）进行检查和维修处理，避免机械带病运作，以致酿出事故。

施工中常用机械设施等安全使用和操作的要点可以从《建筑机械使用安全技术规程》（JGJ 33）中查找。同时，应当注意主要安全使用和操作要求，在施工生产制定安全措施时，还应仔细学习上述规定并根据实际情况和需要进行必要的细化补充工作。

3. 高处安全作业要求

① 高处作业的安全技术措施及其所需料具，必须列入工程的施工组织设计。

② 单位工程施工负责人应对工程的高处作业安全技术负责并建立相应的责任制。施工前，应逐级进行安全技术教育及交底，落实所有安全技术措施和人身防护用品，未经落实时不得进行施工。

③ 高处作业中的安全标志、工具、仪表、电气设施和各种设备，必须在施工前加以检查，确认其完好，方能投入使用。

④ 攀登和悬空高处作业人员以及搭设高处作业安全设施的人员，必须经过专业技术训练及专业考试合格，持证上岗，并必须定期进行体格检查。

⑤ 施工中对高处作业的安全技术设施，发现有缺陷和隐患时，必须及时解决；危及人身安全的，必须停止作业。

⑥ 施工作业场所所有可能坠落的物件，应一律先行撤除或加以固定。高处作业中所用的物料，均应堆放平稳，不妨碍通行和装卸。工具应随手放入工具袋；作业中的走道、通道板和登高用具，应随时清扫干净；拆卸下的物件及余料和废料均应及时清理运走，不得随意乱置或向下丢弃。传递物件禁止抛掷。

⑦ 雨天和雪天进行高处作业时，必须采取可靠的防滑、防寒和防冻措施。凡水、冰、霜均应及时清除。对进行高处作业的高耸建筑物，应事先设置避雷设施。遇有 6 级以上大风、浓雾等恶劣气候，不得进行露天攀登与悬空高处作业，暴风雪及台风暴雨后，应对高处作业安全设施逐一加以检查，发现有松动、变形、损坏或脱落等现象，应立即修理完善。

⑧ 因作业必需，临时拆除或变动安全防护设施时，必须经施工负责人同意，并采取相应的可靠措施，作业后应立即恢复。

⑨ 防护棚搭设与拆除时，应设警戒区，并应派专人监护。严禁上下同时拆除。

⑩ 高处作业安全设施的主要受力杆件，力学计算按一般结构力学公式，强度及挠度计算按现行有关规范进行，但钢受弯构件的强度计算不考虑塑性影响，构造上应符合现行相应规范的要求。

4. 防止高处坠落、物体打击的基本安全要求

① 高处作业人员必须着装整齐，严禁穿硬塑料底等易滑鞋、高跟鞋，工具应随手放入工具袋。

② 高处作业人员严禁相互打闹，以免失足发生坠落危险。

③ 在进行攀登作业时，攀登用具结构必须牢固可靠，使用必须正确。

④ 手持机具使用前应检查，确保安全牢靠。洞口临边作业应防止物件坠落。

⑤ 人员应从规定的通道上下,不得攀爬脚手架、跨越阳台,在非规定通道进行攀登、行走。

⑥ 悬空作业时,应有牢靠的立足点并正确系挂安全带;现场应视具体情况配置防护栏网、栏杆或其他安全设施。

⑦ 作业时,所有物料应该堆放平稳,不可放置在临边或洞口附近,并不可妨碍通行。

⑧ 拆除作业时,对拆卸下的物料、建筑垃圾都要加以清理和及时运走,不得在走道上任意乱置或向下丢弃,保持作业走道畅通。

⑨ 作业时,不准往下或向上乱抛材料和工具等物。

⑩ 工作场所内,凡有坠落可能的任何物料,都应先行撤除或加以固定,拆卸作业要在设禁区、有人监护的条件下进行。

5. 防止触电伤害的基本安全操作要求

① 严禁拆接电气线路、插头、插座、电气设备、电灯等。

② 使用电气设备前必须要检查线路、插头、插座、漏电保护装置是否完好。

③ 电气线路或机具发生故障时,应找电工处理,非电工不得自行修理或排除故障。

④ 使用振捣器等手持电动机械和其他电动机械从事湿作业时,要由电工接好电源,安装上漏电保护器,操作者必须穿戴好绝缘鞋、绝缘手套再进行作业。

(四) 钢结构安全管理

1. 钢结构安全管理概述

(1) 施工项目安全控制的对象

安全管理通常包括安全法规、安全技术、工业卫生。安全法规侧重于"劳动者"的管理、约束,控制劳动者的不安全行为;安全技术侧重于"劳动对象和劳动手段"的管理,清除或减少物的不安全因素;工业卫生侧重于"环境"的管理,以形成良好的劳动条件。施工项目安全管理主要以施工活动中的人、物、环境构成的施工生产体系为对象,建立一个安全的生产体系,确保施工活动的顺利进行。施工项目安全控制的对象见表7-3。

表 7-3 施工项目安全控制对象

控制对象	措施	目的
劳动者	依法制定有关安全政策、法规、条例,给予劳动者的人身安全、健康以法律保障的措施	约束控制劳动者的不安全行为,消除或减少主观上的安全隐患
劳动手段、劳动对象	改善施工工艺,以消除和控制生产过程中可能出现的危险因素,避免损失扩大的安全技术保证措施	规范物的状态,以消除和减轻其对劳动者的威胁和造成财产损失
劳动条件、劳动环境	防止和控制施工中高温、严寒、粉尘、噪声、振动、毒气、毒物等对劳动者安全与健康影响的医疗、保健、防护措施及对环境的保护措施	改善和创造良好的劳动条件,防止职业伤害,保护劳动者身体健康和生命安全

(2) 施工安全管理目标及目标体系

① **施工安全管理目标** 施工安全管理目标是在施工过程中,安全工作所要达到的预期

效果。工程项目实施施工总承包,总承包单位负责制定。

a. 施工安全管理目标依据项目施工的规模、特点制定,具有先进性和可行性;应符合国家安全生产法律、行政法规和建筑行业安全规章、规程及对业主和社会要求的承诺。

b. 施工安全管理目标应实现重大伤亡事故为零的目标,以及其他安全目标指标:控制伤亡事故的指标(死亡率、重伤率、千人负伤率、经济损失额等)、控制交通安全事故的指标(杜绝重大交通事故、百车次肇事率等)、尘毒治理要求达到的指标(粉尘合格率)、控制火灾发生的指标等。

② 施工安全管理目标体系

a. 施工安全管理确定后,要按层次把安全目标分解到岗、落实到人,形成安全目标体系。即施工安全管理总目标,项目经理部下属各单位、各部门的安全指标,施工作业班组安全目标,个人安全目标等。

b. 在安全目标体系中,总目标值是最基本的安全指标,而下一层的目标值应略高些,以保证上一层安全目标的实现。如项目安全控制总目标是实现重大伤亡事故为零,中层的安全目标就是除此之外还要求重伤事故为零,施工队一级的安全目标还应进一步要求轻伤事故为零,班组一级,要求险肇事故为零。

c. 施工安全管理目标体系应形成全体员工所理解的文件,并保证实施。

(3) 施工安全管理的程序

施工项目安全控制的程序主要有:确定施工安全目标,编制施工项目安全保证计划,施工项目安全保证计划实施,施工项目安全保证计划验证,持续改进,兑现合同承诺等。

2. 钢结构安全管理计划与实施

(1) 安全管理策划

针对工程项目的规模、结构、环境、技术含量、施工风险和资源配置等因素进行生产策划,策划的内容包括:

a. 配置必要的设施、装备和专业人员,确定控制和检查的手段、措施。

b. 确定整个施工过程中应执行的文件、规范,如脚手架工程、高空作业、机械作业、临时用电、动用明火、沉井、深挖基础施工和爆破工程等作业规定。

c. 确定冬期、雨期、雪天和夜间施工时的安全技术措施及夏季的防暑降温工作。

d. 确定危险部位和过程,对风险大和专业性强的工程项目进行安全论证。同时采取相适宜的安全技术措施,并得到有关部门的批准。

e. 因工程项目的特殊需求所补充的安全操作规定。

f. 制定施工各阶段具有针对性的安全技术交底文本。

g. 制定安全记录表格,确定收集、整理和记录各种安全活动的人员和职责。

(2) 施工安全管理计划

主要内容是:

a. 项目经理部应根据项目施工安全目标的要求配置必要的资源,确保施工安全管理目标的实现。专业性较强的施工管理应编制专项安全施工组织设计并采取安全技术措施。

b. 施工安全管理计划应在项目开工前编制,经项目经理批准后实施。

c. 施工安全管理计划的内容主要包括:工程概况、控制程序、控制目标、组织结构、职责权限、规章制度、资源配置、安全措施、检查评价、奖惩制度等。

d. 施工平面图设计是安全管理计划的一部分,设计时应充分考虑安全、防火、防爆、防污染等因素,满足施工安全生产的要求。

e. 项目经理部应根据工程特点、施工方法、施工程序、安全法规和标准的要求,采取可靠的技术措施,消除安全隐患,保证施工安全和周围环境的保护。

f. 对结构复杂、施工难度大、专业性强的项目,除制定项目总体安全管理计划外,还须制定单位工程或分部、分项工程的安全施工措施。

g. 对高空作业、井下作业、水上作业、水下作业、深基础开挖、爆破作业、脚手架作业、有害有毒作业、特种机械作业等专业性强的施工作业,以及从事电气、压力容器、起重机、金属焊接、井下瓦斯检验、机动车和船舶驾驶等特殊工种的作业,应制定单项安全技术方案和措施,并应对管理人员和操作人员的安全作业资格和身体状况进行合格审查。

h. 安全技术措施是为防止工伤事故和职业病的危害,从技术上采取的措施,应包括:防火、防毒、防爆、防洪、防尘、防雷击、防触电、防坍塌、防物体打击、防机械伤害、防溜车、防高空坠落、防交通事故、防寒、防暑、防疫、防环境污染等方面的措施。

i. 实行分包项目安全计划应纳入总包项目安全计划,分包人应服从承包人的管理。

(3)施工安全管理计划的实施

施工安全计划实施前,应按要求上报,经项目业主或企业有关负责人确认审批后报上级主管部门备案。执行安全计划的项目经理部负责人也应参与确认。主要是确认安全计划的完整性和可行性,项目经理部满足安全保证的能力,各级安全生产岗位责任制与安全计划不一致的事宜是否解决等。

施工安全管理计划的实施主要包括项目经理部制定建立安全生产控制措施和组织系统、执行安全生产责任制、对全员有针对性地进行安全教育和培训、加强安全技术交底等工作。

(五)施工现场消防要点

施工现场一般包括:办公室、宿舍、工人休息室,食堂、锅炉房及其他固定生产用火,临时变电所(配电箱)和场地照明,木工房、工棚、易燃物品仓库(如电石、油料、油漆等)、非燃烧材料仓库或堆场、可燃材料堆场,以及道路、消防设施等。施工现场消防安全形势十分严峻,必须严格管理,保证不出事故。

现将消防要点列于下:

① 在编制施工组织设计时,应将施工现场的平面布置图、施工方法和施工技术中的消防安全要求一并结合考虑。如施工现场的平面布局,暂设工程的搭建位置,用火用电和使用易燃物品的安全管理,各项防火安全规章制度的建立,消防设施和消防组织是否齐全等。

② 在施工现场明确划分:用火作业区;易燃、可燃材料堆场,仓库区;易燃废品集中站和生活区等。注意将火灾危险性大的区域设置在其他区域的下风向。

③ 施工现场的道路,夜间应有照明设备;在高压架空电力线下面不要搭设临时性建筑物或堆放可燃材料。

④ 施工现场消防通道,必须保证在任何情况下都能通行无阻,其宽度应不小于 3.5 m,当道路的宽度仅能供一辆消防车通过时,应在适当地点修建回车道。施工现场的消防水池,要筑有消防车能驶入的道路;如果不可能修筑出入通道时,应在水池一边铺砌消防车停靠和回车空地。

⑤ 施工现场要设有足够的消防水源(给水管道或水池),对有消防给水管道设计的工程,最好在建筑施工时,先敷设好室外消防给水管道与消火栓,使在建筑开始时就可以使用。

⑥ 临时性的建筑物、仓库以及正在修建的建筑物近旁,都应该配置适当种类和一定数量的灭火器,并布置在明显和便于取用的地点。在寒冷季节还应对消防水池、消火栓和灭火器等做好防冻工作。

⑦ 关于其他生产、生活用火以及用电管理,易燃、可燃材料和化学危险物品的管理等方面的防火要求,可参照防火检查手册有关章节。

⑧ 电、气焊作业应注意以下几点:

a. 焊、割作业点与氧气瓶、电石桶、乙炔发生器的距离不小于 10 m,与易燃易爆物品的距离不得小于 30 m。

b. 乙炔发生器与氧气瓶之间距离,在存放时不得小于 2 m,在使用时不得小于 5 m。

c. 氧气瓶、乙炔发生器等焊、割设备上的安全附件应完整有效。

d. 严格执行"十不烧"规定。

e. 作业前应有书面的防火交底和作业者签字,作业时备有灭火器材,作业后清理热物和切断电源、气源。

⑨ 涂(喷)漆作业应注意以下几点:

a. 作业场所应通风良好,防止空气形成爆炸浓度;采用防爆型电器设备,严禁火源带入。

b. 禁止与焊割作业同时或同部位上下交叉进行。

c. 接触涂料、稀释剂的工具应采用防火花型。

d. 浸有涂料、稀释剂的破布、棉纱、手套和工作服等应及时清除,防止堆放生热自燃。

二、职业活动训练

活动一　钢结构安全作业要求

1. 目的　通过钢结构安全作业图例实训,掌握钢结构安全作业要求。

2. 能力标准及要求　能应用安全作业要求进行施工安全管理。

3. 活动条件　施工现场各种安全标志。

4. 要求　熟悉各种钢结构安全作业要求。

活动二　施工现场消防实训

1. 目的　通过施工现场消防安全实训,掌握钢结构施工现场消防安全。

2. 能力标准及要求　能进行施工现场消防安全控制。

3. 活动条件　施工现场消防安全。

4. 要求　熟悉各种施工现场消防安全要求。

5. 步骤提示

(1) 在编制施工组织设计(或方案)时,应有消防要求。如施工现场平面布置、暂设工程(临时建筑)搭建位置、用火用电和易燃易爆物品的安全管理、工地消防设施和消防责任制等都应按消防要求周密考虑和落实。

(2) 施工现场要明确划分用火作业区,易燃、易爆材料堆放场、仓库处,易燃废品集中

文档
钢结构施工
安全职业
活动训练

点和生活区等。各区域之间的间距要符合防火规定。

（3）工棚或临时宿舍的搭建及间距要符合防火规定。

（4）施工现场必须根据防火的需要，配置相应种类、数量的消防器材、设备和设施。

■ 单 元 小 结 ■

本单元主要讲述钢结构施工中的安全问题，通过本单元的学习，应掌握安全问题的一些基本要求和注意事项。同时必须结合实际来掌握这些要点，注意在以后工作中结合实际来看待安全问题。

■ 复习思考题 ■

1. 什么是安全隐患？在钢结构施工中有哪些安全隐患？哪些是主要方面？

2. 钢结构施工中有哪些要点？

3. 安全管理主要有哪些方面？如何制订安全保障计划？

4. 施工现场有哪些地方在消防方面要加强管理？有哪些要点？

附录

材料性能表

附表 1 钢材的设计强度指标

钢材牌号		钢材厚度或直径/mm	强度设计值			屈服强度 f_y/(N/mm²)	抗拉强度 f_u/(N/mm²)
			抗拉、抗压、抗弯 f/(N/mm²)	抗剪 f_v/(N/mm²)	端面承压（刨平顶紧）f_{ce}/(N/mm²)		
碳素结构钢	Q235	≤16	215	125	320	235	370
		>16，≤40	205	120		225	
		>40，≤100	200	115		215	
低合金高强度结构钢	Q345	≤16	305	175	400	345	470
		>16，≤40	295	170		335	
		>40，≤63	290	165		325	
		>63，≤80	280	160		315	
		>80，≤100	270	155		305	
	Q390	≤16	345	200	415	390	490
		>16，≤40	330	190		370	
		>40，≤63	310	180		350	
		>63，≤100	295	170		330	

续表

钢材牌号		钢材厚度或直径/mm	强度设计值			屈服强度 $f_y/(N/mm^2)$	抗拉强度 $f_u/(N/mm^2)$
			抗拉、抗压、抗弯 $f/(N/mm^2)$	抗剪 $f_v/(N/mm^2)$	端面承压（刨平顶紧）$f_{ce}/(N/mm^2)$		
低合金高强度结构钢	Q420	≤16	375	215	440	420	520
		>16,≤40	355	205		400	
		>40,≤63	320	185		380	
		>63,≤100	305	175		360	
	Q460	≤16	410	235	470	460	550
		>16,≤40	390	225		440	
		>40,≤63	355	205		420	
		>63,≤100	340	195		400	

注:1. 表中直径指实心棒材直径,厚度系指计算点的钢材或钢管壁厚度,对轴心受拉和轴心受压构件系指截面中较厚板件的厚度。

2. 冷弯型材和冷弯钢管,其强度设计值应按现行有关国家标准的规定采用。

附表 2 建筑结构用钢板的设计用强度指标

建筑结构用钢板	钢材厚度或直径/mm	强度设计值			屈服强度 $f_y/(N/mm^2)$	抗拉强度 $f_u/(N/mm^2)$
		抗拉、抗压、抗弯 $f/(N/mm^2)$	抗剪 $f_v/(N/mm^2)$	端面承压（刨平顶紧）$f_{ce}/(N/mm^2)$		
Q345GJ	>16,≤50	325	190	415	345	490
	>50,≤100	300	175		335	

附表 3 结构设计用无缝钢管的强度指标

钢管钢材牌号	壁厚/mm	强度设计值			屈服强度 $f_y/(N/mm^2)$	抗拉强度 $f_u/(N/mm^2)$
		抗拉、抗压和抗弯 $f/(N/mm^2)$	抗剪 $f_v/(N/mm^2)$	端面承压（刨平顶紧）$f_{ce}/(N/mm^2)$		
Q235	≤16	215	125	320	235	375
	>16,≤30	205	120		225	
	>30	195	115		215	

钢管钢材牌号	壁厚/mm	强度设计值			屈服强度 f_y/(N/mm²)	抗拉强度 f_u/(N/mm²)
		抗拉、抗压和抗弯 f/(N/mm²)	抗剪 f_v/(N/mm²)	端面承压（刨平顶紧）f_{ce}/(N/mm²)		
Q345	≤16	305	175	400	345	470
	>16, ≤30	290	170		325	
	>30	260	150		295	
Q390	≤16	345	200	415	390	490
	>16, ≤30	330	190		370	
	>30	310	180		350	
Q420	≤16	375	220	445	420	520
	>16, ≤30	355	205		400	
	>30	340	195		380	
Q460	≤16	410	240	470	460	550
	>16, ≤30	390	225		440	
	>30	355	205		420	

附表 4　钢铸件的强度设计值

类别	钢号	铸件厚度/mm	抗拉、抗压和抗弯 f/(N/mm²)	抗剪 f_v/(N/mm²)	端面承压（刨平顶紧）f_{ce}/(N/mm²)
非焊接结构用铸钢件	ZG230-450	≤100	180	105	290
	ZG270-500		210	120	325
	ZG310-570		240	140	370
焊接结构用铸钢件	ZG230-450H	≤100	180	105	290
	ZG270-480H		210	120	310
	ZG300-500H		235	135	325
	ZG340-550H		265	150	355

注：表中强度设计值仅适用于本表规定的厚度。

附表 5 焊缝的强度指标

焊接方法和焊条型号	构件钢材		对接焊缝强度设计值				角焊缝强度设计值	对接焊缝抗拉强度 $f_u^w/(N/mm^2)$	角焊缝抗拉、抗压和抗剪强度 $f_u^f/(N/mm^2)$
	牌号	厚度或直径/mm	抗压 $f_c^w/(N/mm^2)$	焊缝质量为下列等级时,抗拉 $f_t^w/(N/mm^2)$		抗剪 $f_v^w/(N/mm^2)$	抗拉、抗压和抗剪 $f_f^w/(N/mm^2)$		
				一级、二级	三级				
自动焊、半自动焊和E43型焊条手工焊	Q235	≤16	215	215	185	125	160	415	240
		>16,≤40	205	205	175	120			
		>40,≤100	200	200	170	115			
自动焊、半自动焊和E50、E55型焊条手工焊	Q345	≤16	305	305	260	175	200	480(E50) 540(E55)	280(E50) 315(E55)
		>16,≤40	295	295	250	170			
		>40,≤63	290	290	245	165			
		>63,≤80	280	280	240	160			
		>80,≤100	270	270	230	155			
	Q390	≤16	345	345	295	200	200(E50) 220(E55)		
		>16,≤40	330	330	280	190			
		>40,≤63	310	310	265	180			
		>63,≤100	295	295	250	170			
自动焊、半自动焊和E55、E60型焊条手工焊	Q420	≤16	375	375	320	215	220(E55) 240(E60)	540(E55) 590(E60)	315(E55) 340(E60)
		>16,≤40	355	355	300	205			
		>40,≤63	320	320	270	185			
		>63,≤100	305	305	260	175			
自动焊、半自动焊和E55、E60型焊条手工焊	Q460	≤16	410	410	350	235	220(E55) 240(E60)	540(E55) 590(E60)	315(E55) 340(E60)
		>16,≤40	390	390	330	225			
		>40,≤63	355	355	300	205			
		>63,≤100	340	340	290	195			
自动焊、半自动焊和E50、E55型焊条手工焊	Q345GJ	>16,≤35	310	310	265	180	200	480(E50) 540(E55)	280(E50) 315(E55)
		>35,≤50	290	290	245	170			
		>50,≤100	285	285	240	165			

注:1. 手工焊用焊条、自动焊和半自动焊所采用的焊丝和焊剂,应保证熔敷金属的力学性能不低于母材的性能。

2. 焊缝质量等级应符合现行国家标准《钢结构焊接规范》(GB 50661)的规定,其检验方法应符合现行国家标准《钢结构工程施工质量验收规范》GB 50205 的规定。其中厚度小于 6 mm 钢材的对接焊缝,不应采用超声波探伤确定焊缝质量等级。

3. 对接焊缝在受压区的抗弯强度设计值取 f_c^w,在受拉区的抗弯强度设计值取 f_t^w。

4. 计算下列情况的连接时,附表 5 规定的强度设计值应乘以相应的折减系数;几种情况同时存在时,其折减系数应连乘。

1) 施工条件较差的高空安装焊缝乘以折减系数 0.9;

2) 进行无垫板的单面施焊对接焊缝的连接计算应乘折减系数 0.85。

附表 6　螺栓连接的强度指标　　　　　　　　　　　　　　　　N/mm²

螺栓的性能等级、锚栓和构件钢材的牌号		强度设计值										高强度螺栓的抗拉强度 f_u^b
		普通螺栓						锚栓	承压型连接或网架用高强度螺栓			
		C 级螺栓			A 级、B 级螺栓							
		抗拉 f_t^b	抗剪 f_v^b	承压 f_c^b	抗拉 f_t^b	抗剪 f_v^b	承压 f_c^b	抗拉 f_t^a	抗拉 f_t^b	抗剪 f_v^b	承压 f_c^b	
普通螺栓	4.6 级、4.8 级	170	140	—	—	—	—	—	—	—	—	—
	5.6 级	—	—	—	210	190	—	—	—	—	—	—
	8.8 级	—	—	—	400	320	—	—	—	—	—	—
锚栓	Q235	—	—	—	—	—	—	140	—	—	—	—
	Q345	—	—	—	—	—	—	180	—	—	—	—
	Q390	—	—	—	—	—	—	185	—	—	—	—
承压型连接高强度螺栓	8.8 级	—	—	—	—	—	—	—	400	250	—	830
	10.9 级	—	—	—	—	—	—	—	500	310	—	1 040
螺栓球节点用高强度螺栓	9.8 级	—	—	—	—	—	—	—	385	—	—	—
	10.9 级	—	—	—	—	—	—	—	430	—	—	—
构件钢材牌号	Q235	—	—	305	—	—	405	—	—	—	470	—
	Q345	—	—	385	—	—	510	—	—	—	590	—
	Q390	—	—	400	—	—	530	—	—	—	615	—
	Q420	—	—	425	—	—	560	—	—	—	655	—
	Q460	—	—	450	—	—	595	—	—	—	695	—
	Q345GJ	—	—	400	—	—	530	—	—	—	615	—

注：1. A 级螺栓用于 $d \leqslant 24$ mm 和 $L \leqslant 10d$ 或 $L \leqslant 150$ mm（按较小值）的螺栓；B 级螺栓用于 $d > 24$ mm 和 $L > 10d$ 或 $L > 150$ mm（按较小值）的螺栓；d 为公称直径，L 为螺栓公称长度。

2. A、B 级螺栓孔的精度和孔壁表面粗糙度，C 级螺栓孔的允许偏差和孔壁表面粗糙度，均应符合现行国家标准《钢结构工程施工质量验收规范》（GB 50205）的要求。

3. 用于螺栓球节点网架的高强度螺栓，M12～M36 为 10.9 级，M39～M64 为 9.8 级。

附表 7 铆钉连接的强度设计值　　　　　　　N/mm^2

铆钉钢号和 构件钢材牌号		抗拉(钉头拉脱) f_t^r	抗剪 f_v^r		承压 f_c^r	
			Ⅰ类孔	Ⅱ类孔	Ⅰ类孔	Ⅱ类孔
铆钉	BL2 或 BL3	120	185	155	—	—
构件 钢材牌号	Q235	—	—	—	450	365
	Q345	—	—	—	565	460
	Q390	—	—	—	590	480

注:1. 属于下列情况者为Ⅰ类孔:
　　1)在装配好的构件上按设计孔径钻成的孔;
　　2)在单个零件和构件上按设计孔径分别用钻模钻成的孔;
　　3)在单个零件上先钻成或冲成较小的孔径,然后在装配好的构件上再扩钻至设计孔径的孔。
　2. 在单个零件上一次冲成或不用钻模钻成设计孔径的孔属于Ⅱ类孔。
　3. 铆钉连接的强度设计值应按附表7采用,并应按下列规定乘以相应的折减系数,当下列几种情况同时存在时,其折减系数应连乘。
　　1)施工条件较差的铆钉连接乘以系数0.9;
　　2)沉头和半沉头铆钉连接乘以系数0.8。

附表 8 钢材和钢铸件的物理性能指标

弹性模量 $E/(\text{N/mm}^2)$	剪变模量 $G/(\text{N/mm}^2)$	线膨胀系数 α (以每℃计)	质量密度 $\rho/(\text{kg/m}^3)$
206×10^3	79×10^3	12×10^{-6}	7 850

名词检索

［1］钢结构　用钢材制成的结构。　1

［2］安全性　结构能承受正常施工和正常使用时可能出现的各种作用,包括荷载、温度变化、基础不均匀沉降以及地震作用等;在偶然事件发生时及发生后仍能保持必需的整体稳定性,不致倒塌。　6

［3］适用性　结构在正常使用时,应具有良好的工作性能,满足预定的使用要求,如不发生影响正常使用的过大变形、振动等。　6

［4］耐久性　结构在正常维护下,随时间变化仍能满足预定功能要求,如不发生严重锈蚀而影响结构的使用寿命等。　6

［5］极限状态　整个结构或结构的某一部分超过某一特定的状态就不能满足设计规定的某一功能要求,则此特定的状态就称为该功能的极限状态。　7

［6］承载能力极限状态　对应于结构或结构构件达到最大承载能力或不适于继续承载的变形的状态。　7

［7］正常使用极限状态　对应于结构或结构构件达到正常使用或耐久性能的某项规定限值的状态。　7

［8］冷弯试验　又称为弯曲试验,它是将钢材按原有厚度(直径)做成标准试件,放在冷弯试验机上,用具有一定弯心直径 d 的冲头,在常温下对标准试件中部施加荷载,使之弯曲达180°,然后检查试件表面,如果不出现裂纹和起层,则认为试件材料冷弯试验合格。　11

［9］韧性　钢材抵抗冲击或振动荷载的能力,其衡量指标称为冲击韧性值。　12

［10］沸腾钢　脱氧能力较弱的锰作为脱氧剂,因而脱氧不够充分,在浇注过程中,有大量气体逸出,钢液表面剧烈沸腾(故称为沸腾钢)。　14

［11］镇静钢　所用脱氧剂除锰之外,还用脱氧能力较强的硅,因而脱氧充分,同时脱氧过程中产生很多热量,使钢液冷却缓慢,气体容易逸出,浇注时没有沸腾现象,钢锭模内钢液表面平静(故称为镇静钢)。　14

［12］时效硬化　轧制钢材放置一段时间后,其机械性能会发生变化,强度提高,塑性降低,这种现象称为时效硬化。　14

［13］冷作硬化(应变硬化)　钢材受荷超过弹性范围以后,若重复地卸载、加载,将使钢材弹性极限提高,塑性降低,这种现象称为冷作硬化或应变硬化。　14

［14］复杂应力　钢材受二向或三向应力作用时,其屈服应力以折算应力 σ_{eq} 来进行判别。　14

［15］应力集中　构件由于截面的突然改变,致使应力线曲折、密集,故在孔洞边缘或缺口尖端处,将局部出现应力高峰,其余部分则应力较低,这种现象称为应力集中。　14

［16］残余应力　钢材在热轧、焊接时的加热和冷却过程中产生的,先冷却的部分常形成压应力,而后冷却的部分则形成拉应力。　14

［17］疲劳破坏　钢材承受重复变化的荷载作用时,材料强度降低,破坏提早,这种现象称为疲劳破坏。　15

［18］对接焊缝　又称坡口焊缝,因为在施焊时,焊件间须具有适合于焊条运转的空间,故一般均将焊件边缘开成坡口,焊缝则焊在两焊件的坡口面间或一焊件的坡口与另一焊件的表面间。　25

［19］角焊缝　沿两直交或斜交焊件的交线边缘焊接的焊缝。　25

［20］工艺　指导生产的技术文件,在生产过程中能起到安全、适用、提高生产效率,最终使产品达到优质的目标。　94

［21］放样　根据施工详图用 1∶1 的比例在样板台上画出实样,求出实长,根据实长制作成样板或样杆,以作为下料、弯制、刨铣和制孔等加工制作的标记。　95

［22］号料　以样板(杆)为依据,在原材料上画出实样,并打上各种加工记号。　96

［23］冷矫正　在常温下采用机械矫正或自制夹具矫正。　99

［24］冷弯曲成形　当钢板和型钢需要弯曲成某一角度或圆弧时,在常温下采用机械方法进行弯曲。　99

［25］标准化框架体　在建筑物核心部分或对称中心,由框架柱、梁、支撑组成刚度较大的框架结构,作为安装的基本单元,其他单元依此扩展。　143

［26］隐蔽工程　在施工过程中上一工序的工作结束后被下一工序所掩盖,而无法进行复查的部位。　165

［27］安全隐患　在施工中能够引起安全意外事件和伤亡事故的现存问题。　184

参考文献

[1] 杜绍堂.钢结构工程施工.4 版.北京:高等教育出版社,2018.

[2] 宋琦,刘平.钢结构识图技巧与实例.北京:化学工业出版社,2008.

[3] 戚豹.建筑结构选型.2 版.北京:中国建筑工业出版社,2022.

[4] 戚豹.钢结构工程施工.重庆:重庆大学出版社,2010.

[5] 李顺秋.钢结构制造与安装.北京:中国建筑工业出版社,2005.

[6] 轻型钢结构设计指南编辑委员会.轻型钢结构设计指南.2 版.北京:中国建筑工业出版社,2005.

[7] 中国建筑总公司.建筑施工手册 2.5 版.北京:中国建筑工业出版社,2012.

[8] 王景文.钢结构工程施工与质量验收实用手册.北京:中国建材工业出版社,2003.

[9] 中国钢结构协会.建筑钢结构施工手册.北京:中国计划出版社,2002.

[10] 杜绍堂,戚豹.钢结构工程施工.2 版.重庆:重庆大学出版社,2020.